戦前期外米輸入の展開

大豆生田 稔
Omameuda Minoru

清文堂

戦前期外米輸入の展開

目　次

凡　例　viii

序　章　課題と方法 …………………………………………………………… 1
　　1　本書の課題　1
　　　（1）3つの時期の外米輸入　1
　　　（2）中国米・朝鮮米・台湾米の輸移入　2
　　　（3）外米の輸入　3
　　2　外米輸入の3局面　4
　　　（1）本書の構成　4
　　　（2）1890年前後・1890年代末　4
　　　（3）1918〜19年　6
　　　（4）1940〜43年　7
　　3　外米輸入の研究　8
　　　（1）戦前の研究と米価　8
　　　（2）外米輸入をめぐる戦後の研究　9

第1章　1890年の米価騰貴と外米輸入 ……………………………………… 13
　　はじめに　14
　　第1節　凶作と米価騰貴　17
　　　1　1889年産米　17
　　　　（1）米穀輸出の活況　17
　　　　（2）凶作　17
　　　　（3）需給関係の転換　18
　　　2　米価の高騰　19
　　　　（1）1889年半ばまで　19
　　　　（2）1889年半ば以降　19
　　　3　輸入の不振　20
　　　　（1）輸出から輸入へ　20
　　　　（2）輸入の停滞　21
　　第2節　政府の市場介入　23
　　　1　米価の再騰貴　23
　　　　（1）1890年春の米価高騰　23
　　　　（2）輸入不振の継続　24

2　定期米市場への干渉　24
　　　　（1）外米の受渡代用　24
　　　　（2）政府の構想　25
　　　　（3）定期米市場と正米市場　27
　　　3　直接輸入と売却　29
　　　　（1）政府による外米輸入　29
　　　　（2）外米払下げ　30
　　　　（3）払下げの影響　31
　　第3節　外米輸入の展開　32
　　　1　輸入の急増　32
　　　　（1）民間の外米輸入　32
　　　　（2）需要拡大　33
　　　　（3）輸入過剰　34
　　　2　米価の低落　36
　　　　（1）1890年産米　36
　　　　（2）外米の滞留　36
　　おわりに　37

補論1　1897～98年の米価騰貴と外米輸入 ……………… 46
　　はじめに　46
　　　1　米価の高騰　47
　　　　（1）1896～97年の不作・凶作　47
　　　　（2）米価の高騰と輸入の進捗　47
　　　2　外米輸入の進捗と外米受渡代用　50
　　　　（1）外米受渡代用　50
　　　　（2）正米相場と定期米相場の乖離　52
　　　3　外米需要の後退　54
　　　　（1）豊作予想と米価　54
　　　　（2）外米受渡代用廃止と外米輸入　54
　　　　（3）外米消費　55
　　おわりに　56

第2章　米騒動前後の外米輸入と産地 ……………… 61
　　はじめに　62

第1節　輸出制限のはじまり（1918年度）　65
　　1　外米輸入の活発化　65
　　　（1）不作と需要増加　65
　　　（2）輸入の促進　65
　　2　外米産地　66
　　　（1）英領ビルマ　66
　　　（2）仏印　66
　　　（3）タイ　68
　　3　ビルマ米の輸出制限　70
　　　（1）対日輸出制限　70
　　　（2）輸出特許の一時中止と再開　71
　　4　仏印米対日輸出の拡大　72
　　　（1）植民省令の公布　72
　　　（2）ロシア義勇艦隊の香港抑留　74
　　5　タイ・香港からの外米供給　76
　　　（1）タイ米輸入　76
　　　（2）香港経由の外米輸入　76
第2節　輸出制限・禁止措置の進展（1919年度）　77
　　1　輸入の急増　77
　　　（1）連年の凶作　77
　　　（2）輸入促進　78
　　2　ビルマ米の輸出禁止　79
　　　（1）凶作と輸出禁止　79
　　　（2）輸出許可交渉　80
　　　（3）輸入停止　82
　　3　タイ米輸出の急増と輸出禁止　84
　　　（1）需要増加と輸出禁止の風説　84
　　　（2）シンガポールのタイ米需要　86
　　　（3）輸出禁止　88
　　　（4）農商務省のタイ米買付けと輸出禁止の徹底　89
　　4　仏印米の輸出　90
　　　（1）輸出制限と対日輸出許可　90
　　　（2）松井大使の交渉　91

　　　　（３）輸出許可と価格高騰　94
　　５　香港の米価騰貴　96
　　　　（１）外米買付けと対日再輸出　96
　　　　（２）輸出禁止の風説　97
　　　　（３）香港の米騒動　99
　　　　（４）米騒動後の米貿易政策　101
　第３節　外米輸入の終息（1920年度以降）　102
　　１　日本本国の1919年産米　102
　　２　ビルマ米輸出禁止の継続と解禁　102
　　　　（１）輸出禁止の継続　102
　　　　（２）対日割当と日本政府の交渉　103
　　　　（３）輸出制限・禁止の緩和　105
　　　　（４）1921年７月の米価騰貴と輸出解禁　106
　　３　仏印米輸出制限の撤廃　107
　　　　（１）買付けの展開と制限撤廃　107
　　　　（２）トンキン米の輸出制限撤廃　108
　　４　タイの米管理　109
　　　　（１）旱魃と米管理　109
　　　　（２）米管理法　110
　　５　香港における日本需要の後退　111
　　　　（１）対日輸出の縮小　111
　　　　（２）ストックの増加　111
　おわりに　112

補論２　千葉県における外米消費
　　　　―1910年代末と20年代半ばの比較― ……………………………… 128
　はじめに　128
　　１　県内の米穀需給と米価　129
　　　　（１）1910年代末　129
　　　　（２）1920年代半ば　131
　　２　1918年の外米移入と消費　132
　　　　（１）県内の外米消費　132
　　　　（２）外米需要の地域差　135

　　　　　（3）需要の限界　139
　　　　3　1924〜25年の外米輸入と消費　140
　　　　（1）1920年代半ばの外米輸入　140
　　　　（2）消費の後退　141
　　おわりに　142

第3章　戦時期の外米輸入―1940〜43年の輸入と備蓄米―……………147
　　はじめに　148
　　第1節　外米輸入の急増　149
　　　　1　1939年の需給逼迫と外米輸入　149
　　　　（1）外米輸入の本格的再開　149
　　　　（2）消費の進展　151
　　　　2　外米輸入の長期化　154
　　　　（1）備蓄米の形成と外米　154
　　　　（2）備蓄米の拡大　155
　　　　3　太平洋戦争のはじまり　157
　　　　（1）中国占領地への供給　157
　　　　（2）総力戦下の外米輸入量　158
　　第2節　米国戦略諜報局の調査　161
　　　　1　1945年4月の報告書　161
　　　　（1）資料について　161
　　　　（2）本報告書の概要　161
　　　　2　1943／44年度の需給(Ⅳ)　165
　　　　（1）需給関係の分析　165
　　　　（2）1943年2月の調査報告　172
　　　　3　1944／45年度の変化(Ⅴ)と1945／46年度への展望(Ⅵ)　175
　　　　（1）1945年度　175
　　　　（2）1946年度　176
　　おわりに　177

第4章　総力線下の外米輸入―受容から脱却へ―………………………183
　　はじめに　184
　　第1節　戦時下の外米体験　185
　　　　1　外米消費への対応　185

　　　　（1）外米の混入　185
　　　　（2）炊き方　187
　　　　（3）調理法　188
　　　2　受容の過程　190
　　　　（1）不適応　190
　　　　（2）共通の体験　192
　　第2節　外米輸入「一擲」論　193
　　　1　「一擲」論の展開　193
　　　　（1）応急的輸入の構想　193
　　　　（2）輸入長期化の兆し　194
　　　　（3）輸入楽観論　195
　　　　（4）再び輸入脱却へ　198
　　　2　「一擲」の試み　200
　　　　（1）節米　200
　　　　（2）増産と供出　202
　　　　（3）代用食の配給　203
　　おわりに　204

終　章　小　括 ……………………………………………………………… 209
　　　　（1）外米輸入の本格化・恒常化　209
　　　　（2）1910年代末から20年代へ　210
　　　　（3）戦時の外米輸入　212

　あとがき　215

　索　引　219

装幀／寺村隆史

凡　例

(1) 日本本国産の日本種(ジャポニカ種)米を「内地米」、「本国産米」、植民地朝鮮・台湾で生産される米を「植民地米」、「朝鮮米」、「台湾米」、中国(「満州」を含む)産米を「中国米」などと記した。

(2) 「外米」は、東南アジアの英領ビルマ・仏印・タイで生産されたインディカ種の米に限定した。「外米」以外の「外国米」には、「朝鮮米」(植民地化以前)、「中国米」などがある。

(3) 「朝鮮米」は、植民地化以前は「外国米」であるが、「植民地米」、「移入米」に含めて作表した場合がある。

(4) 資料の引用は原則として原典のまま記したが、横書きとし、常用漢字を使用し、必要に応じて読点・中黒を補った。

(5) 引用文中(行中・行間)の〔　〕内は著者の注記、「……」は省略部分を示す。2字の繰り返し記号「〲」、「〲」は、「ゝゝ」、「ヽヽ」、「ゞゝ」、「ヾヽ」などと表記した。

(6) 資料の差出者と受取者は、資料に記されたとおりに、「差出者→受取者」のように記した。肩書・名前などの一部を省略した場合がある。

(7) 新聞・雑誌の出典について、『東京朝日新聞』は『東朝』、『読売新聞』は『読売』、『東京経済雑誌』は『東経』と略した。記事について、標題(見出し)は一部省略した場合があり、「夕刊」などと記したもの以外は「朝刊」である。原則として発行年月日と紙面の頁数を記した。

(8) 米の量(容量・重量)については、次のような換算による。

　　玄米 1 石 = 150kg

　　玄米 1 俵 = 0.4石 = 60kg

　　白米 1 袋 = 100kg = 0.7石

(9) 1 担(ピクル) = 100斤 = 60kg

(10) 「年度」は、特に断らない限り「米穀年度」(前年11月～当年10月)である。

　　例：1940米穀年度は、1939年11月 1 日～40年10月31日

序　章　課題と方法

1　本書の課題

（1）3つの時期の外米輸入　　　本書は、戦前期に日本本国が東南アジアから輸入した「外米」に着目し、本国の米穀供給の不足を補填した、外米輸入の展開を検討する。特に、これまで明らかにできなかった、3つの時期の外米輸入に対象を限定する[1]。

　その第1は、日本本国の米穀需給が不足傾向となり、それを補填するために、外米がはじめて大量に輸入された1890年前後、および1897～98年前後の時期である[2]。1880年代半ばから同年代末まで、日本から多量の米が海外に輸出された。しかし本国の、1889年産米の凶作を機に、大量の米穀輸入がはじまった。それは、本国の米穀市場や米穀取引に影響をあたえるとともに、日本種（ジャポニカ種）とは異なるインディカ種の米が大量に輸入されて、米消費に変化をもたらした。

　第2は、米騒動前後の1918～19年の時期であり、特に外米産地側の諸条件をさぐりながら、外米輸入の展開を検討する。この時期に多量の外米輸入があったことはよく知られているが、それは必ずしも円滑にはすすまなかった。外米産地である英領ビルマ・仏印は、第1次世界大戦末期において、参戦国英・仏の支配下にあり、またタイも含めて、日本本国からは遙か遠方にあった。東南アジアからの外米輸入については、産地や、中継地香港などにおける、対日輸出をめぐる諸条件の変化を含めて検討する必要がある。大戦末期～直後のこの時期、産地においては大戦の影響、災害や不作・凶作の発生、英仏本国の諸事情などにより、対日米穀輸出が不円滑・不確実になることはすでに述べたが

(3)、具体的には、なお不明な点が多かった。産地側と日本政府間の、米穀輸入をめぐる交渉の展開について、日本側の外交文書などにより再検討を試みる。

第3は戦時期、特に外米輸入が大規模に展開した1940～43年の時期である。日中戦争が長期化した1939年末、日本本国・植民地による帝国圏内の米穀需給構造は急変し、外米輸入が一時的に激増する。植民地米移入の急減に直面した政府の外米輸入構想、外米輸入の展開と規模、米の配給と外米の消費、外米輸入の途絶などについて、米国側の調査報告書なども参照しながら検討する。

（2）中国米・朝鮮米・台湾米の輸移入

本書は、「外米」を「外国米」一般ではなく、英領ビルマ・仏印・タイの3地域で産出され、日本本国が輸入した米とし、植民地米（台湾米・朝鮮米）および中国米、また、植民地化以前の朝鮮米とは区別する。外米は、植民地米や中国米と比較して大規模な供給能力があり、また日本種とは異なるインディカ種であるところに特徴があった。

すなわち、日本本国への米の不足補塡は、明治前期から、近隣の朝鮮半島や中国、日清戦後に領有した台湾からの輸入・移入によりはじまった。人口が増加して本国の消費量が漸増すると、また、数年おきに不作・凶作があると不足量は拡大した。不足を補塡するため、まず、植民地米移入が増加していった。また植民地化後の朝鮮では、内地種（日本種）が「優良品種」として比較的早期に普及した(4)。台湾においても、1920年代半ばに内地種導入が成功し（「蓬萊米」）、その作付が拡がる(5)。植民地では、内地米への代替性が高い、粘りのある日本種の作付・栽培について試験・研究がすすみ、内地種に近い、本国人が嗜好する米が収穫されるようになった。朝鮮米も台湾米も植民地化後は「移入米」となり、経済的に帝国圏内に組み込まれて、原則として移入税は賦課されず、国際収支を圧迫せずに本国への移入が可能になった。

ところで中国政府は、自国への食糧供給を優先し米輸出を禁止していた。日本政府は、不足補塡のため中国米の輸入促進を試み、1890年代末から外交交渉を続けた。中国政府は1897年に、60万石の対日輸出を認めたが、対日輸出の恒常的な解禁は実現しなかった(6)。中国米の対日輸出は不安定・不確実であり、

1897～98年を除けば量的にも限界があったといえる（後掲、表1-1）。本書においては、輸入の規模・安定性の相違から、中国米を外米とは区別して扱う。

なお中国米の品質は、「満州」の「新種」は「日本米ニ酷似ス」、江蘇省産（浙江省産も「酷似」する）は「良好ナルモノニ在リテハ粒丸ク大ニシテ、日本米ノ三等位ニ相当シ飯トシテ粘質多シ」などといわれ、質的に内地種に近かった。しかし、そのほかは、一般に「飯ト為シテ粘着力少キ」とされ、また安徽省産は、「粘着力ナク……西貢米其ノ他南方ノ米ノ代用トシテハ可」、広東省産（広西省産もそれに「相当」する）は「蘭貢〔ラングーン〕・西貢〔サイゴン〕・暹羅〔シャム〕等ノ米ト類似ス」、などと評された。一部を除いて、質的に外米に近かったのである(7)。

（3）外米の輸入　　本書が対象とする3つの時期を含め、通時的に戦前期日本本国の米穀需給に関係する諸指標（本国生産量・輸移入量・消費量、うち植民地米移入量・外米輸入量）の変化を示したのが図序-1である。同図によれば、1890年代～1900年前後の時期に、はっきりと、本国の消費量が生産量を上回るようになる。米の作柄には豊凶があり、需給の過不足の振幅が大きいが、豊作後にはまとまった量が輸出されるようになった。1880年代には、豊作が続いて米穀供給量が増加し、輸出が可能な時期が続いた。しかし1890年代には、米穀消費量が拡大して、生産量を凌駕する傾向が明確になる。1900年前後からは、不足補填のための外米輸入がほぼ恒常的になり、日本は米の「輸出国」から「輸入国」に転じたといえる(8)。

こうして、供給不足の最終的な補填を「帝国圏外」に依存する供給構造が形成された。ただし主食の圏外への依存は、1900年前後から多様な問題を引き起こすようになる。外米輸入量は増加傾向が続き、不足が拡大すると、植民地米や中国米を大きく上回るようになった。また、外米はインディカ種であり、質的に日本種とは異なっていた。したがって本国内の嗜好には適せず、大麦などと同様に、内地米や植民地米に混ぜられたり、また戦時には配給米に混入されて消費がすすんだ。

1920年代半ばからは、植民地米移入量が急増する一方で、外米輸入量は減少していった。ところが1939～40年に、帝国圏内の米穀供給構造がにわかに変貌

序　章　課題と方法

をとげ、植民地米移入量が激減し、それを補うために外米輸入量が激増した。しかし、外米輸入は1943年を最後に途絶し、また植民地米移入も回復しなかった。ここに、植民地を帝国圏内に包摂して植民地米移入を確保し、さらに圏外からの外米輸入により最終的な不足を補塡する、戦前期の米穀供給構造は破綻することになる。

2　外米輸入の3局面

（1）**本書の構成**　　本書が検討の対象とするのは、外米輸入が拡大する3つの時期、すなわち第1に1890年前後、第2に1918〜19年、第3に1940〜43年、の3時期である。第1の時期には、第1章のほか、その後に外米輸入が増加する1897〜98年の時期を検討した補論1を、また、第2の時期には、1918〜19年の輸入を対象とした第2章のほか、1924〜25年の外米消費の実態を地域に即して解明した補論2を含む。第3の時期は、1940〜43年の外米輸入を対象とする第3章・第4章の2つの章からなる。

そこで、第1章からの考察に先だち、3つの時期の各章・補論について、図序-1、および後掲の表1-1、表2-1、表3-1を参照しながら、各時期の外米輸入の展開に即して、課題と分析視角、およびその前提となる米穀需給や米価の動向について概観する。

（2）**1890年前後・1890年代末**　　明治初年の紙幣増発に、「違作連年」が加わって米価が騰貴したため、1869〜70年に、政府・通商会社、および外商による、合計294万石におよぶ大量の米穀輸入があった。この輸入は、「南京米を輸入して米価緩和の策を取りたるも、実に此年を嚆矢とす」と評されており、新政府がはじめて試みた外米輸入であった(9)。ただし翌1871年には、「内地非常の豊作」により米価は下落し、輸入量も減少しており、一時的な輸入増にとどまった。

すなわち、その後の作柄はほぼ順調で、不作・凶作の発生や連続、米価の高騰はなく、米の輸入は比較的少量であった。明治初年の輸入ののち、「以後

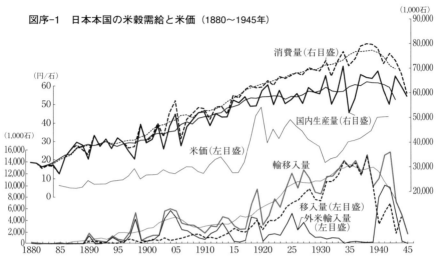

図序-1　日本本国の米穀需給と米価（1880～1945年）

出典：農商務省農務局『米ニ関スル調査』（1909年）、農林省米穀部『米穀要覧』（1933年版）、食糧管理局『米穀摘要・米麦関係法規』（1942年）、食糧管理局『食糧管理統計年報』（1948年度、1950年度版）、加用信文監修・農政調査委員会編『改定　日本農業基礎統計』（農林統計協会、1977年）、横浜市『横浜市史　資料編2（増訂版）』（1980年）。

注：本国生産量・消費量、輸移入量に、5ヵ年移動平均を併記した。外米輸入量は暦年、ほかは、移入量も含めて米穀年度。朝鮮からの米穀輸移入については、植民地化以前の時期も「移入」とした。

二十一〔1888〕年にいたる十数年間は、内地の米作常に豊饒」であり、「外米の輸入も連れて頗る不振」[10]であった（図序-1）。不作は前後の豊作によりカバーされたといえる。むしろ1880年代後半には、米穀輸出が活発に展開している[11]。

　第1章が対象とする1890年前後の外米輸入は、米が「輸出品」から「輸入品」へ転じる先駆けとなった現象であった。1889年の前半まで米穀輸出は活発であったが、同年秋の収穫は凶作となり、翌90年度の供給量は大幅に不足することが予想された。このため米価は、投機も加わって高騰し、1890年恐慌の一因にもなった。後年、「社会の光景惨澹として、殆んど商工業の活動をさへ阻礙せんとするに至」[12]ったと回顧されている。政府は定期市場に介入し、また直接外米輸入に乗り出して、安価に払い下げるなどの対策を講じた。第1章は、1890年前後の外米輸入の展開とその特質、政府による市場介入、外米の買

付けと払下げについて検討する。

　米穀輸入量は、その後しばらく減少し停滞したが、1896～97年に凶作が続いて、米価は再び上昇を続け高騰した。このため、1890年前後の輸入量を遙かに上回る外米が、1897～98年前後に輸入される。補論1はこの1890年代末の輸入について、第1章と同様の方法により、また両期を比較しながら、外米輸入の展開、および政府の米価対策、定期米市場への介入政策と、その外米取引や米穀市場への影響について検討する。

（3）1918～19年

　次に外米輸入が増加したのは、日露戦争前後の時期であった。1902年産米の凶作、03年産麦の減収のため、米価は02年8月から上昇し、03年にピークに達した。外米輸入量は1904～05年度に合計1,006万石に達し、これは同時期の輸移入総量の87.0%を占めた[13]。1904年の輸入増加は、05年1月の米穀輸入税新設を見越したものであった。しかも1904年産米は、かつてない大豊作であったが、05年にも米価は暴落しなかった。これは、「軍需品として買上げられ、戦争人気の作用による所が少なくな」かったため、といわれている[14]。

　また、1910年代はじめにも外米輸入量が増加するが、これは植民地米移入量の停滞によるものであった。外米輸入量は日露戦争前後に増加したのち、いったん漸減したが、本国の消費拡大は輸移入量の増加傾向を持続させた。1910年代半ばになると、植民地米移入量が急増する一方で外米輸入量は減少したが、これは13年7月の朝鮮米移入税撤廃によるものである。移入税撤廃後には、朝鮮米移入量が急増し、外米輸入量は急減した。つまり1910年代には、はじめ主に外米輸入により、次いで朝鮮米移入によって不足が補填されたのである。1910年代半ば以降は、移入量の増加傾向が明瞭になり、20年代には、さらにそれがすすむことになる。

　しかし、需要の拡大傾向も継続し、大戦末期からは空前の好況がそれを加速させた。1910年代末の物価上昇に、1917～18年産米の2年連続の不作が重なって米価は暴騰し、18年には米騒動が発生した。第2章は、1918～19年の外米輸入を対象とする。米価は1917年半ばから上昇がはじまり、20年初頭まで高騰し

た。不足を補うため、植民地米移入量も急増したが量的に限界があり、大量の外米が輸入された。しかし、1910年代末の外米産地では、植民地政府や本国政府により、米穀輸出制限・禁止などの措置が講じられた。日本本国の大量輸入は、いかなる条件のもとで可能になったのか、第2章では、外米産地の作柄や需要の動向、現地政府による輸出制限・禁止措置、英仏本国政府の対応など、必ずしも明らかでなかった産地側の諸条件を検討する。

ところで、1910年代末に輸入された外米は速やかに消費され、不足を補塡する機能を果たした。外米廉売は各地で実施され、また都市や農村では広く消費がすすんだ。外米消費の進展は、米価高騰への有効な対応策として、さらなる外米輸入を促した。

高騰した米価は1920年代はじめに下落したが、20年代半ばに再び上昇する。このため外米輸入量は、1925年前後に、10年代末とほぼ同様に増加した。しかし外米消費は、1910年代末のようにはすすまなかった。もちろん、1920年代半ばには植民地米の移入量が急増しており、米消費の質的な向上がすすんで、日本種とは異なる外米の消費に影響を与えたと思われる。補論2は、千葉県域を対象に、1918〜19年、および1924〜25年の外米消費について、県域を構成する各郡レベルの実情をふまえ、両時期を比較しながら検討する。

（4）1940〜43年　1920年代半ばから30年代にかけて、植民地米移入量は急増して年間1,000万石を超えるようになった。植民地米移入量の安定的な増加は、本国の不足補塡を実現するレベルに達したため、外米輸入量は1930年前後から減少し、30年代半ばには微量となった。帝国圏内での自給を可能にする需給構造が形成されたといえる。

しかし、1939年の西日本・朝鮮の旱害を機に、朝鮮米移入量が激減した。戦時には、台湾も含め、植民地の米消費が急増して対日移出量が急減し、帝国圏内の自給を達成する需給構造は戦時期に瓦解した。本国の米穀需給は深刻な不足が生じたが、急遽それを補塡したのが外米であった。外米輸入は微量になっていたが、1940年はじめから、過去最大級となる大量の外米輸入が43年まで続いた。1910年代末の大量輸入から二十数年ぶりの、大規模な輸入を検討したの

序　章　課題と方法

が第3章・第4章である。

　1940～43年は、日中戦争が長期化して太平洋戦争にいたる、総力戦が本格化した時期にあたる。交戦相手の米国も、戦略的に日本の食糧事情を調査し、日米開戦直前から急増した外米輸入に着目している。また日本政府も、食糧の戦略的な備蓄形成を目的とする外米輸入の促進を構想した。第3章は、総力戦体制形成の過程ですすむ外米輸入について、その構想と実態を解明する。

　また、戦時の外米輸入は、植民地米供給の急減に対応するものであり、日本種の急減、インディカ種の急増を意味した。米の配給には外米が混入され、強制的・均質的に消費者に受容されていく。しかし、1943年度を最後に外米輸入は途絶し、その消費は短期間に終わった。都市の消費者は、この間、外米の「受容」、そして外米依存からの「脱却」へと、総力戦の進行とともに外米との関わりを一転させる。戦時の外米輸入の展開を、消費の側面から考察したのが第4章である。

3　外米輸入の研究

（1）戦前の研究と米価　　本書を構成する4つの章、2つの補論に関連する先行研究は、それぞれの章・補論のなかで取り上げ、課題を明確にする。ここでは、各章・補論における考察の前提として、各期にまたがる米穀輸入の歴史的展開に関し先行研究の系譜を概観する。

　米穀輸入を対象とした理論的・実証的な経済史研究は、1910年代末にはじまる。本庄栄治郎は、「明治期」における「米価調節」史研究のなかで、政府の「米価調節政策」を検討し、1882年末の常平局廃止から明治末年までを「外米時代」と位置づけた。米穀輸入の展開、および定期市場における外米受渡代用、輸入税の賦課などについて、豊凶による需給関係の変化や米価の変動をふまえて、時期区分しながら考察している[15]。このような研究は、「わが国民生活の最要資料としての米穀問題」が、消費の増加にともなって「擡頭」し、1890年代末から、「内地生産額」では「到底消費の総額を充たすを得なくなっ

た」という、「連年例外なき事実」の認識を背景にしており、同時代的な関心によるものといえる。この「生産消費の不適合」は、同時代において現実に、米価高騰という問題として認識されたのである。

　1930年前後に、植民地米移入量の急増と、昭和恐慌の影響により米価下落が深刻化すると、「米価問題」をめぐり、米価形成のメカニズム、関税の機能や有効性、米穀法・米穀統制法の制定・機能・運用などについて、経済学や農業経済学の領域で研究がすすんだ[16]。米穀輸入税は1905年7月から賦課され、税の免除・復活、税率の増減をともなって展開し、1921年制定の米穀法、さらに33年の米穀統制法に引き継がれた。また1913年7月には、植民地化後も存続した朝鮮米移入税が撤廃された。しかし、輸入税賦課以前、1880年代～90年代の米穀輸入については関心が薄く、また朝鮮米移入については、その本国の米価に与える多大な影響や統制の必要性が指摘されたが、踏み込んだ研究には限界があった[17]。

　さらに、米価の低迷に対し、多様に展開する「米価政策」については、やはり同時代的な関心から、米価形成のほか、米価政策や米穀統制政策の深化・強化の過程を歴史的に検討する「米価政策史」の研究が、戦時にも続いた[18]。ただし、米穀輸入の展開それ自体や、輸入税の機能・意義などについての関心は、現実の米価政策の進捗とその複雑化にともない低下していった。

（2）外米輸入をめぐる戦後の研究

　戦前・戦時の研究成果をふまえ、戦後間もなく、米穀輸入税など米価政策の価格維持・農業保護的な機能に注目し、ブルジョアジーによる小農維持策ととらえる大内力の研究がまとめられた。1910年の関税定率法改正は、「財政政策」から「保護関税」へ、「小農維持」という限界のある「保護関税」に転じたと評価された。さらに、1900年前後から米不足が恒常化し、内地米価が上昇して輸入外米との価格差が拡がり、「米穀の保護関税がこのころから必要となつた」と、米の「輸入国」への転化が、小農維持策としての輸入税の出発点として位置づけられた[19]。

　戦後の研究のもう一つの潮流は、政策決定をめぐる諸階級の利害対立・調

序　章　課題と方法

整・妥協の過程への着目であった。持田恵三は日露戦後の米穀輸移入関税政策を、本格化した食糧問題に対し、基本的な消費資料＝食糧（米）を供給する「食糧政策」と捉え、政策決定の過程を「資本」と「地主」の複雑な利害対立と妥協を軸に解明した[20]。諸政策の展開を、諸階層利害の対立と調整、そして妥協に向かう過程に注目して検討する方法は、1970年代〜80年代の川東靖弘の米価政策史研究に受け継がれ、分析の対象時期は戦時におよぶようになった[21]。また、持田の手法は、中村政則の「国家類型論」にも援用された[22]。ただし、本国内で展開する「米価政策」の分析はすすんだが、最終的な補塡手段である外米輸入の展開それ自体については、なお、等閑視されている。すなわち、輸入税についての論及は多いが、外米輸入の具体的な展開や、それを可能にした諸条件、外米取引の国内市場への影響、外米消費の実態などについては不明な点が多く残されている。

　筆者もまた、主食である米の消費拡大とともに1900年前後から需給バランスが不足に傾斜して、主食の対外依存を前提とする食糧問題が発生したこと、および食糧問題の変容に応じて展開する食糧政策について検討したことがある。最終的な不足補塡の手段として外米輸入を位置づけ、食糧問題の性格の把握を前提に、その具体的な展開と特質の解明を試みた[23]。

　ところで、この、1900年前後に形成された、外米輸入を前提とする枠組みから、米騒動前後の時期をへて、20年代の帝国圏内による「自給」を目指す食糧政策へという把握に対しては、玉真之介により、食糧政策を「危機管理」機構の一環として捉え直す方法が提示された[24]。「危機」とは、日露戦後の「外貨危機」（国際収支の悪化）、戦時〜戦後の食糧危機、朝鮮戦争、1960年代の「安保危機」、東西冷戦などが想定されている。1930年代以降については説得的であり、また20世紀から新世紀を展望する包括的な枠組みとして魅力的である。ただし、米穀供給の不足が明らかになる1900年前後から20年代末にいたる時期においては、本国と植民地による帝国圏内の食糧需給圏の限界を、外米輸入により最終的に不足補塡するという枠組みは、なお有効ではないかと考えている[25]。

　前著において、1900年前後、および10年代末の外米輸入について検討したが、

それを補うのが本書の第1章と補論1、および第2章と補論2である。また、そこでは検討できなかった、戦時における主食供給の対外依存的構造と、その限界に関する作業が第3章・第4章である。

注
（1）大豆生田稔『近代日本の食糧政策―対外依存米穀供給構造の変容―』（ミネルヴァ書房、1993年）。なお、1890年代～1930年代における日本本国の、米不足に起因する「食糧問題」とそれに対する政策の展開についても同前を参照。
（2）次項に述べるように、1869～70年に多量の外米輸入があった。
（3）前掲、大豆生田『近代日本の食糧政策』第3章第2節2。
（4）東畑精一・大川一司「朝鮮米穀経済論」（日本学術振興会『米穀経済の研究1』有斐閣、1939年、438頁、河合和男『朝鮮における産米増殖計画』（未来社、1986年）21～22頁、李春寧著・飯沼二郎訳『李朝農業技術史』（未来社、1989年）130～132頁、など。
（5）前掲、大豆生田『近代日本の食糧政策』235～236頁。
（6）中国米輸入の解禁交渉については、堀地明『明治日本と中国米―輸出解禁をめぐる日中交渉』（中国書店、2013年）。1898年、1902年、1907～08年の交渉とその経緯を明らかにしている。
（7）農商務省『支那ノ米ニ関スル調査』（1917年）7～9頁。なお、江蘇省の常熟米など、肥後米に匹敵すると評された「良米」もあった（前掲、堀地『明治日本と中国米』26頁）。
（8）硲正夫『農産物価格論』（成美堂書店、1944年）420頁、同『米価問題』（弘文堂、1966年）203頁、大内力『日本農業の財政学』（東京大学出版会、1950年）168～169頁。
（9）堀江章一・高木鍵次郎『日本輸出入米―米界之一勢力』（横浜商況新報社、1900年）81～82頁、山崎繁次郎商店編『米界資料』（1914年）105～106頁。理財局調査『明治年間米価調節沿革史』（1919年、大蔵省編纂、大内兵衛・土屋喬雄校『明治前期財政経済史料集成　第11巻』改造社、1932年、所収）によれば、輸入の一部は、米価高騰に対する政府の対応策としての輸入・廉売であった。つまり、政府は1869年7月、神奈川県裁判所に命じ、横浜の米国商人ウォルシュ・ホール商会と契約して、タイ・仏印・ジャワの産米6万担（24,000石）の輸入と大阪廻漕を委託させた。しかし、同商会の違約により10,877石の受領にとどまったため、政府は内地米17,500石を別途買収して「当初ノ計画ヲ遂行」した。しかし、10万両の損害となり、政府は同商会に抗議したが、米国公使の「威嚇的仲裁」により「遂ニ泣キ寝入リ」に終わったという（21～22頁／610～611頁）。
（10）前掲、堀江・高木『日本輸出入米』82頁。米価高騰の原因として、内乱と「紙幣

序　章　課題と方法

　　　の下落」をあげている。
(11) 米穀輸出については、本書・第1章・注 (9) を参照。
(12) 前掲、堀江・高木『日本輸出入米』83頁。
(13) 農林省米穀局『内地ニ於ケル米穀需給統計表』(1939年)。
(14) 本庄栄治郎『本庄栄治郎著作集　第6冊　米価政策史の研究』(清文堂出版、1972年) 363～364頁。前掲、山崎繁次郎商店『米界資料』124頁。
(15) 本庄栄治郎「明治の米価調節」1～7 (『経済論叢』9-1～10-6、1919年7月～20年6月)、のち同『日本社会経済史研究』(有斐閣、1948年)、および、前掲、同『本庄栄治郎著作集　第6冊』所収。引用箇所は「著作集」378～379頁。また、同時期に政府 (大蔵省) も、明治初年から1890年にいたる米価の動向と政策の対応を、1919年12月に、前掲、理財局調査『明治年間米価調節沿革史』にまとめている。
(16) 河田嗣郎『穀価ノ研究』(有斐閣、1917年)、八木芳之助『米価及び米価統制問題』(有斐閣、1932年)。
(17) 前掲、八木『米価及び米価統制問題』第5～6章。
(18) 前掲、硲『農産物価格論』第4章。1910年までの「財政関税」から、関税定率法改正 (1911年) 後の「農業保護関税」への変質も説かれている (同前、423～425頁)。のちに前掲、硲『米価問題』第5章。太田嘉作『明治大正昭和米価政策史』(丸山舎書店、1938年) は、「米価政策」を扱う第2編で、外米受渡代用や米穀関税に関する制度の展開を紹介している。
(19) 前掲、大内『日本農業の財政学』168～171頁、同『日本現代史大系　農業史』(東洋経済新報社、1960年) 145～147、226～233頁、など。
(20) 持田恵三「食糧政策の成立 (一)」(『農業総合研究』85-2、1954年)。
(21) 川東竫弘『戦前日本の米価政策史研究』(ミネルヴァ書房、1990年)。
(22) 中村政則「軍事的半封建的資本主義国家類型の確立」(中村政則・鈴木正幸「近代天皇制国家の確立」原秀三郎ほか編『大系日本国家史　5　近代Ⅱ』東京大学出版会、1976年)。
(23) 前掲、大豆生田『近代日本の食糧政策』、同『お米と食の近代史』(吉川弘文館、2007年)。
(24) 玉真之介「書評　大豆生田稔著『近代日本の食糧政策―対外依存米穀供給構造の変容―』」(『史学雑誌』103-10、1994年10月)、同『近現代日本の米穀市場と食糧政策―食糧管理制度の歴史的性格』筑波書房、2013年) 第3章補章3。
(25) 大豆生田稔「書評　玉真之介著『近現代日本の米穀市場と食糧政策―食糧管理制度の歴史的性格』」(『社会経済史学』81-1、2015年5月)。

第1章　1890年の米価騰貴と外米輸入

第1章　1890年の米価騰貴と外米輸入

はじめに

　1880年代半ばから後半にかけて、日本本国では米の豊作が続いて米価が下がり、欧州や米国・豪州などに日本米需要が生じて、日本米の海外輸出が活発に展開した。ところが、1889年産米は未曾有の凶作に転じた。同年産米の収穫量3,301万石は、1880年代半ばまでは不作とはいえなかったが、本国の需要は拡大を続けていた。米価は89年半ばに急上昇し、一時落ちついたが、90年に入るとさらに上昇し、同年半ばにかけて高騰を続けた（図序-1・図1-1・表1-1）。

　不足補填の手段は米穀輸入であった。1890年代になると、ほぼ恒常的に数十万石の輸入が続いた。特に1890年度、94年度には年間100万石を超え、1897～98年度には数百万石レベルに膨らんだ。さらに1900年を過ぎると、平年作では需要をみたせなくなり、豊作の年を除き、100万石を超える規模の輸入が続くようになる。1889年秋の凶作と、翌年にかけての米価高騰は、以後、ほぼ継続的になる米不足のはじまりを告げる現象であった。活況を続けた米穀輸出はここに頓挫し、輸入に転じたのである。

　朝鮮・中国からの輸入量は年間数万～数十万石程度にとどまる規模であり、また中国は原則として米の輸出を禁止していたから、供給先としては不確実であった[1]。凶作の場合に必要な100万石単位の不足補填は、英領ビルマ・仏印、タイなど、東南アジアからの外米輸入により可能となった。東南アジア産の米はインディカ種で、内地米や朝鮮米などジャポニカ種とは異なったが、一定の代替性があり、1890年代から輸入が本格化し1900年代には恒常化した[2]。

　1890年の外米輸入については、戦前から、政府による外米の輸入と払下げ、定期米市場（米商会所）における外米の受渡代用などが検討され、米価高騰に対する政府の「米価調節」策として位置づけられた[3]。また凶作年度の米穀輸入額は、国際収支に影響を与えるほど巨額であり、企業勃興期の好況から1890年恐慌へ向かう景気変動に「最後のとどめを刺した」といわれる[4]。同

はじめに

図1-1 米価と米穀輸出入量（1887年7月～1891年6月）

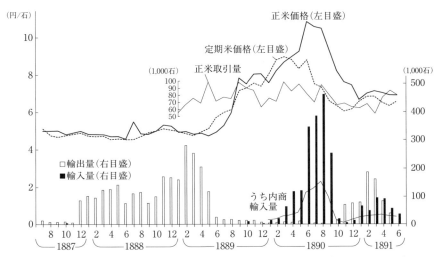

出典：深川正米相場・売買量は東京廻米問屋市場『東京廻米問屋市場沿革』（1918年）、181、183頁。堂島定期米相場は株式会社大阪堂島米穀取引所『株式会社大阪堂島米穀市場沿革』（1915年）付表。米穀輸出入量は『大日本外国貿易月表』（各号）。
注：正米価格は東京廻米問屋市場（深川）の月別平均価格、定期米価格は堂島米商会所（大阪）2ヵ月限平均価格。正米売買量は東京廻米問屋市場の月別売買量。

年の米価騰貴は、株式担保金融とともに金融逼迫の要因とされた。米価騰貴が定期米（先物）・正米（現物）の取引を急増させ、資金需要の急増が金融市場の逼迫を促したという指摘である[5]。また、株式払込と米穀投機は大阪においてより明瞭に現れ、米価騰貴が誘発した定期米市場の取引拡大は、絶対額で東京を上回ったとされる[6]。ただし、これらの研究の主たる関心は、1890年恐慌が当時の米価騰貴・米穀輸入とどのように関連するのか、それが本格的資本主義恐慌であるか否か、またいかなる段階の恐慌と規定するのかに注がれ、米穀輸入それ自体の検討はすすまなかった。

明治初年の一時的な輸入を除けば[7]、1890年の外米輸入は、需給関係が不足へ転換し、その後の継続的な輸入とその拡大の起点となる、最初の本格的な輸入であった。1900年前後からは外米への依存度が高まり、朝鮮・台湾よりの

第1章　1890年の米価騰貴と外米輸入

表1-1　米穀需給（1880〜1905年）

年度	国内生産（前年収穫）	移入			輸入				輸移入合計	輸移出合計	消費	1人あたり
		台湾	朝鮮	中国	ビルマ	仏印	タイ	外米計				
1880	31,678		93	23	56			56	172	28	31,725	0.88
81	31,434		45	8	13			13	67	22	31,437	0.86
82	29,971		3	1	2			2	6	275	29,700	0.80
83	30,692		—	0	0			0	0	177	30,516	0.82
84	30,562		2	0	0			0	2	483	30,080	0.80
85	27,131		5	20	93			93	118	113	27,137	0.71
86	34,043		2	1	1			1	4	558	33,492	0.87
87	37,191		28	0	0			0	28	365	36,853	0.95
88	39,999		5	0	0			0	5	1,187	38,820	0.99
89	38,645		8	4	1			1	21	1,626	37,034	0.94
1890	33,008		370	48	512	853	38	1,403	1,821	105	34,722	0.87
91	43,038		389	20	29			29	576	878	42,735	1.06
92	38,181		223	9	0			0	404	487	38,107	0.94
93	41,430		79	26	1	276	10	287	392	691	41,130	1.01
94	37,267		121	116	56	993	101	1,150	1,359	526	38,101	0.93
95	41,859		128	28	55	485	12	552	774	874	41,759	1.01
96	39,961		397	165	8	190	22	220	557	622	39,896	0.95
97	36,240	14	753	556	84	1,104	150	1,338	2,051	758	37,534	0.89
98	33,039	175	273	406	1,118	2,707	407	4,232	5,355	255	38,139	0.89
99	47,388	9	183	25	23	401	60	484	409	1,090	46,706	1.08
1900	39,698	10	475	35	105	305	40	450	1,096	355	40,439	0.92
01	41,166	104	612	95	93	386	121	600	1,423	499	42,391	0.96
02	46,914	164	374	38	719	556	172	1,447	1,453	674	47,693	1.06
03	36,932	500	459	173	2,429	1,455	391	4,275	5,560	320	42,172	0.93
04	46,473	421	144	77	3,200	1,752	717	5,669	5,953	453	51,974	1.13
05	51,430	651	114	144	2,956	918	515	4,389	5,610	229	56,811	1.22

出典：加用信文監修『改訂　日本農業基礎統計』（農林統計協会、1977年）、農林省『米穀要覧』（各年版）、横浜市『横浜市史　資料編2（増訂版）統計編』（1980年）、ほか。
注：1890年の仏印の数値は推計した。消費（1人あたり）の単位は石。

輸移入も増加する(8)。これらをふまえて、本章は、1890年前後の米価の推移、89年秋から91年前半期の外米輸入の展開、および政府による外米輸入・払下げの実施・展開の過程を検討する。この時期の外米輸入は、その直前まで、輸出が活発に展開したため必ずしも円滑にはすすまず、はじめ、米価を安定させる機能には限界があった。のちに政府は、直接市場に介入して外米輸入の促進をはかるほか、外米の買付・廉売などを実施する。恒常化した不足の補塡を目的

第1節　凶作と米価騰貴

とする、多量の外米輸入の嚆矢として、1890年前後（1899年末〜91年初）の輸入の特質をさぐり、その展開と、それが実現した諸条件を解明することが本章の課題である。

第1節　凶作と米価騰貴

1　1889年産米

（1）米穀輸出の活況　　1880年代後半は、日本米の海外輸出が活発に展開した時期である[9]。特に1885〜88年には豊作が続いたが、農村では麦飯などの混食が一般的で、主食に占める米の割合には限界があり、消費は抑制されて本国には余剰が生じた。このため、米価水準が下落し、海外に日本米需要が生じて米穀輸出が活発化した[10]。1888年には、米が生糸に次ぐ重要輸出品の位置を占め、神戸港最大の輸出品になっている。輸出量は1888年1月から毎月ほぼ10万石を超え、ピークとなる89年3月には30万石に迫った。1889年半ばまで、多量の米穀輸出が続いたのである（図1-1）。

1889年（1〜12月）の輸出量はさらに増加して「輸出非常の多額」となり、同年5月には、すでに前年の「三分の二以上に達」したといわれた[11]。米穀輸出の活況は、1888年1月から、89年産米の収穫を控えた89年半ばまで続いた。

（2）凶作　　ところが、1889年秋の収穫は一転して、かつてない凶作となった。同年の収穫量は3,301万石にとどまったが、これは1886〜88年平均の15%減という大幅な減収であった（表1-1）。1887〜89年度平均の消費量は3,757万石であったから、1890年度には456万石の不足が生じる計算となる。

さらに、1890年度には麦も不作であった。同年の麦収穫量は、大麦が前3ヵ

(1,000石,1,000人)

人口
36,183
36,562
36,941
37,344
37,759
38,139
38,406
38,656
39,029
39,456
39,849
40,159
40,443
40,765
41,073
41,476
41,893
42,328
42,843
43,350
43,825
44,373
44,959
45,534
46,099
46,602

第1章　1890年の米価騰貴と外米輸入

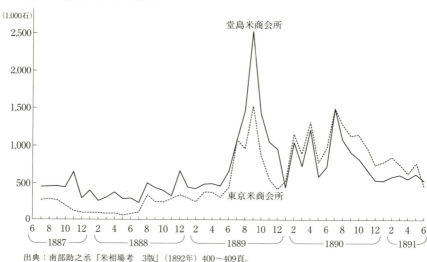

図1-2　定期米市場の取引量

出典：南部助之丞『米相場考　3版』（1892年）400〜409頁。

年平均713万石に対し542万石（27%減）、小麦も前3ヵ年平均312万石に対し246万石（21%減）と、どちらも大幅な生産減となった[12]。米の収穫が減ると、産地農村では米の販売量を確保するため、米の消費を減らし麦の消費を増やす傾向があった。しかし1890年度には、米の消費節約にも限界があったのである。1889年産米は、平年作に「減少すること大約二割内外」、さらに翌年の麦の収穫も「大約二割内外を減収せり」と報じられたように[13]、稀有の凶作となった。

（3）需給関係の転換　　1880年代末に米穀輸出は最盛期をむかえたが、89年の凶作は米穀需給の転換を告げる現象となった。すなわち、長期的にみれば人口の増加、1人あたり消費の増加により米穀需要は急増した[14]。本国の米作は作付面積・反収・総収穫量ともに増加傾向にあったが、需要の伸びはそれを上回っていたのである。

また、1888年初頭から多量の輸出が続いたため、89年端境期には現在量が減少していた。大蔵省の報告によれば、1889年の収穫は平年作を563万石下回る

18

大幅な「減額」であったにもかかわらず、同年の輸出量は「実ニ百三十一万余石ノ多額」にのぼり、米穀輸出が解禁された1873年以来の「稀有ノ多額」となった。このため本国の現在量は「減耗」し、「需用ニ不足ヲ告ケントスルノ姿勢」となっていた[15]。さらに、「近年米価下落の著しき為め……内には従来麦種食者が米食を為し」たと報じられたように、1888年まで続いた「連年豊作」による米価下落は、産地における米消費を促し、市場への出廻りを減少させていたのである[16]。

2　米価の高騰

（1）1889年半ばまで　　1889年前半の米価は、定期米市場・正米市場ともに安定していた（図1-1）。しかし同年半ばになると、まず定期米相場が5〜6月から上昇しはじめ、翌1890年春まで騰勢が持続した。上昇に転じたのは、東京など消費地の現在量が「大抵払底に近つ」いたにもかかわらず、その後の入荷が減少したからであった。東京では、「本年新米前に早や不足を感するに至るへし」と危惧されたように[17]、「不足」予想は現実のものとなった。各地の米商会所では投機的な取引が活発となり、1889年6月には、大阪で定期米の買占が「愈々喧伝」されるようになる。さらに7月からは、九州や紀州の水害、台風による愛知県・三重県の「大海嘯」、関東・奥羽・北国筋の「風水害」など、各地の災害が重なって高騰が続いた。東京米商会所では、9月半ばに米価高騰が続くと、数日間取引が停止され、取引を保証する証拠金が追徴されている[18]。

このため定期米市場の取引量は、1889年5月まで毎月50万石程度で安定していたが、6月から増加しはじめ、7月には急増した。投機的な取引が加熱し、大阪（堂島米商会所）が東京（東京米商会所）を上回りながら、両市場ともに同年9月を頂点として売買量が激増したのである（図1-2）[19]。

（2）1889年半ば以降　　一方、正米市場の相場は定期米市場よりやや遅れて、1889年7〜9月に急騰した（図1-1）。東京市場

の入荷量が、「買手筋が見込し如く」に「至て尠なく」、東京廻米問屋市場（深川正米市場）の現在量は「常に欠乏を告」げたからである[20]。しかし、同年9月以降に新米が出廻ると「漸次権衡を保つ」ようになり[21]、米価の騰勢は翌1890年初頭まで一時緩和した。また定期米相場も1889年9月下旬に「沸騰の極点に達し」たが、「其後は反動」により「稍低落」し、秋の「天災の季節を経過」して出廻期をむかえたため、同年末まで騰勢は緩和した。激増した東京・大阪の定期米市場の取引量も、同年10月以降は急減している（図1-2）。

　すなわち1889年の端境期には、深川在庫の正米は、「是まで日に売り減らし行く有様」で減少を続けたが、9月から新米の入荷がはじまった。同月下旬には「日々大抵二万俵余の入船あり、又地廻り米も多くの入船」があったため、「日ならずして深川在米三十万俵以上となるべし」と予想されるようになったのである[22]。入荷が促進されたため騰勢は一時緩んだといえよう。

　また、1889年7～9月の正米相場の高騰は、産地に出荷を促した。1889年9月になると、「一時ハ非常に米価の騰貴」があり、1石あたり「遂に十円といふ高直」になったが、「七円前後まで下落」することもあったという[23]。同年秋に米価の騰勢が一段落し、また水害の「実況」も「さして米穀にハ損害を及ぼさゞりし事」が「明瞭」になると、産地では「只管抱ひ込み居たる荷主」が「続々」と出荷をはじめた[24]。このため、深川正米市場の取引量は同年9～11月に増加した。つまり、7～9月の米価急騰に対しては、産地の「農家は米穀を貯蔵し」たため、米価は「俄に暴騰の勢を現し」て、出荷はさらに抑制された[25]。しかし、反動により10月に米価はやや下落し、また翌年はじめにかけて騰勢が緩むと、出荷が促されるようになったのである。しかし、翌1890年春になると米価は再び上昇していく。

3　輸入の不振

（1）輸出から輸入へ

　1889年6月頃から米価は高騰しはじめたが、同年5～6月にいたるまで、米穀輸出はなお活発であった

(図1-1)。輸出が急減し微量になるのは7月からであるから、凶作が予想される一方で、なおしばらく輸出が継続したことになる。したがって、「前年来大に増加せし我輸出米は、本年に至りて一層増加し、新米の出廻る迄には喰繋米に不足を生ずべし」といわれたように、端境期における不足が予想されるようになった[26]。また、凶作が現実になった同年10月には、「世人皆な……本年ハ外国米を輸入するの必要」を認めたが、輸入量については、「米穀のものたる、其の使用法の如何に依りて大に其の需要を伸縮する」こと、すなわち消費の調節が可能であり、輸入額は「我か財政上に大影響」をおよぼす規模にはならないとする予想もあった[27]。

しかも、その翌月(11月)においてもなお、米価高は一時的とみなされ、次のように米穀輸出への期待すら存在した。

> 今年は不幸にも種々の天変地異に依て其収穫を減少し、且つ非常の高価に立至りたるを以て、今日の所にては各別輸出の望みなしと雖ども、此後内外市場相場の都合如何に依ては、又た幾分の輸出を見るに至るべし[28]

このように1889年秋から翌90年初頭にかけて、現実の凶作を前にしても、輸入の必要性は直ちには認識されなかった。また、実際に、きわめて少量の輸入しか実現しなかったのである。

(2) 輸入の停滞 すなわち、1889年の収穫期に入ると間もなく、中国人商人による米穀輸入があった。また三井物産は、トンキン米・サイゴン米・タイ米などの見本を輸入し[29]、横浜の中国人商人も安南地方の外米輸入を試みて見本を用意している[30]。しかし、翌1890年春まで、輸入は低調であった(図1-1)。

米価の騰勢は、定期米市場・正米市場ともに1889年秋に一段落し、「昨今ハ日本米の低落に連れて……買人ハ一層の安気を顕はし、双方白眼合い」となり、相場は停滞を続けた。また三井物産が直輸入した外米は、米価が停滞していたため、価格が低くても「成行相場」で売却されたという[31]。横浜港における外米取引は、「売人ハ大に急ぎ居る様子」だが、「買人ハ何れも見送りの模様」[32]であった。このため、荷揚後は次のように輸入商の在庫として滞留す

第1章　1890年の米価騰貴と外米輸入

ることになった。

　　同米〔外米〕は先頃より追々横浜に輸入ありて、……第一着の分ハ多少各地方へ積送りたるも、爾後輸入なりし分ハ未だ其儘にて捗々敷先行なく、残四十万斤程ハ清商の持荷にて、目下売気充分にあるも、我正米の次第に落底する為め相場に拘はらず買手見送りの姿にて、相場も追々底落せり(33)

このように、1889年秋の横浜港の外米取引は、「先頃来引続き不振」で「売買殆ど中止の姿」であり、「実に売先困難」と報じられたように(34)、米価が上昇していたにもかかわらず低調であった。

　凶作となった1889年産米の不足を補塡する外米輸入は、長期間継続した米穀輸出ののち、にわかに開始された。しばらく営まれなかった外米輸入取引については、1890年春に、予期できないリスクの存在も報じられている。1878～79年の米穀輸入について、「商業社会のある老翁」の談話として伝えられた、次のような「失敗」である(35)。すなわち、米価が騰貴したため外商を通して外米を「多分に」買い入れたが、「案に外れて」東京では売りさばけず、北海道に転売したところ、「北海道の人民すら之を食はず、少しも売れ行か」なかった。「百計尽き果て」て自ら数年間これを食したが、「サテ其味といへバ実に言語に断へたるもの」であった、という失敗談である。

　外米輸入は、1889年7～9月の米価騰貴ののちも不振であったが、同年秋からは定期米市場・正米市場ともに相場は比較的安定し、激増した定期米市場の取引量も急減した。米価の急騰が一段落すると、本国の各産地からの出荷がすすんで、定期米相場・正米相場ともに小康状態となったのである（図1-1・図1-2）。

第2節　政府の市場介入

1　米価の再騰貴

(1) 1890年春の米価高騰　　いったん落ち着いた米価は、1890年はじめから、定期米市場・正米市場ともに再び騰貴した（図1-1）。まず、1889年12月に1石あたり7円40銭であった定期米相場は、翌90年1月には8円04銭に上昇した。騰勢は3月に収まったが、6月まで高値が続いた。また正米相場も、1890年を「迎ヘタル当初ハ米価未ダ高カラズ」と、年初にはなお平穏であったが、2月に「奔騰」をはじめ、6月を最高値として続騰し「其勢猛烈」であった[36]。

　定期米相場は「漸く上進の気配」を現わし、正米相場を上回って上昇した。その要因は、地廻米の出荷が「途絶へたると、且つ脇店口が是迄の買控えに堪へかねて買望」んだからといわれる[37]。つまり、当時、実米の不足が指摘されたように、稀有の凶作と輸入不振にもかかわらず収穫後に出荷がすすんだため、年末・年初になると不足が顕在化し、再び騰貴がはじまったのである。1890年3～4月頃まで、相場は定期米・正米ともに併行して上昇し、3月下旬の米価の騰勢は、「実に止まる所を知らざるもの乎哉」[38]といわれた。定期米相場の高騰は投機を煽り、定期米市場の取引量も同年2月・4月・7月に急増して「近年ノ巨額ニ上」[39]った（図1-1・図1-2）。

　定期米市場の相場は、3月に上昇が止まって停滞する。同月には金融逼迫が「極点」に達し、投機資金の供給が閉ざされたが、これは取引量の急減と相場の停滞をもたらす要因となった[40]。しかし、正米はさらに騰貴を続け、6月には「益す騰貴」[41]して10円を超えた。ところで、これより約10年前、1880年後半～翌81年初頭にも米価（正米）が高騰し、ピークの1880年12月には12円

50銭となっている。しかし当時、銀紙間に格差があり、同月（平均）には銀貨1円に対し紙幣1円66銭の相場であった。12円50銭をデフレートすると、実質的には7円53銭となる[42]。1889～90年の米価は、当時の米価を実質的に上回っており、かつてない水準に到達したといえる。

（2）輸入不振の継続　しかし、米穀輸入は1890年3～4月に増加したものの、翌5月には停滞し、なお輸入の拡大はすすまず緩慢であった（図1-1）。すなわち同年4月下旬、定期米相場が高騰すると横浜港の外米相場も上昇したが、輸入船が到着すると「俄に下落模様」となり、外米取引も「猶弱気」で停滞傾向となったのである[43]。

こうして1890年5月には、外米輸入量が伸び悩む一方で、正米相場は急騰を続けるようになった。正米相場の再度の騰貴が社会に与えた影響は大きかった。すでに同年2月には、犯罪の増加や世相の悪化、「貧民」の生活困窮、窃盗などの「軽罪」の増加が[44]、また8～9月には、「窃盗の犯罪事件」の急増が報じられ、「下等社会に及ほす影響の実に著しき」と評された[45]。また同年4月からは、米価高騰による「騒動」が各地に多発した。富山県では、同年1月から富山市に救助要請運動が発生したが、4月には高岡で、「隊伍」を組んだ「細民」が米穀商の店頭で「乱暴を働く有様」となり[46]、さらに6月には、より大きな「騒動」が発生することになった[47]。

2　定期米市場への干渉

（1）外米の受渡代用　定期米市場における相場の高騰は不正取引を促し、1890年1月からは、取引所仲買人らが「空米相場」などの疑いにより各地で拘引された[48]。大蔵省は同年4月、「海外輸出米奨励ノ方略」を改めて外米輸入を奨励し、また定期米市場に外米を供給するため、受渡米を「内国産ニ限ル」という限定条件を削除し、さらに、外米の「公売」を農商務省と協議した[49]。両省は同月、米価高騰の原因調査のため、堂島米商会所に書記官を派遣した[50]。政府は外米受渡代用を意図しており、その調査

第 2 節　政府の市場介入

対象には、定期米市場の「売買米」を「本邦米に限」ると定めた現行規則があった(51)。一般に、定期米は「素人」も「目利」できるため、「素人の見込買ひ」によって米価は「格外」に騰貴したといわれる(52)。このため政府は、定期米市場に外米を供給して投機的取引を鎮静化し、価格の抑制をはかろうとしたのである。

　政府は1890年4月、堂島米商会所に対し、①建米（取引の標準米）を現行の摂津2等米から同3等米とし、また、②外国米を受渡米に代用する措置を、5月1日発会の先物取引（7月限）から実施するよう指示した。いずれも、受渡米の範囲を本国産の下等米、および外米（朝鮮米などを含む「外国米」）にも拡大して、加熱した定期米市場取引を抑制しようとするものであった。

　一方、堂島米商会所は、①については了承したものの、②については、「全国の経済」に関わる「大問題」であり、各地の「同業者」を東京に集めて「其利害得失を諮問」するか、もしくは「能々利害の係る所を討議」すべきであるとして承認せず(53)、「到底拒絶の模様」となった(54)。これに対し農商務省は同月、商務局長が大阪に出張して「手強く命令的の内論」におよんだ(55)。さらに、農商務省は「断然の処分」を実施して、堂島米商会所申合規則の認可を取消し、あらためて申合規則を定めさせるという強硬策に出た(56)。同所頭取の玉手弘通は大阪府に「召喚」され、繰り返し同様の指示を受けている(57)。

　一方、東京米商会所に対しては同月、農商務省が頭取の中村道太を「説諭」した。中村は、外米を受渡しに代用するのではなく、外米取引の「一市場」を米商会所に新設することを願い出ている。しかし、これは許可されず、「已むを得ず、其儀に服」した(58)。このように政府は、米価の再度の騰貴に対して、外米受渡代用を急遽断行したのである。

（2）政府の構想　　ところで大蔵省主計局は、1890年の米価騰貴後の92年7月、米価問題を「国民ノ休戚」に関わる「至重ノ問題」と認識して、その「研究」のため、『米価ヲ平準ニスル方案』（以下、『方案』と略す）と題する80頁ほどの小冊子（大蔵省印刷局作成）を「参考」のため編集・刊行した(59)。その「結論」（第9章）には、次のように記されている。

第1章　1890年の米価騰貴と外米輸入

　　　我邦ノ豊凶ハ貿易ノ手段ニ由テ平均ヲ得、米価自然ニ平準ニ帰スヘキモノ
　　ナルニ、実際米価ノ激動止マサルハ買占ノ行ハル、ニ依リ、買占策ノ行ハ
　　ル、ハ米商会所申合規則ノ不完全ナルニ原因セリ。是ヲ以テ政府ハ此ノ規
　　則ヲ改正セシメ、外国米ノ受渡ヲ自由ニシ、米価ノ平準ヲ維持セサル可ラ
　　ス(60)。

　すなわち、まず、『方案』の各章は豊作の場合や米穀輸出についても論じているが、「結論」では専ら凶作や米穀輸入について検討している。したがって作成者は、主に、凶作とそれに対する米穀輸入の場合を想定していたと推測される。1890年の米価高騰から間もない時期の刊行であり、その主眼は米価騰貴対策にあったといえよう。また、同年4月に政府（大蔵省・農商務省）が企図し、5月から実施された定期米市場の外米受渡代用、すなわち米商会所申合規則の「改正」を主張し、大蔵省主計局が刊行していることから、大蔵省の関係者が作成したものと推測される。

　ところで、実際に『方案』が刊行された1892年7月当時は、90年10月の申合規則改正により外米受渡代用は再禁止されていた(61)。米価は、同年10月には下落し、外米輸入量も激減したのである。したがってこの「結論」は、1890年5月から実施した外米受渡代用の再度実施を主張するものであった、と推測できよう。

　外米受渡代用の効果について、『方案』は次のように記している。すなわち、まず第1に、外米輸入は、買入契約後に荷が届くまで「勢ヒ数十日ヲ費ヤ」すことになり、「其間ニ米価如何ニ変動スルヤ予知シ難ク、若シ下落スルコトアラハソノ損失莫大トナリ危険」であるが、外米受渡代用が禁止されているため、定期米市場にヘッジ（掛繋ぎ）してリスクを回避することができない。したがって、大量の輸入が困難となり、「米価ノ激昂」をまねいて「投機者」の「買占策」が勢力をのばしている、と述べている(62)。また第2に、外米が「陸続我カ〔定期米〕市場ニ流入」して、大量に受渡しに代用されれば、投機者が外米価格を無視して「買占策ヲ断行」し、故意に日本本国の米価をつり上げようとしても、国内外の米価の乖離が拡がって「到底能ハサル」ことになり、や

がて「買占策ノ根拠ヲ絶ツノ実効ヲ奏」することになる、と記している(63)。すなわち、定期米市場で外米の取引を実施して外米輸入を円滑化するとともに、本国の米価を海外市場の米価にリンクさせて、本国米価の騰貴を抑制するという狙いであった(64)。このように、外米受渡代用により、外米取引を円滑にするヘッジ機能、および外米を取り込んだ定期米取引による価格抑制効果が期待されたのである。

そして、外米受渡代用の実際の効果について『方案』は、「一昨年〔1890年〕ノ実例ニ徴シテ明了ナリト云フヲ得ヘシ」と評している。つまり、「一時殆ント十円ニ昇リシ〔定期米市場の〕米価」が「速カニ低落スルニ至リシハ、斯ク外国米ノ市場ニ流入シタルニ原因セスンハアラス」と、1890年5月の外米受渡代用の実施により、続く6～8月の大量輸入という効果が実際に現れたと判断している(65)。

すなわち、図1-1によれば、外米輸入量は1890年6月から急増して8月に最大値となり、9月には減少に転じている。現実の凶作にもかかわらず、1889年秋から外米輸入は不振であり、90年4～5月にやや増加したものの停滞していた。しかし、5月に外米受渡代用が実現したのちには、輸入取引が激増している。また外米輸入量が増加すると、定期米相場は停滞・低落に転じた。さらに、定期米市場における取引量をみると、1889年7～9月のような激増はなく、90年5～6月には落ち込んでおり、7月のピークも89年よりは低く比較的安定していた（図1-2）。『方案』が述べるように、1890年5月に断行された外米受渡代用は、外米取引を円滑化して輸入を促進し、また定期米市場における投機を抑制して、定期米相場の抑制・下落に寄与したといえよう。

（3）定期米市場と正米市場

しかし、政府による定期米市場への介入については、当時、批判・反対意見が多数あった。正米取引に従事する深川正米市場の組合員は1890年4月、外米を建米とするのは「不利にして弊害多きを免がれず……不可なり」と決したが、その主な理由について、次のように述べている。

抑も現立米商会所の建米に外国米を代用せしめんとするの事柄は……実に

第 1 章　1890 年の米価騰貴と外米輸入

　　　容易ならさる一大関係を有するものなり、……地方の生産者は何を標準と
　　　して東京其他の市場へ米穀を輸送するかと云ふに、皆薄利の目算を以て安
　　　全の保険を依頼する、彼の定期繋き米の方法を利用して正米を輸送するも
　　　の其多きに居れり、然るに今仮りに外国米を定期の建米に代用するものと
　　　せんか、品質異り且販路狭きか故に、毎に定期と正米の間に非常の直違ひ
　　　を生し、為めに、繋き米売買の如きは自然其跡を絶つに至り、徒らに米商
　　　会所は唯米と云ふ名義を藉り、以て一種の輸贏を争ふ投機者の巣窟となる
　　　やも知るへからす、果たして繋き米の用を為さゞるものとせは、米価の平
　　　均は得て望むべからざるのみならす、生産者は前途俄かに相場の目途を失
　　　し、廻米を躊躇するは必定(66)。

すなわち、本国内の産地・消費地間の円滑な正米取引にも、リスク回避のため
ヘッジを必要とするが、内地米と品質が著しく異なり、また販路も限定される
外米の受渡しはその機能を後退させ、外米が単なる投機の対象となって取引の
不円滑をまねく、という意見である(67)。

　また、桑名米商会所も同月、同所仲買人・米穀問屋の有志が集会して、同様
に外米受渡代用の「不可」を「決議」している。その「論点」は、①内地米取
引のため定期米を買い入れてヘッジした場合、限月に外米を渡されても拒めな
いため、外米受渡しを望む者以外は定期米取引をしなくなる、②本年のよう
に内地米が不足すると、定期米市場は外米で不足が補われて、「平均して必ら
ず相場ハ下落」するが、外米よりは内地米が好まれるので「自然正米に於る日
本米ハ高価」となり、「遂に定期米の値段と雲泥の相違を生」じるため、物価
の「均一を保持する」という米商会所設立の趣旨に背く、というものであった
(68)。定期米市場が果たすリスクヘッジ機能は、「安全の保険」であり、産地・
消費地間の大量かつ円滑な取引の前提であった(69)。

　米穀取引に与える影響の大きさから、外米受渡代用は「到底実際に行はれま
じとの噂専ら」(70)であった。実施を疑問視する取引関係者もいたが、1890 年
5 月から代用が強制的に実行されることになった。はじめての外米受渡代用に
定期米市場は戸惑い、「何様外国米の定期取引に掛りたるハ今回が始めての事

第 2 節　政府の市場介入

なれバ、何れも気迷の姿相場浮足にて、随て売買も多数の取組なかりし」(71)と報じられたように、外米受渡代用は定期米市場に動揺を与えた。正米市場は騰貴したが定期米市場の取引は不振となったのである。すなわち、正米相場は1890年2～6月に急騰したが、定期米市場においては、受渡し決定の4月前後から取引量は停滞した。また、相場も正米の動きを離れて下がりはじめ、6月にはやや持ち直したものの、その後は低落し続けた（図1-1）。定期米市場の相場下落は同年4月、次のように伝えられている。

　　米穀市場の景況は此程よりして俄然一変し稍下落の傾きとはなりたるか、……気配は尚々崩れ立ち、……六月限九円十八銭に寄附〔よりつき〕……兎に角人気は一般に不味なり(72)

正米相場と定期米相場の価格差は大幅になり、値動きも逆行した。外米受渡代用により正米・定期米の相場は乖離し、「相場の標準を失」うことになったのである(73)。

3　直接輸入と売却

（1）政府による外米輸入　　さらに、政府は1890年5～7月、直接外米の輸入に着手した。すなわち政府は、「一、二買占の連中」が「飽迄も其手段を行ふて止まざる」場合は、外米輸入により「一時の急を救」おうとした(74)。政府自らが輸入して「民間ノ輸入ヲ奨励」し(75)、輸入不振の打開をはかる試みである。外米輸入の過半は外商によるもので、内商の輸入量には限界があったといえる（図1-1）。1880年3月の備荒儲蓄法（太政官布告）による中央儲蓄金を財源とし、すでに82～88年に、同儲蓄金による米穀の買入・売却・交換が行われていたが、90年からは輸入と公売が実施されたのである(76)。

政府が直接購入した外米は白米58,626石・玄米278,975石、計337,601石であり、これは1890年度の輸入量1,821,000石の18.5%に相当する（表1-1・表1-2）。総外米輸入量の2割近い量を政府の輸入が占めることになった。さら

第1章　1890年の米価騰貴と外米輸入

表1-2　政府の外米輸入・払下量

	種類	数量(石)	金額(円)
輸入	白米	58,626	494,650
	玄米	278,975	1,630,530
	計	337,601	2,125,180
払下	白米	58,822	513,288
	玄米	272,383	1,268,012
	計	331,204	1,781,300
輸入額−払下額			△ 343,880
その他の収支			△ 3,022
総収支			△ 346,903

出典:「米穀購入及公費仕訳書」(『公文類聚』第15編　明治24年　巻之41』)。

に、総払下量は331,204石であり、5,000石余は欠減したが、1891年2月までに、政府輸入外米のほぼ総てが払い下げられた。輸入に要した経費、および払下げの収入、諸経費などは表1-2に示した通りである。外米購入額2,125,180円、売却額1,781,300円、そのほか諸経費などを差し引いて、最終的に346,903円の損失となった。

(2) 外米払下げ

政府による輸入は、政府と三井物産・日本米穀輸出、および藤本清兵衛[77]ら「資力ト経験ヲ有スル」商社・商人との随意契約により実施され、1890年5〜7月に英領ビルマ・仏印からラングーン米・サイゴン米などが輸入された[78]。のちに拡大するタイからの輸入は、1890年前後には少量であった。当初の計画である815,000石を輸入する予定であり、大規模な外米輸入により米価の抑制がはかられた[79]。こうして同年6月以降、政府輸入の外米が続々と入港し、東京・大阪・兵庫において払下げがすすんだ(表1-3)。

　　政府の買入米多額を積入れたる船の大坂へ入津せし由……右ハ一応大坂米
　　廩に積入れたる上、浅草米廩の備荒米払下げと同様、東西相応じ人気を揃
　　えてバタヽ売出すことなるべし[80]

東京における第1回払下げは1890年6月6日に実施され、浅草米廩で外米5,000袋(3,500石)が売却された。入札者は1,300余名を数え「中々盛況を極め」たが、落札したのは中尾忠蔵(芝区芝田町、4,000袋)、田中長左衛門(日本橋区浜町三丁目、350袋)、奥野竹次郎(麹町区麹町七丁目、50袋)、山口庄太郎(本所区本所横網町、600袋)の4名に限られた[81]。正米相場が高騰して「なかゝゝの景気」となり、「案外の高値」の落札であったため[82]、「細民救助の意に出たる払下も殆んど焼石に水」と評された[83]。払下外米は僅か4人の「高札者の手のみに帰し」て、「千余の入札人」たちは「何れも皆手を空しくして立帰るの有様」であった[84]。

第2節　政府の市場介入

表1-3　政府による外米払下量(白米・玄米合計)・払下単価　(石、円/石)

実施年月	東京	白米単価	玄米単価	大阪	白米単価	玄米単価	兵庫	玄米単価	計
1890.6	23,100	9.35	—	2,096	9.13	—	1,306	5.46	26,502
7	20,505	8.62	5.44	7,035	8.20	5.04	9,241	5.04	36,781
8	23,884	8.30	5.20	17,156	7.84	5.27	12,341	4.51	53,382
9	6,860	7.88	4.69	6,159	7.26	4.84	691	4.78	13,709
10	15,246	—	4.46	2,789	7.13	4.63	1,464	4.71	19,500
11	17,568	—	4.04	15,483	—	4.39	3,635	4.32	36,686
12	38,764	—	4.45	30,280	—	4.31	17,817	4.34	86,861
1891.1	9,958	—	5.11	17,402	—	4.83	12,544	4.76	39,904
2	941	—	—	17,703	—	4.54	47	—	18,691
3	—	—	—	38	—	—	—	—	38
合計	156,825			116,142			59,086		332,053

出典：「東京大阪兵庫米廩公売米一覧表」(『公文類聚』第15編　明治24年　巻之41)。
注：兵庫は玄米のみ。払下の合計値が表1-2に一致しないが、表1-3は、「掃集米」・「掃出米」などを含むからと推測される。

しかし、払下価格は正米相場が下落するにしたがって低下し、6月に9円台であった白米払下価格は、8月には8円台となった。この間、7～8月の正米相場はなお高位にあったが、平均払下価格は、白米・玄米ともに低下していった（表1-3）(85)。

（3）払下げの影響　　長期にわたる、安価な外米の払下げは、定期米市場・正米市場に影響をおよぼした。第1回払下げの直後には、次のように、払下げの「風説」が定期米市場の騰勢を抑制して相場を圧迫した。

> 東京米商会所六月期米ハ去る四月一日発会に於て九円四十一銭に生れ、其後時候不順と正米減少とに依り同二日にハ九円六十七銭五厘まで昇騰せしに、偶も外国米払下の風説起り、且つ大手筋よりどんゝ売始めたるより、同十六日にハ八円十五銭といふ安値を現はし……(86)

また、浅草米廩が1890年5月20日、府下の白米商組合に「払下米云々の報」を出すと、「米商皆一驚を喫し」て米価は「見るゝ……暴落」したという(87)。外米の「頻々」とした払下げが一因となり、1円あたり「二、三合方づゝ引下げ」られ、さらに「今後払下米其他の模様」により、「次第に尚何程づゝか引下げ行くことなるべし」(88)と、払下げによる米価の漸落が予想された。

第1章　1890年の米価騰貴と外米輸入

その後は「気配」を持ち直したが、たび重なる払下げにより東京市中の外米需要が拡大し、米価引下げの効果を果たしたといえよう。

ただし、外米払下量のピークは1890年8月と12月であり、正米相場が急騰した6月からは、だいぶ経過していた（表1-3）。特に12月の払下げは多量であったが、大豊作となる1890年産米の収穫期と重なっており、大幅に時期を逸していた。すでに8月下旬の外米払下げについては、「人気面白からず、入札人も甚だ少き有様」[89]と報じられており、外米需要は縮小しはじめていた。このため、政府が大量に輸入した外米は倉庫に滞留することになった。

第3節　外米輸入の展開

1　輸入の急増

（1）民間の外米輸入　　1890年には、政府による外米輸入とともに民間の外米輸入が、前年とは異なり活発化した。まず、同年はじめの定期米市場の高騰は輸入を促進した。同年2月には、定期米が「先頃来引続き非常なる高価を現はし」、横浜居留地の輸入外米は「悉皆取引」となった[90]。また4月には、米価上昇により外米取引も「大いに気を持」ち、同月3日には1万俵（4,000石）余の売買があったという[91]。

こうして、1890年3月から外米輸入量は増加しはじめた（図1-1）。同月には、香港から外米の「夥多の入荷」があり、「先頃来引続き気配よく、入津次第競て手合」となった[92]。同月下旬には定期米・正米ともに「益々騰貴の傾向」となり、その影響は「直ちに南京米に及」んだという。横浜在荷30万斤（1,200石）は「悉皆手合」がすすんで入荷待ちの状態であり[93]、「気配ハ益々上進の姿」となったのである[94]。さらに同年4月にも、外米は「続々輸入」され[95]、5月には一時的に停滞したものの、順調であった。

第3節　外米輸入の展開

> 横浜に於る南京米の景況ハ過日来気配小堅く保合居りし処、一昨十三日……五十余万斤入津ありしかバ、幾分か下落すべしと思ひしに却て気配上進し、玄米の如きハ一寸一分高と成りしに連れ白米も幾分の高模様……(96)

正米相場がピークとなった1890年6月にも、香港から横浜へ、外米の「輸入頻々なる」(97)状態が持続した。こうして、政府および商社・米穀商による外米輸入は6～8月に激増する。

> 外国米の輸入は啻に政府の購入のみに止らす、内外商人の輸入せし分も頗る夥多にして、時勢已に斯の如く、我か米穀市場に於て盛んに外国米の取引を見るに至りたる(98)

また、横浜港に入港した外米は競売に付された。横浜では輸入にあたった外商が競売し、また三井物産も入札を行っている(99)。さらに深川正米市場でも外米が取引され、米穀問屋や卸商の入札が行われてた(100)。

（2）需要拡大　外米輸入が活発に展開し、また東京・大阪・神戸などの大都市で外米払下げがすすむにしたがい、特定の需要に限られていた外米の消費は拡がりをみせていく。

> 府下にて南京米を買ふものハ至て少く、只だ羽根田辺の猟師などが少しづつ買ふ由ハ予て聞く処なるが、米価の騰貴世の不景気と共に南京米を求むる者昨今追々に増加し、最早や各所の白米小売商店にても売れ方目に立つ程に至れりと云ふ、併し各商店とも未だ南京米と記せる札を立る事ハ憚り居る向き多き由にて、之れを買ふ者も何となく恥らふ体あり、されバ夜分買ひに来る者多く、井戸端に精ぐ者も人目に懸らぬやう注意するとかいへり(101)

「憚り」や「恥ら」いは、新たに外米を購入するときの戸惑いと考えられる。また東京市中の白米商は、内地米と混合して外米を小売するようになった。東京市浅草区民は東京朝日新聞社に対し、白米小売商が「日本白米ヘ二、三割の南京米を交入し真の日本米なりと虚偽し、八升七、八合内外を以て売捌き非常の暴利」を得たと訴え、「筆誅」を加えるよう求めている(102)。

外米の好調な売行は大都市にとどまらず、「青森及び駿遠地方」など、地方

第1章　1890年の米価騰貴と外米輸入

からも「続々注文」(103)があった。また従来、外米が供給されなかった地域にも新たな需要が形成された。大阪・神戸から瀬戸内海沿岸の地方都市にも、新たに販路が開けている。

> 広島・今治・三ケ浜・尾の道等の市中にて、米価騰貴したる為め貧民日毎に増加するにぞ、近頃大坂・神戸よりハ毎日同地方へ向けて南京米を送り居るよし、而して大坂商船会社の汽船のみにても、一日に二千石以上を送るとのことなり、因みに記す、同地方ハ別に米穀の多き処にも非ざれど、未だ大坂より米を仰ぎたることハ無き地方なりと(104)

さらに外米は、1890年には、不作となった麦に代替する機能を果たし、農村においても消費がすすむようになった。

> 外国米ヲ消費スルモノ多ク、或ハ麦ニ代用スルモノ多キヲ加フルニ至レリ、就中麦類ニ乏シキ静岡以西、名古屋・四日市近傍ノ農家ハ、多ク夜食丈ケ雑炊ヲ食スルノ慣例ナルニ、此雑炊ハ内外米共ニ風味ノ差別アラサルヲ以テ、同地方ニテハ好テ此低廉ナル外国米ヲ翹望セリ(105)

こうして、米価が急騰した1890年6月初旬になると、「近来輸入する外国米ハ次第に其販路を広め、何程輸入するも売捌きに差支ゆる有様」となり、輸入増にもかかわらず不足するようになった。外米輸入量が「殊の外少額なる」ため、拡大する需要をみたせず、米価は1石あたり「十円以上まで押上」げられたという(106)。横浜港には「引続き入津」があったが、各地に出荷されて「在荷皆無」となり、外米価格は「益々騰貴」したのである(107)。

（3）輸入過剰

しかし、1890年8月を過ぎて収穫期が近づくと、米価は下落しはじめた。8月9日付の『東朝』には、当時気候は順調で「豊年満作の声各地に喧し」かったが、米価（正米）がなお騰勢にあるのを「奇怪に感」じた「京坂間に有名なる米価通の某氏」が、「明細なる調査」を行って「其筋実業者」に「頒布」した「一表」が掲載されている(108)。これをもとに作成したのが表1-4である。東京、横浜・神奈川、大阪、兵庫・神戸、京都、函館・小樽など国内の主要な消費地と政府倉庫を調査対象とし、1890年8月を起点に同年11月上旬まで100日間の需要・供給を推計したものである。

第3節　外米輸入の展開

表1-4　1890年8月の需給推計(同年8月〜11月上旬)　　　　(石)

	現在量	入荷見込	新米入荷	供給計	需要	差引
内地米	187,530	250,000	90,000	527,530	950,000	△422,470
外国米	566,740			566,740	405,000	161,740
朝鮮米	33,280			33,280		33,280
計	787,550	250,000	90,000	1,127,550	1,355,000	△227,450

出典：「全国在米と輸入米の調査」(『東京朝日新聞』1890年8月9日、2頁)。
注：1890年8〜10月の、実際の外米輸入量は737,382石(『大日本外国貿易月表』各号)。

　同表によると、まず、1890年8月時点の現在量は787,550石（内地米187,530石・外米566,740石・朝鮮米33,280石）、期間内（100日間）の入荷見込量（内地米）は250,000石で、さらに期間内に新米9万石の入荷を予想している。したがって供給量の合計は1,127,550石となる。次に、この間の調査対象地の需要量を950,000石（内地米）と予測し、これに外米需要地への外米供給量405,000石を加えて、需要量の合計を合計1,355,000石としている。したがって、8月現在量に、内地米（前年産米と当年産新米）の入荷予定量を加えると、期間内の需給の差引は227,450石の不足となる。その内訳をみると、内地米は422,470石の不足であるが、外米はすでに161,740石の過剰となっていた。

　ところが、当該期間のうち、1890年8〜10月の実際の外米輸入量は74万石にのぼっている。毎月の外米輸入量は8月（46万石）をピークに急減したが、9月（25万石）もなお多量であり、ようやく10月（2万石）から急減する（図1-1）。内地米は不足であったが、差引不足22万石余を大幅に上回る外米が輸入されたため、同年秋から需給関係は過剰傾向に転じていたのである。輸入取引の成約から荷揚まで時日を要するため、到着時には過剰に転じていたといえる。

　すでに同年7月末には、定期米市場における外米受渡代用の米価抑制効果を「偉大」と認識しながらも、輸入が米価を「減殺し、農家を困むるの弊」を訴え、外米払下げの見合わせや「儲蓄」を説いて、輸入増加を危惧する指摘もあった[109]。輸入開始が遅れただけでなく、その終了も時機を失して、過剰外米が累積したのである。

35

第1章　1890年の米価騰貴と外米輸入

2　米価の低落

（1）1890年産米　1890年産米の「未曾有ノ増収」と外米の「大輸入」が重なって[110]、米価は定期米・正米ともに同年秋に急落していく（図1-1）。同年7月下旬の土用の入り前後は「天気日に続き暑気日に烈し」く、秋の収穫は「例年に優したる収穫あるべし」、「本年の豊作想ひ見るべし」などと予想された[111]。8月にも、「本年ハ必らず豊年満作なり、米価騰貴の泣言ハ日ならずして、お祭りの歓声に化し去るべし」など[112]、豊作は次第に現実味を帯びた。9月の二百十日を「無難」に通過し、二百二十日も「打続きたる好順気」の好天となり、「豊年満作遂に疑ふべからざる」ようになった[113]。実際、1890年産米収穫量は4,304万石で、前年3,301万石に比し1,000万石の増収、前5ヵ年平均3,658万石の18％増となり、前年から一転して大豊作となったのである（表1-1）。

このため米価は大幅に下落し、正米相場は1890年6月を頂点として、7〜8月にはなお10円台の高位にあったが、9月から急落して11月には7円台に落ち込んだ。また定期米相場も、正米より早く7月から下落をはじめ、9月には6円台に低迷した。

> 外国米の輸入は非常に巨額に達し、且つ其後気候適順なるにより、本年は豊作と見込を附けたるものにや、定期市場には漸々に売物現はるゝより、定期米の価格は目つ切り引緩みて、竟に七円二十八といふ新安直を現はせり[114]

（2）外米の滞留　しかし、外米輸入は1890年9月まで多量であり、さらに政府輸入外米の払下げも順次実施された。このため、外米供給は過剰となり本国内に滞留した。すでにみたように、同年8月の端境期には、内地米は不足していたが外米は過剰傾向にあった（表1-4）。「大坂・東京とも、内国米より外国米の在高多数」となったのである[115]。

このため、1890年7月下旬には政府所有の外米価格が下落し、「多分の損失

を負担せざる可からざる」ことになった。外米は乾燥が良好で「保存の事に付ては内国米より大に便宜」であり、政府は備荒儲蓄米とすることを「内決」したと報じられたが[116]、実際には払下げもすすんでいる（表1-3）。さらに8月下旬には、保存外米のうち「蔵入りの下積物ハ、ソロ、、腐敗の気味」が報じられた[117]。

さらに9月になると、外米の滞貨が問題となった。「在荷沢山」となり、多量の外米をかかえた商人は、さらに下落がすすめば「持耐えかねて、一度にドッと投物の現はれ、非常の大下落を来す時もあらん」と予想されたのである[118]。同年半ばにかけて急騰した外米は、秋の豊作予想のなかで、「見向きもせぬと云ふ有様」となった。また、「今度外国米に手を出したる者は孰れも失敗」して、「利益を得たる者は僅々二、三の人に過ぎず」ともいわれた[119]。こうして、1889年後半にはじまり、90年半ばにピークとなった未曾有の米価騰貴は、90年半ばの外米輸入の激増、そしてその過剰・滞貨によって90年末をむかえたのである。

ところで、過剰となった外米の一部は、再度神戸港から海外に輸出されている。ただし輸出量は少量にとどまった。むしろ、外米は本国内に滞留して消費に向けられ、海外に一定の需要があった内地米が海外へ輸出されたと考えられる。1891年1月からは米穀輸出量が増加しており、同年春にかけて相当量の輸出があった（図1-1）。

おわりに

1889年の凶作は、同年6〜7月には定期米市場を刺激し、また正米相場も7〜8月から急騰した。定期米市場では同年半ばに投機的取引が過熱し、かつてない巨額の取引が展開した。定期米・正米の騰貴は同年秋には一段落したが、翌1890年に入ると再び高騰をはじめた。

しかし、不足を補填する米穀輸入は、1890年春まで不振であった。1888年か

第1章　1890年の米価騰貴と外米輸入

ら続いた米穀輸出は89年半ばまで活発に展開しており、凶作のもとでも輸出への期待がなお存在していたといえる。また、輸出の活況が長期間継続したのちの輸入取引は振るわず、外米取引のリスクをヘッジする外米の定期米取引も行われていなかった。需給関係の転換に即応した、輸出から輸入への切り替えは、円滑にはすすまなかったのである。

　再び米価が高騰した1890年4月、政府は市場介入を積極化する。まず第1に、同年5月から、定期米市場の外米受渡代用を強制的に実施した。外米受渡代用は東京・大阪・神戸などの大都市にとどまらず、全国の米商会所に強制されたから、ヘッジにより、まとまった量の外米輸入や、国内での外米取引のリスク回避が可能になった。また第2に、政府は同月から、多大な経費を負担して外米の輸入・払下げを実施した。政府による外米輸入は、1890年度総外米輸入量の約2割を占める膨大な量となり、外米輸入の促進に寄与した。また同年6月～翌年2月には、東京・大阪・神戸でその払下げがすすんだ。このように、1890年5月にはじまる政府の市場介入は、6～9月の外米輸入量の激増をもたらし、また、払い下げられた外米は、大都市や地方都市、農村に供給され、外米需要を喚起して消費を促進した。

　しかし、第1の外米受渡代用については、「其ノ効果ハ単ニ定期米ノ呼値ヲ低カラシメタルニ止マリ、正米相場ヲ制スル事能ハザリシガ如シ」[120]と、のちに大蔵省理財局が指摘したように、また当時、定期米・正米の両市場関係者が危惧したように、定期米相場が正米市場に与える影響力が後退し、定期米・正米相場間の関係性は稀薄になった。

　すなわち、1889年9月に正米相場が騰貴しはじめたときには、定期米相場は先行して5～6月から上昇をはじめており、6～7月からは両者ともに急騰した。先高予想は正米市場への出荷を促し、深川正米市場の取引量も連動して9月に急増している（図1-1）。ところが、翌1890年はじめから6～8月に正米相場が高騰したときには、定期米相場、および正米相場の趨勢は様相を異にした。つまり、正米相場は1890年2～6月には騰勢を持続して高騰し、8月まで1石あたり10円台を維持したが、豊作予想を受けて9月から急落している。一

おわりに

方で、定期米相場は1890年1月から上昇に転じたものの、正米相場とは異なって変動し、3月には騰勢が挫かれ、6月にやや持ち直したものの、7月以降は下落に転じて年末まで続落した。また外米受渡代用が実施される5月からは、定期米相場は正米相場の下方に大きく乖離するようになった。定期米相場の下落は、深川正米市場や桑名米商会所の関係者が政府の外米受渡代用策について論評したように（第2節2（3））、外米が受け渡される可能性のもと、買取引が消極化したことによるものであった(121)。さらに6〜9月には大量の外米輸入が実現しており、6月からは政府の外米払下げがはじまった。

ただし、定期米市場における外米取引は、外米を掛繋ぐことにより、外米輸入取引や本国内での外米取引を円滑化した。輸入は促進され、外米取引は国内各地におよんだのである。こうして、1890年の外米輸入は、過剰が生じるほど増加した(122)。一方で、外米受渡代用により定期米市場の相場は、外米相場の影響を受けるようになり、正米取引のヘッジ機能は後退した。外米受渡代用は、外米取引を円滑化し、大量の輸入を実現する手段として、その効果を発揮したのである。

注
（1）ところで、1890年の米輸入に占める朝鮮米の比重は高かったが、同年の輸入総量に占める割合は20.3％、中国米を加えても23.0％であった。一方、東南アジアからの外米輸入の比重は8割近くを占めていた（表1-1）。
（2）大豆生田稔『近代日本の食糧政策―対外依存米穀供給構造の変容―』（ミネルヴァ書房、1993年）68〜72頁。
（3）本庄栄治郎『本庄栄治郎著作集　第6冊　米価政策史の研究』（清文堂出版、1982年）359〜362頁、初出は「明治の米価調節」（『経済論叢』9-1〜10-6、1919〜20年）、俗正夫『農産物価格論』（成美堂書店、1944年）417〜419頁、のちに、同『米価問題―米価の歴史』（弘文堂、1958年）200〜202頁。
（4）楫西光速ほか『日本資本主義の発展Ⅰ―双書　日本における資本主義の発達3―』（東京大学出版会、1957年）19〜20頁。政府の米穀輸出入・売買・市場介入などの概要は、農林大臣官房総務課編『農林行政史　第4巻』（1959年）第2章第5節。
（5）長岡新吉『明治恐慌史序説』（東京大学出版会、1971年）26〜27頁。金融逼迫の要因として、米穀輸入増大による貿易収支の逆潮は、ほとんど関係性がなかったとして

第1章　1890年の米価騰貴と外米輸入

　　　いる（38～39頁）。
　（6）高村直助『日本資本主義史論』（ミネルヴァ書房、1980年）7～8頁、初出は「明治二三年恐慌の性格—長岡新吉著『明治恐慌史序説』によせて」（『日本歴史』332、1976年1月）。
　（7）1869～70年に、維新後の「一般経済力ノ恢復」、「米作ノ不良」、「不換紙幣ノ濫濫」による米価騰貴のため、300万石近い「莫大」の外米輸入があり、「未曾有ノ米価騰貴ヲ緩和」した効果は「頗ル大」とされた（理財局調査『明治年間米価調節沿革史』1919年、大蔵省編纂、大内兵衛・土屋喬雄校『明治前期財政経済史料集成　第11巻』改造社、1932年、所収、687頁、以下、『沿革史』と略す）。本書・序章・注（9）を参照。
　（8）ただし、1890年度には朝鮮米輸入が急増した（本書・第1章・注（1）を参照）。1890年は、朝鮮米のその後の対日輸移出増加の出発点となった（白田拓郎「朝鮮米の対日輸出と仁川穀物協会」『東洋大学大学院紀要』45、2009年3月、392頁）。
　（9）明治前期～中期の米穀輸出については、角山栄「日本米の輸出市場としての豪州」（『経済理論』185、1982年1月）、同「アジア間米貿易と日本」（『社会経済史学』51-1、1985年6月）、佐藤昌一郎「企業勃興期における軍拡財政の展開」（『歴史学研究』295、1964年12月）、前掲、大豆生田『近代日本の食糧政策』第1章第1節、三井物産の米穀輸出については、粕谷誠『豪商の明治—三井家の家業再編過程の分析』（名古屋大学出版会、2002年）132～135頁、森村組の米穀輸出については宮地英敏『近代日本の陶磁器業—産業発展と生産組織の複層性』（名古屋大学出版会、2008年）222～226頁、がある。
　（10）前掲、大豆生田『近代日本の食糧政策』11～13頁。
　（11）「米の輸出甚だ多額なり」（『東経』478、1889年7月13日）54頁。
　（12）加用信文監修・農政調査委員会編『改訂　日本農業基礎統計』（農林統計協会、1977年）196頁。
　（13）「米価の騰貴を論す」（『東経』526、1890年6月21日）804頁。
　（14）1880年代半ばからすすむ、1人あたり米消費量の増加については、大豆生田稔「産業革命前後の主食消費—米食の拡大—」（『白山史学』42、2006年4月）。
　（15）大蔵省主計局『明治二十三年　外国貿易概覧』68頁。
　（16）「定期米の景況」（『東経』477、1889年7月6日）27頁。
　（17）同前、南部助之丞『米相場考　3版』（1892年）216頁。
　（18）同前、217～218頁。
　（19）この、定期米市場における巨額の取引については、金融逼迫の「原因として確かに注目すべきこと」（前掲、長岡『明治恐慌史序説』27頁）と指摘されている。正米取引のピークは同年の5月と9月にあり、9月は定期米・正米のピークが重なっている（図1-1・図1-2）。
　（20）（21）前掲、南部『米相場考　3版』217～218頁。
　（22）「正米入船多し」（『東朝』1889年9月22日、朝刊、2頁）。

おわりに

(23)「米価下落の傾き」(『東朝』1889年9月22日、2頁)。
(24)「米価下落」(『東朝』1889年9月26日、1頁)。
(25)「米価の乱高下」(『東経』(489、1889年9月28日) 42頁。
(26) 前掲、南部『米相場考　3版』217～218頁。
(27)「本年米穀の収穫如何」(『東経』490、1889年10月5日) 444、446頁。
(28)「輸出米の進歩」(『東経』496、1889年11月16日) 660頁。
(29)「米の輸出大に減ず」(『東経』487、1889年9月14日) 358頁。
(30)「南京米の輸入を仰ぐ」(『読売』1889年9月20日、2頁)。
(31)「南京米の輸入」(『読売』1889年10月5日、3頁)。
(32)「南京米又々輸入す」(『読売』1889年10月8日、3頁)。
(33)「横浜に於る南京米の景況」(『読売』1889年10月16日、3頁)。
(34)「南京米の小締り」(『読売』1889年10月25日、3頁)。
(35)「南京米につき或人の失敗ばなし」(『読売』1890年4月25日、2頁)。
(36) 前掲『沿革史』687頁。
(37)「米価の騰貴」(『東経』506、1890年2月1日) 130頁。脇店は、遠隔産地の産米や地廻米を廻米問屋・米穀問屋と取引し、東京市中の白米商へ販売する米穀商で、市内各地に存在した。
(38)「米価の昇進止まる所を知らず」(『東経』514、1890年3月29日) 404頁。
(39) 前掲『沿革史』687頁。
(40) 前掲、長岡『明治恐慌史序説』26頁。
(41)「米価益す騰貴す」(『東経』524、1890年6月7日) 257頁。
(42) 1880年12月の銀紙間格差は、日本銀行調査局編『日本金融史資料　明治大正編　第16巻』(大蔵省印刷局、1959年) 120頁、による。なお、1889～90年には銀紙間格差はない。1890年3月の、「明治十三年の高直は拾壱円八十銭なりしが、当時は銀紙の差に七十銭あり、故に現今の米価を以て当時の紙幣相場に引直せば、一石十五円八十四銭已上に相当せり」(前掲「米価の昇進止まる所を知らず」404～405頁)という記事も、同様の指摘である。
(43)「輸入米の下落」(『東朝』1890年4月23日、1頁)。
(44)「米価の騰貴、窮民の犯罪」(『東経』508、1890年2月15日) 179頁。
(45)「米価騰貴の結果」(『東経』509、1890年2月22日) 231頁。
(46)「細民暴動」(『東朝』1890年4月8日、1頁)。
(47) 富山県の「紛擾」については、吉河光貞『所謂米騒動の研究』(司法省刑事局、1939年) 198～205頁、大豆生田稔『お米と食の近代史』(吉川弘文館、2007年) 28～32頁。「騒動」は各地に拡がった。
(48)「米価騰貴に関する取調」(『東経』516、1890年4月12日) 477頁。
(49) 前掲『沿革史』692～693頁。1890年4月に、大蔵大臣松方正義が農商務大臣岩村通俊と協議したという。岩村の「返翰」によれば、米商会所が外米の取引を拒む場合は

認可の取消を「内閣一統同意」しており、定期米市場への介入を企図していた。なお、受渡米とは、定期米取引において、売買の差引を清算するために受け渡される実米のことである。前掲、本庄『本庄栄治郎著作集　第6冊』361〜362頁。
(50)　前掲、南部『米相場考　3版』227〜237頁、宮本又郎ほか『日本市場史—米・商品・証券の歩み』(山種グループ記念出版会、1989年) 226頁。
(51)　同前、226頁。
(52)　「米価騰貴原因調査」(『東朝』1890年4月11日、2頁)。
(53)　「米価騰貴防止策」(『東朝』1890年4月20日、2頁)。
(54)　「大阪米商会所申合規則の認可を取消さる」(『東経』518、1890年4月26日) 537頁。
(55)　「別に南京米の市場を開かんとす」(『読売』1890年4月20日、1頁)。
(56)　株式会社大阪堂島米穀取引所『大阪堂島米商沿革』(1903年) 91〜92頁、「米商申合規則の認可取消」(『東朝』1890年4月23日、1頁)。外国米を受渡米に加えることを、再認許の条件とした(「米商申合規則認許取消」同前)。
(57)　「米商会所申合規則認可の取消」(『大阪朝日新聞』1890年4月23日、1頁)。
(58)　「東京米商会所の議決」(『東経』518、1890年4月26日) 546頁。
(59)　本章では、本庄栄治郎編『明治米価調節史料』(清文堂出版、1970年) 第3部に収められた『方案』を使用した。頁数も本書による。
(60)　同前、290〜291頁。
(61)　同前、289頁。
(62)　同前、276頁。
(63)　同前、289頁。本国内の米穀商らは、外米の「収穫、消費、輸出、其他相場等」の諸事情に「甚夕疎」く、したがって外米受渡しの実施は、彼らの「買占策」を「水泡ニ帰」させる効果があったとする(278頁)。
(64)　外米受渡しについては、このように、日本本国の米価を世界市場にリンクさせて米価を安定させるという狙いもあった。すなわち、外米が定期米市場で取引されれば、その価格が「世界各国の市場と平均を保」ち、「我一国の豊凶に関せず彼我相補」って価格の「激変」を回避し、「各人生計の安堵を得るに至る」という主張である(「外米代用に係る某実業家の説」『東朝』1890年4月24日、1頁、「南京米を掛米となすの可否」『読売』1890年4月24日、1頁)。このような議論は1889年から存在し、「米価の騰貴、或る一定の程度を超ゆるに至らバ必ず外国米の輸入ありて、能く其需給の関係を維持するや疑ひなし」(「米価の騰貴」『読売』1889年10月9日、別刷2頁)などと、外米の供給力の大きさによる、価格安定機能が期待されていた。
(65)　前掲『方案』289頁。
(66)　「外国米を建米と為すことに対する東京廻米問屋組合員の意見」(『東経』519、1890年5月3日) 577頁。
(67)　外米の実米取引をヘッジする定期米売買の清算に、外米受渡代用が行われる場合は問題ないが、内地米の実米取引をヘッジする場合に、内地米と外米の品質が大きく

おわりに

異なるため、外米が受け渡されることが問題になったのである。
(68)「外米代用に係る桑名米商会所の議決」(『東朝』1890年4月26日、2頁)。②についても、正米市場と定期米市場の相場の関係性が稀薄になり、大量・円滑な正米取引の前提となるヘッジ機能を失うことになる。
(69) 大豆生田稔「米穀流通の再編と商人―東京市場をめぐる廻米問屋と米穀問屋」(高村直助編著『明治前期の日本経済―資本主義への道』日本経済評論社、2004年) 292〜296頁。
(70)「米価上進」(『東朝』1890年4月23日、2頁)。
(71)「定期米発会の景況」(『東朝』1890年5月2日、1頁)。
(72)「定期米の低落」(『東経』516、1890年4月12日) 479頁。
(73) 前掲、南部『米相場考 3版』223頁。外米受渡しは5月から、標準米より1石あり2円格下げして実施された(「外国米代用一件」『東朝』1890年4月26日、2頁、「外国米の格付」『読売』1890年4月26日、2頁)。
(74)「米価の騰貴に付て其筋の決心」(『東経』517、1890年4月19日) 512頁。
(75) 前掲『沿革史』687頁。
(76) 大蔵省内明治財政史編纂会編『明治財政史 第10巻』(丸善、1905年) 870頁。中央儲蓄金が使用されることについては、大蔵省にも「種々義論」があり、「之を非とするもの多」いといわれた(「貯蓄金より支出する外国米買入額」『読売』1890年5月8日、2頁)。
(77) 藤本清兵衛は、大阪の「指折り」の米穀商であり、米穀輸出や、政府の備荒儲蓄米を扱い、関西の「御用商人」のうちでは「最大のもの」であった(宮本又次著・講談社出版研究所編『宮本又次著作集 第10巻』講談社、1978年、202〜203頁、初版は、宮本又次『大阪商人太平記(下)』創元社、1962年)。
(78)(79) 前掲『沿革史』690頁。
(80)「買入米輸入」(『東朝』1890年6月13日、2頁)。
(81)「外国米払下入札」(『東朝』1890年6月7日、1頁)。
(82)「正米と定期米」(『東朝』1890年6月8日、1頁)。
(83)「第二回外国米払下」(『東朝』1890年6月8日、1頁)。
(84)「外国米公売の入札法」(『東朝』1890年6月10日、2頁)。このため「入札法」を改正し、「公平にして且価格を釣上げる様の事無く」、「廉価外米」が「細民社会に行渡る」よう説く記事もあった(同前)。また、少数者により払下げ外米が「買召」められたため(「外国米入札払に付ての請願」『東朝』1890年6月10日、1頁)、落札は「近頃稀なる高価なりしを以て、驚き呆れて帰りたるもの少なからず」(「儲蓄米の入札払」『読売』1890年6月8日、2頁)と不評であった。東京府下「各町の細民」は、外米が「高直」となったため、「薩摩芋の屑を買ハ粥に交ぜ」、さらに「薩摩芋も最早荷不足」となり「ジヤガ芋を糧」とする者も多かったという(「ジヤガタラ芋の騰貴」『読売』1890年6月11日、3頁)。

第1章　1890年の米価騰貴と外米輸入

(85) ただし、7月下旬の玄米払下価格はなお高めで、予定価格に達した入札は少なく、予定1万袋のうち2,320袋の落札に止まった（「外国米払下」『東朝』1890年7月22日、1頁）。
(86) 「六月期解合」（『東朝』1890年6月11日、2頁）。
(87) 前掲、南部『米相場考　3版』223頁。
(88) 「白米小売相場下落」（『東朝』1890年6月14日、1頁）。
(89) 「外国米払下」（『東朝』1890年8月20日、1頁）。
(90) 「横浜南京米の景況」（『読売』1890年2月17日、3頁）。
(91) 「南京米の輸入」（『東朝』1890年4月5日、4頁）。
(92) 「南京米の好況」（『読売』1890年3月22日、2頁）。
(93) 「南京米益々好況」（『読売』1890年3月25日、2頁）。
(94) 「南京米の手合」（『読売』1890年3月28日、3頁）。
(95) 「南京米又々輸入す」（『読売』1890年4月12日、3頁）。
(96) 「南京米の入津と気配」（『読売』1890年5月16日、2頁）。
(97) 「外国米続々入津す」（『読売』1890年6月12日、2頁）。
(98) 「外米輸入の景況」（『東経』531、1890年7月26日）121頁。
(99) 「外国米競売の模様」（『読売』1890年7月24日、2頁）、「横浜に於ける外国米入札払ひ」（『読売』1890年8月14日、2頁）。
(100) 「深川廻米市場の外米入札払」（『東朝』1890年8月19日、1頁）、「外国米入札払」（『東朝』1890年8月22日、3頁）、「外国米入札払」（『東朝』1890年8月27日、1頁）。神戸港や横浜港に輸入された外米が、本国内市場において、どのように取引されたかについては不明である。これまで恒常的な輸入品ではなく、1890年半ばから多量に輸入されはじめたため、輸入した外商や内商により商館などで競売に付され、また一部は深川にも輸送・荷揚され、深川正米市場で取引されたものと思われる。
(101) 「府下に於ける南京米の勢力」（『読売』1890年5月7日、2頁）。
(102) （「白米奸商筆誅の注文」『東朝』1890年6月3日、2頁）。(前掲、大豆生田『近代日本の食糧政策』67～72頁。前掲、同『お米と食の近代史』37～39、72～74頁）。
(103) 「外国米の輸入」（『東朝』1890年5月24日、1頁）。
(104) 「南京米の運送を仰ぐ」（『読売』1890年6月8日、2頁）。
(105) 「定期米の投機」（『東朝』1890年6月5日、1頁）。
(106) 前掲『明治二十三年　外国貿易概覧』212頁。
(107) 「外国米益々騰貴す」（『読売』1890年6月3日、2頁）。
(108) 「全国在米と輸入米の調査」（『東朝』1890年8月9日、2頁）。「某氏」は不明であるが、米取引の経験が豊富な問屋など有力な商人と思われる。
(109) 「外国米格付の利害」、「外国米払下を見合すの説信すべからず」（『東経』531、1890年7月26日）122頁。
(110) 前掲『沿革史』687頁。

(111)「稲作の景況」「土用」(『東朝』1890年7月19日、1頁)。
(112)「雨と作物」(『東朝』1890年8月14日、1頁)。
(113)「二百廿日の厄日」(『東朝』1890年9月11日、1頁)。
(114)「米価の下落」(『東経』530、1890年7月19日)90頁。
(115) 前掲、南部『米相場考 3版』235頁。
(116)「外国米の処分」(『東朝』1890年7月22日、1頁)。
(117)「腐敗の外国米」(『東朝』1890年8月28日、1頁)。
(118)「米商の頭痛」(『東朝』1890年9月4日、1頁)。
(119)「外国米の持扱ひ」(『東経』539、1890年9月20日)397頁。
(120) 前掲『沿革史』593頁。
(121) 外米受渡代用による、正米市場と定期米市場の変則的な相場変動については、本書・補論1の2(2)も参照。
(122) 1890年半ばの正米相場の騰貴が、同年6〜9月に、外米輸入を過剰に持続させたものと考えられる。

補論1　1897〜98年の米価騰貴と外米輸入

はじめに

　第1章に続いて補論1は、1897〜98年の不作・凶作による米価騰貴、および90年前後の時期を大幅に上回る規模で展開した、97〜98年前後の外米輸入を考察する。

　1890年代末においても、不足補塡のため中国米・朝鮮米などが輸移入されたが、年間数十万石レベルの供給では不足は充足できず、最終的に英領ビルマ・仏印、さらにタイから年間数百万石程度の外米輸入によって補塡された（表1-1）(1)。1890年前後と比較すれば、97〜98年前後の輸入規模は拡大し、続く1900年代には、より頻繁に大量の輸入が必要となり、外米輸入が恒常化していく(2)。また、政府は1898年1月に、90年4月と同様、翌月からの外米受渡代用を全国の定期市場（米穀取引所）に命じた。ただし1889〜90年のように、政府自らによる外米輸入は実施しなかった。

　ところで、1890年代末の凶作年度には、米穀輸入額は綿花輸入額に迫る規模に膨張したが、米穀輸入の拡大に関する研究は少ない。1898年1月の外米受渡代用決定については、定期市場に「圧迫を与え」たが正米市場への影響は乏しく、かえって「内国米」の「集散を妨げる傾き」があったとされている。しかし定期米・正米の両市場における取引や相場の変動については、なお、事実に基づく分析が必要であろう(3)。また第1章と同様に、米価騰貴や米穀輸入による金融市場の圧迫が、日清戦後第1次恐慌（1897〜98年）の一因となったと指摘されている(4)。しかし、政府の外米輸入促進政策、定期米市場・正米市場における米穀取引や米価形成のあり方、外米消費の実態などについては不明

な点が多い。さらに、1905年1月から賦課される米穀輸入関税の展開やその効果、特質などが注目されているが、それに先だつ1890年代の外米輸入については研究が乏しい[5]。

このように、米価の推移や米穀取引のあり方、政府の対応策をふまえた外米輸入の展開については、なお検討すべき点が多い。補論1は、第1章の方法により、需給関係や米価の趨勢をふまえて、1897～98年前後の外米輸入の実態、政府の定期市場への介入とその影響、外米消費の普及などについて、その展開と特質の解明を課題とする。

1　米価の高騰

（1）1896～97年の不作・凶作　　日本本国の産米は、1896～97年に、2年続いて不作となった（表1-1）。両年の収穫は、それぞれ36,240石、33,039石であり、直前の5ヵ年（1891～95年）平均39,740石に比し、それぞれ9％、17％の減収であった。1896年は「凶作」、97年は「大凶作」と評されている[6]。また、1897年の収穫量は、同じく凶作であった1890年とほぼ同量であるが、この間、人口は300万人ほど増加しているから、不足はより深刻であった。

1890年代～1900年前後の時期を境に、本国の米穀生産は、その需要、すなわち基本的な食糧である米の需要を充足できなくなった。不足を補塡するには、輸移入への依存が不可欠になったのである。さらに数年後の日露戦争前後からは、平年作であっても100万石単位の輸移入が必要になった。この時期を画期に、米不足は本格化・恒常化し、日本は米の「輸出国」から「輸入国」へと転じたのである[7]。

（2）米価の高騰と輸入の進捗　　1896年産米の不作予想が明確になると、同年9月前後から、米価は正米・定期米ともに上昇しはじめた（図補1-1）。水害による「空前の大被害」のため、「本年の収穫は平年の半ばにも達せざるべしとの説」があり、違作は「米価の騰貴豈に

補論1　1897〜98年の米価騰貴と外米輸入

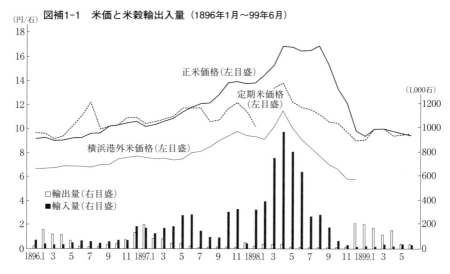

図補1-1　米価と米穀輸出入量（1896年1月〜99年6月）

出典：堂島定期米相場は株式会社大阪堂島米穀取引所『株式会社大阪堂島米穀取引所沿革』（1915年）付表、深川正米相場・売買量は東京廻米問屋市場『東京廻米問屋市場沿革』（1918年）、米穀輸出入量は、『大日本外国貿易月表』（各号）。横浜港外米価格（サイゴン米）は堀江章一・高木鍵次郎『日本輸出入米米界之一勢力』（横浜商況新報社、1900年）119頁。

注：正米価格は東京廻米問屋市場（深川）の月別平均価格、定期米価格は堂島米商会所（大阪）2ヵ月限最高・最低平均価格。正米売買量は東京廻米問屋市場の月別売買量。

不思議とせむや」[8]と、米価高騰を予想させた。さらに、同月の各地の水害は定期米の「暴騰」を促し[9]、翌10月には米価の「高位」と、「益々輸入増加の傾向」が報じられた[10]。災害や不作予想による米価の上昇は、直ちに、米穀輸入を刺激することになった。ところで1889年秋には、凶作が予想されたものの外米輸入は直ちに活発化しなかった（第1章第1節3）。しかし、1896年末には輸入が速やかにはじまり、輸入量の増加が確認できる。

ところで、輸入が増加しはじめる1896年末には、外米産地の作柄は良好であった。英領ビルマのラングーン地方では「気候適順」で「平年以上」の収穫が予想され、また、タイでは「近年無比の豊稔」が伝えられている[11]。このため日本本国の、正米市場・定期米市場の相場が上昇すると、外米は「陸続」輸入されて「在荷潤沢」となり、その「相場ハ依然持合ひ」となった[12]。輸入が円滑に拡大したため、定期米・正米両市場の相場は上昇しはじめたが、外

1 米価の高騰

図補1-2 定期市場・正米市場の取引量

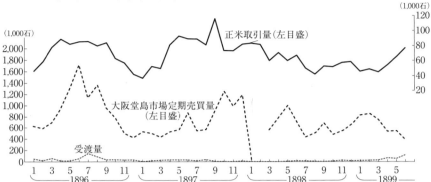

出典：東京廻米問屋市場『東京廻米問屋市場沿革』(1918年)、株式会社大阪堂島米穀取引所『株式会社大阪堂島米穀取引所沿革』(1915年) 付表。

米価格は比較的安定していたのである（図補1-1）。さらに、続く1897年産米が、前年を上回る「大凶作」であることが判明すると、正米相場は急上昇をはじめ正米市場取引量も増加した。また、定期米市場の取引量も同年秋に急増している（図補1-2）[13]。米価の上昇、定期米・正米市場の取引増加とともに、外米輸入量も1897年末から98年4〜5月にかけて急増した。さらなる米価高騰に対応して、外米輸入は次のように、速やかに増加したのである。

　　内地米価の暴騰に連れ、外国米の気配益々活潑にして、……一昨日横浜へ入港の独逸船にて一万五千七百三十四袋〔1.1万石〕入津となりしも、陸揚を待たず各水害地方へ売行き、前途益々好人気にして……[14]

　　内国米の品払底と市場騰貴の現象より外国米の需要起り、此程より連日神戸・横浜に入津絶ざる有様にて、……香港より横浜へ入津せし外国船に満載し来る、其数殆んど三万袋〔2.1万石〕の大口物なりといふ、……引続き同港に延着する外国米ハ夥からざるべ〔し〕と云へり[15]

また、1897〜98年前後における、外米輸入の規模の大きさについては、次のように評されている。

　　三十〔1897〕年は、前年の不作と米の需要の増進とは、輸入の数量遠く放

補論 1　1897～98年の米価騰貴と外米輸入

れて実に二百六十四万六千石と云ふ大額に昇らしめ、更に三十一年に至りては前々年の不作に続く前年の大違作を受けて……四百九十一万二千石、本邦外国米輸入の歴史に於て未曾有の壮観を呈するに至る[16]

　このように、1890年前後とは異なり、97～98年前後の米穀輸入は速やかに開始され、輸入量は増加して大量の輸入を実現した。1890年前後の輸入の経験から、不作・凶作の結果として、大量の外米需要の発生が明らかになっていたと推測される。

2　外米輸入の進捗と外米受渡代用

（1）外米受渡代用　　定期米相場は、1897年半ばまで正米相場と一定の関係性を保ちながら、併行して上昇した。しかし外米輸入量が増加した同年半ば頃から、正米相場が急騰を続ける一方で、米穀取引所（大阪堂島）の定期米相場は停滞するようになり、正米相場との格差が拡がった（図補1-1）。1898年初頭には立会停止となったが、再開後も正米相場を下回り、下方に乖離したまま推移している。同年5月からは、正米相場はなお高騰していたが、定期米相場は下降をはじめ、同年末まで下落を続けた。

　併行して変動していた正米と定期米の相場は、1897年半ばから乖離しはじめ、定期米相場は正米相場を大きく下回るようになった。これは、1890年の定期米相場・正米相場にも、ほぼ同様に確認された乖離と変動であった（第1章第2節2（3）、図1-1）。

　政府は高騰する米価を抑制するため、1890年のように、全国の米穀取引所に98年1月、翌月からの外米受渡代用を強制した[17]。1890年には5月からの実施であったが、98年には、代用強制も外米輸入の進捗と同様に早期に実施されている。しかし、すでに1897年半ばには、定期米相場は上昇傾向が抑えられて停滞し、正米相場を下回るようになり、その懸隔を拡げていた（図補1-1）。

　ところで、1897年6月1日から大阪堂島米穀取引所が、取引に「外国米」（朝鮮白米）売買を追加することを報じた新聞記事（1897年6月3日付）がある。

2 外米輸入の進捗と外米受渡代用

大阪米穀取引所に於て、定期米に外国米売買を追加して立会ひする事ハ、いよゝゝ去一日より開始せしが、……外国米の立会（朝鮮白米一斗建）に遷るや、人気ハ〔1石あたり〕九十五銭より一円五銭の気配なりしにも拘はらず遂に一円と始りしが、何様新甫の初会が外国米の初舞台にて、当日市場の模様ハ頗る盛況なりき(18)

　また、これに先だち同取引所は1897年5月、農商務大臣に対し、従来の標準米である摂津中米のほか、「下等米」・「外国米」の「開市」が必要な場合は、「摂津下米」・「朝鮮白米」を標準米とすることを申請し、同月付で認可されている。申請理由は、前年の「各地風水害」による「下等米」・「朝鮮米」の「輸入」が「極メテ多キ場合」に、同取引所はこれらの「輸入米」取引にも「市価公定」の必要性を認識し、「公市ノ立会」を「切望」したからであった(19)。おそらく大阪堂島米穀取引所は、政府が全国の米穀取引所に外米受渡代用を命じる前に、朝鮮米や「下等米」などの「輸入米」を、定期取引の対象とする判断を下したものと考えられる(20)。

　また新潟米穀取引所も、やはり政府の代用強制に先だち、1897年11月発会の1月限から外国米の代用を許可し、受渡米の範囲を拡張している(21)。大阪堂島米穀取引所の措置は、「至当の処置」と報じられており、また、東京米穀取引所も翌年3月からの代用実施が伝えられている。さらに、外国米は「独り朝鮮米に限らず、支那・西貢・其他印度等の産米を加へて其範囲を拡張」するとも報じられた(22)。こうして翌1898年1月には、政府が全国の米穀取引所（定期米市場）に、翌月からの外米受渡代用を命じたのである(23)。

　このように、1896年末から外米輸入が増加し、国内の外米取引が拡大したため、定期市場においても、朝鮮米を含む外米取引が実施されるようになった。輸入が増加して、受渡しに必要となる外米は円滑に供給され、1897年12月には、「外国米も又潤沢なれバ、受渡米などに困難を感ずるの患なきに到るべし」(24)と伝えられたのである。大阪堂島米穀取引所における1897年秋以降の取引量の急増も、同市場における6月の、外米受渡代用の実施によるものであったといえよう（図補1-2）。

補論1　1897〜98年の米価騰貴と外米輸入

（2）正米相場と定期米相場の乖離　　横浜商況新報社が1900年に刊行した『日本輸出入米』は、1890年と98年における外米受渡代用の実施のされ方を比較検討し、「定期米と外国米の関係」について、次のように論じている。つまり、1890年には「遂に実際受渡に及ばずして其必要止み」となったが、1898年には「殆と全国到る所の取引所」で受渡代用の「取引」が実際に「行はれ」、受渡しが実行されたと記しているのである。また1898年には、外米受渡代用は「実は建米たる内国米の代用にあらずして、単に外国米の取引市場とな」ったとも評している(25)。

　すなわち1897年半ば、もしくは98年から外米受渡代用が全国的に実施されると、定期市場においては、外米が主要な取引対象となったのである。また東京では、次のような現象が報じられている。

> 深川正米市場に於て十七円の時価を現はし、定期の公定相場が十三円内外にして、其直鞘四円の相違あるハ如何にも不都合の如くなれども、之れハ本年〔1898年〕三月限りより、外国米の受渡の代用を許されてより、定期の標準相場ハ外国米に支配さるゝの結果を生じ、即ち現時の定期の公定相場ハ外国米の相庭を基礎とし、之れに格下げの五円を加へたるものを以て、定期米の相場に現はれ居るものにて、……(26)

すなわち定期市場の相場が、東京でも同様に、外米に「支配」されるようになったと述べられているのである。実際、定期市場における相場の変動は、むしろ横浜における現物の外米相場に併行している（図補1-1）。『日本輸出入米』は、さらに続けて次のように述べている。

> 此年〔1898年〕に在りては、世間少しく外国米の事情にも通じ、事実その前より外米の輸入頻繁にして、各地一般に販路を開かれて、実米の取引盛に行はれたれば、遅れて定期市場の売買も行はれ、否な殆ど全く外国米の取引と化し去り、内国米の正米とは其呼価一円乃至二、三円方も高低相放るゝの奇観を呈し、茲に初めて実際の受渡に外国米を以てし、否な悉く外国米のみの受渡となれる(27)

国内の定期市場においては、大量に輸入され「実米」取引が活発になった外米

が、正米相場を離れた価格で、取引されるようになったのである。こうして正米・定期米の相場は乖離し、異なる変動をはじめた（図補1-1）。

このような現象は、のち1910年代末に、グレシャムの法則、すなわち「悪貨（外米）は良貨（内地米）を駆逐する」にたとえて回想され説明されている。大量の外米が輸入され、国内市場で多く取引され、受渡米としても利用されたのである。外米受渡代用が実施され、外米は標準米（摂津中米・武蔵中米などの内地米）より格下の価格で受け渡されたが、実際は「多少格下なりと雖も外国米を渡米した方が得」であったという。その結果、買方は外米により受け渡されるのを嫌い、それを避けるため「買進みを手控へ」ることになった。このため、定期市場は「売物優勢」となり、「自ら相場が低落し」、「内地米相場の範囲を脱して外米相場と為るに到」ったという説明である[28]。外米による受渡しが嫌われ、「買い」が躊躇された結果、定期米相場は正米相場との関係性を稀薄化させて変動し、下落していったのである。

こうして、外米を定期市場に掛繋ぐ取引が全国的の米穀取引所で可能になり、1890年前後と同様に円滑な外米取引（実米の取引）がすすんだといえよう。またその結果、さらなる輸入が実現するようになった。ただし、内地米正米取引のリスクを回避するヘッジ機能は大きく後退したといえよう。1898年2月には、外米価格の低落、および定期米相場と正米相場の懸隔について、「定期へ外国米を代用せしによつてハ、価位の下級を呼ぶまでにて、正米市場の依然相場引緩まざるを見て証すべしといふ」[29]と報じられている。正米市場の相場は、定期米市場との関係性を失って高騰を続けたのである。このため、本国産米の取引に必要な、適切なヘッジが困難となり、また価格形成の指針が不確定となり、正米の円滑な取引が妨げられることになった。

補論1　1897～98年の米価騰貴と外米輸入

3　外米需要の後退

(1) 豊作予想と米価　　外米輸入量は1898年4月を最多とし、5月から急減した（図補1-1）。5月には、神戸港・兵庫港における外米の滞貨50万石が報じられている[30]。また、1898年9月の収穫予想は4,576万石で平年より18.7％の増収、さらに10月には「今年米作豊饒なるハ明」[31]らかとなり、12月末には平年より「一割増収の見込み」となった[32]。実際の収穫は、「日本米稀有ノ豊穣」の予想通り4,739万石となり、外米輸入は「一層否況ヲ現ハス」ようになったのである[33]。

1898年の豊作が確実になると、正米相場も下落を続けた。米価は同年4月から1石あたり16円台を維持していたが、同年8月から12月にかけて9円台へ急落し、以後9円台で停滞するようになった。

(2) 外米受渡代用廃止と外米輸入　　外米受渡代用は、「紛擾の種子ハ由来外国米代用にある」と報じられたように、定期米取引に関わる紛争の原因となった[34]。米穀取引所や取引所仲買人は、「これを廃せん」としたが、豊作予想により代用廃止が促され、11月には廃止となった[35]。このため1898年末には、正米市場と定期米市場の相場は再び接近し、併行して変動するようになる（図補1-1）。

定期米相場が1898年5月に下落に向かうと、外米輸入量も同時に急減しはじめた。1890年には9月から減少したが、98年にはより早期から減少をはじめている。また1890年には、定期米相場の停滞・下落は直ちに外米輸入量の減少をもたらさなかったが、98年にはほぼ同時に急減している。外米に「支配」された定期市場の相場下落が、外米取引に直接影響を与えたのである。ただし、1898年3月から大量の輸入が継続したため、1889～90年のように、供給不足量を上回る外米がもたらされた。1897～98年の過剰輸入については、次のように評されている。

三十一〔1898〕年に於ける空前の大高直は、外米の輸入をして需要以外の

巨額に達せしめ、其残余の翌年に持越したる数量は決して少なきものならず(36)。

また、すでに1898年3月には、外米受渡代用の「弊害」として、売方が正米を所持していないと「足許」を見られ「自然買煽」られるため、「資金の有無を顧みず」に外国米、特に「南京米」（外米）の輸入注文が膨張することが指摘されている。さらに、「万一我国に於て今年の米作が豊饒なる時」は、「大に米の余分を生ず可し」と予想されていたが(37)、それは現実のものとなったのである。

外米が過剰に輸入された結果、1891年と同様、98年末から翌年にかけて米穀輸出が増加した（図補1−1）。1891年と同様に外米の消費、内地米の輸出があったものと推測される（第1章第3節2（2））。1899年度の輸出は、100万石を超える多量となり、1880年代末の輸出全盛期の量に迫った。

（3）外米消費　1897年の秋から、外米輸入の活発化とともに、需要が拡大して在荷不足が生じるなど、外米の消費は1890年代末にも進捗したといえよう。1897年10月には、「新潟・福井・岐阜・愛知四県を始め、各水害地より陸続注文あれども、何分在荷払底」(38)するなど、災害地の需要が伝えられた。また、同月には「地方よりの〔外米の〕買人続々現はれ来りたるも、如何せん在荷なく」(39)、11月には「内国米の品払底と市場騰貴の現象より、外国米の需要起り」(40)などと、各地の需要拡大が報じられるようになった。

さらに、多量の外米輸入があった1898年には、消費は全国の都市・農漁村に拡がった。仙台・米沢・青森・盛岡・秋田（平鹿）・福島の「細民」や「貧民」、北海道（札幌・小樽・函館）の「日雇稼」・「炭積人夫」・「荷捌人夫」たちの消費や、払下げ事業などによる需要の拡大が確認できる(41)。また、消費の拡がりは、外米の炊き方や「悪臭」の除去方法などへの関心(42)からも、推測することができよう。

ただし、1898年秋になると、豊作予想のもとで外米需要は次のように後退し、内地米との混合割合も低下していく。

補論1　1897〜98年の米価騰貴と外米輸入

> 米価騰貴に驚きて外国米を食せし者多かりしが、昨今ハ稍下落したるより五分々々に割りし家にても七三位に割るといふ[43]

1900年前後における米価水準の変動により、伸縮性のある外米の消費が広範に展開しはじめたのである。

おわりに

　第1章で検討した1890年前後の時期に続いて、補論1は、さらに多量の外米輸入があった97〜98年前後を対象として検討した。次のことを指摘することができよう。まず第1に、本国米作の不作・凶作予想により、定期米・正米市場の相場が上昇し、外米輸入が速やかに実施されるようになった。これは、凶作がほぼ確定する収穫期前後にも、なお米穀輸入が不振であった1889年度末前後の時期とは異なっていた。不作・凶作による供給不足、米価高騰に対する外米輸入の有効性がすでに認識されていたものと考えられる。政府が直接外米輸入に乗り出さなかったのは、民間の輸入が速やかに活発化したからであろう。

　第2に、1890年と同様に、政府は定期米市場における外米受渡代用を強制した。ただし、政府が措置を講じる1898年初頭に先立ち、大阪堂島米穀取引所など一部の取引所は、先行して外米受渡代用を実施している。外米を定期市場の受渡米とする社会的な要請が高まったものと思われる。

　つまり第3に、1890年には、外米受度代用による実際の受渡しに限界があったが、98年には外米による受渡代用が実質的にすすんだ。このため、外米が定期市場の相場を支配するようになり、その結果として、正米市場とは大きく乖離した定期市場の相場が形成された。正米市場と定期市場の相場が乖離する現象は1890年にもあったが（第1章第2節2（3））、内地米を取引する正米市場と、外米を取引する定期米市場は、内地米・外米の質の相違から関係性を稀薄化させ、内地米正米取引の掛繋ぎが難しくなったのである。

　定期市場におけるヘッジが有効になり、手持の外米による受渡しが可能になったため、外米取引は円滑化し、輸入はさらに促進された。また、定期市場

おわりに

における相場の急落は、1898年半ば以降、正米相場が高位を維持していても、外米輸入を縮小させたといえよう。

こうして外米輸入は、本国の米穀需給に必要不可欠な不足補塡手段となった。凶作であれば、莫大な量の輸入が必至であり、また平年作でも不足補塡のため一定量の輸入が必要になった。輸入品として米が急速に台頭し、その輸入額の大きさが問題になったのも、この1890年代末の時期である。

表補1-1　1890年代末の米穀輸入額

(1,000円)

1897年			1898年	
1 綿花	43,620	↘	1 米	48,220
2 米	21,528	↗	2 綿花	45,744
3 砂糖類	20,003	→	3 砂糖類	28,620
4 綿糸	9,625	↘	4 綿布	10,840
5 綿布	9,493	↗	5 毛布	9,289
6 汽船	8,233	↘	6 綿糸	8,548
7 毛布	7,686	↗	7 石油	7,553
8 石油	7,667	↗	8 汽船	7,488
9 豆類	5,890	→	9 豆類	7,101
10 煙草	1,580	→	10 煙草	6,628

出典：堀江章一・高木鍵次郎『日本輸出入米　米界之一勢力』(横浜商況新報社、1900年) 97/1～97/2頁。

『日本輸出入米』(1900年) に表示された、1897～98年の主要輸入品の構成と輸入額によれば (表補1-1)、外米輸入が増加すると、その輸入額は綿花や砂糖に匹敵し、国際収支を大きく左右する規模となることもあった。同書によれば、1898年度には綿花を上回って輸入額の首位となり、総輸入額の17.4％を占めた。この輸入額は、「三十一〔1898〕年度は、輸入品中常に第一位を占め来れる棉花を凌ぎて第一位に居り」と評された。数年前の1890年度にも外米輸入が増加したが、その割合は総輸入額の1.5％にとどまっていたから、大幅な増加であったと述べられている(44)。

さらに、多量の外米輸入がなお続く1898年5月には、「昨年凶作の為め外国米の輸入となり、為めに一昨年以来の輸入超過ハ既に一億数千万と称するの巨額に達したり、随つて内地ハ金融漸次逼迫を告げ、金利益々騰上し、日本銀行の貸出しさヘ年一割以上に達するに至れり」(45)と、輸入額の大きさが、金融逼迫の要因として警戒されるようになった。米穀輸入は1897年末から急増し、98年8月まで月別総輸入額の1～2割を占め、98年上半期の輸入超過の激増をもたらしたのである(46)。外米輸入の膨張がもたらす輸入額の増加は、日露戦後に深刻な問題として台頭することになる。

補論 1　1897〜98年の米価騰貴と外米輸入

注

（1）1890年代末において、朝鮮米・台湾米の対日供給量は漸増傾向にあった。また、中国からの輸入も、「外国米」として無視できない量があった。しかし、東南アジアの英領ビルマ・仏印・タイからの外米輸入は、数百万石レベルの規模で実現しており、それと比較すれば、中国米・朝鮮米・台湾米の供給力にはなお限界があった。すなわち、1898年度の朝鮮米輸入は27万石で、前年の75万石から半減している。輸入が急増した1897〜98年の輸移入総量に占める中国米・朝鮮米・台湾米移入量は29.4％、英印・仏印・タイからの外米輸入量は75.2％である（表1-1、なお、輸移入量は米穀年度、輸入量は暦年であり、数値間に多少の齟齬がある）。この時期、中国米輸入交渉が成功して60万石の輸入が許可されたため、中国米輸入量は戦前期最多となった。なお、1898年に朝鮮米の対日輸出量が半減したのは、「同国〔韓国〕ハ前年〔1897年〕、其米穀ヲ高価ニテ日本ニ売込ムコトヲ得タルヲ以テ、盛ニ輸出ヲ営ミタルガ故ニ、本年〔1898年〕ハ自国ノ在米不足シテ其相場騰貴シ、之ヲ〔日本が〕輸入スルモ収利ノ薄キニ由レリ」（大蔵省主税局『明治三十一年　外国貿易概覧』457頁）と説明されているように、前年、米価が高騰する日本に大量輸出したため、不足が生じ米価が騰貴したからであった。日本本国で生じる、数百万石レベルの不足を補填する供給源としては、朝鮮米は量的に不十分であり、また安定性に欠けていた。

（2）また政府は、「現今米穀ノ需給ハ、平作ノ年ニ於テハ不足ヲ告クルコトナシ」と認識していたが、平年作には輸入の必要はないとする前提も崩れていった（大蔵省主計局『米価ヲ平準ニスル方案』290頁、なお、252頁も同様。本書・第1章第2節2を参照）。

（3）本庄栄治郎『本庄栄治郎著作集　第6冊　米価政策史の研究』（清文堂出版、1982年）363頁。なお、「内国米」の「集散を妨げる傾」については、東京廻米問屋・米穀委託販売業山崎繁次郎商店編『米界資料』（1914年）120〜121頁、による。

（4）楫西光速ほか『日本資本主義の発展Ⅱ—双書　日本における資本主義の発達4—』（東京大学出版会、1957年）229〜230頁、長岡新吉『明治恐慌史序説』（東京大学出版会、1971年）89〜98頁。

（5）硲正夫『農産物価格論』（成美堂書店、1944年）420〜423頁。同『米価問題』（弘文堂、1966年）202〜205頁、大内力『日本農業の財政学』（東京大学出版会、1950年）168〜169頁、などが外米輸入関税設定以前の米穀輸入について検討している。なお、本書・序章を参照。

（6）前掲『米界資料』120頁。

（7）米の「輸出国」から「輸入国」への転換は、1890年前後から1900年前後にかけてすすんだ。前掲、硲『農産物価格論』420頁、のちに前掲、同『米価問題』203頁、前掲、大内『日本農業の財政学』168〜169頁、など。

（8）「定期米（益々騰貴す）」（『東朝』1896年8月7日、2頁）。

（9）「定期米暴騰ノ原因」（『東朝』1896年9月11日、2頁）。

（10）「輸出入米」（『東朝』1896年10月16日、3頁）。

おわりに

(11) 「外国米の作柄」(『東朝』1897年1月7日、2頁)。
(12) 「外国米」(『東朝』1897年7月2日、6頁)。
(13) なお、大阪堂島米穀取引所の取引量が1896年半ばに増加しているが、これは、日清戦後の「経済界の膨張に誘はれ」た「大取組」によるものであった(大阪堂島米穀取引所『株式会社大阪堂島米穀取引所沿革』1915年、68頁)。
(14) 「外国米陸続入津」(『東朝』1897年10月23日、2頁)。
(15) 「外国米の輸入頻繁なり」(『東朝』1897年11月2日、2頁)。
(16) 堀江章一・高木鍵次郎『日本輸出入米 米界之一勢力』(横浜商況新報社、1900年)84頁。
(17) 農林大臣官房総務課『農林行政史 第4巻』(1959年)97頁。
(18) 「外国米定期取引開始」(『東朝』1897年6月3日、6頁)。また、同年末には、「外国米代用説、坂地に行はれ、続いて東京市場も外国米を受渡に用ゆる事となしたるが……」という記事が掲載されている(「明年発会後の期米」『読売』1897年12月16日、5頁)。
(19) 「定款変更認可申請書」1897年5月18日(株式会社大阪堂島米穀取引所理事長土居通夫→農商務大臣伯爵大隈重信)、「変更条項」、「理由書」(『諸願届書類綴 明治三十年』『堂島米市場文書』1-106、関西大学図書館所蔵)。
(20) 「下等米」とは、おそらく「朝鮮米」と同ランクの、標準米より格下の内地米、もしくは中国や東南アジアからの輸入米と推測される。
(21) 「新潟の解合と外国米代用」(『東朝』1897年10月30日、2頁)。
(22) 「東京米穀取引所と外国米代用」(『東朝』1897年12月4日、2頁)。
(23) 大阪堂島米穀取引所においても、あらためて、政府の指示による外米受渡代用が実施された(「大阪受渡代用」『東朝』1897年11月27日、2頁)。
(24) 「外国米代用後の米価(八合方下落)」(『読売』1897年12月4日、5頁)。
(25) 前掲、堀江・高木『日本輸出入米』153頁。1890年には、外米が受け渡される可能性によって、買取引が抑制され相場が下落したが、1897～98年には実際に外米が多量に受け渡されて、相場の下落をもたらした。
(26) 「台湾米受渡の苦情」(『読売』1898年8月2日、3頁)。
(27) 前掲、堀江・高木『日本輸出入米』157頁。
(28) 鷲谷武『期米必勝外国米の知識』(富国出版社、1919年)7～8頁。また同時代にも同様に、定期市場の受渡しは、「建米ハ内国米なるにあれと、外国米の代用許さるゝ以上ハ、誰人とて割好き外国米を渡す可く、名称こそ内国米なれ共、実の受渡ハ外国米のみに化し、殆ど外国米問所の如くになるハ是自然の趨勢にして、疑ふ可くもあらす」と、受渡しは実質的に、「内国米」から、利が多い「外国米」に転じたと理解された(「新甫の気配」『東朝』1897年12月31日、6頁)。
(29) 「昨今の期米界」(『東朝』1898年2月1日、2頁)。
(30) 「米作の予想報告」(『東朝』1898年9月11日、2頁)、「電報」(同前、1898年10月25

補論1　1897〜98年の米価騰貴と外米輸入

　　　日、7頁）。
(31)「期米相場の将来」（『読売』1898年10月18日、2頁）。
(32)「外国米の停滞」（『東朝』1898年5月8日、2頁）。
(33) 前掲『明治三十一年　外国貿易概覧』455頁。
(34)「米界雑聞」（『東朝』1898年9月6日、2頁）。
(35)「外国米代用廃止の期」（『東朝』1898年8月28日、2頁）、「外国米廃止」（『東朝』1898年9月2日、1頁）、「大阪期米」（同前、9月3日、1頁）、「東京米穀外国米代用の廃止」（『読売』1898年、9月6日、2頁）。
(36) 前掲、堀江・高木『日本輸出入米』89頁。
(37)「外国米代用の弊害」（『読売』1898年3月18日、5頁）。
(38)「外国米騰貴」（『東朝』1897年10月10日、2頁）。
(39)「外国米の入津気配益々よろし」（『読売』1897年10月14日、5頁）。
(40)「外国米の輸入頻繁なり」（『東朝』1897年11月2日、2頁）。
(41)「仙台の細民救済」（『東朝』1897年10月21、2頁）、「米沢貧民救済」（『東朝』1897年11月6日、2頁）、「貧民問題」（『東朝』1897年11月8日、3頁）、「貧民問題（巌手）」（『東朝』1897年11月11日、3頁）、「細民救助決議」（『東朝』1897年11月18日、3頁）、「地方近時」（『東朝』1898年4月6日、7頁）、など。前掲、大豆生田『近代日本の食糧政策』67〜75頁。
(42)「外国米の炊方」（『東朝』1897年10月28日、3頁）。外米は内地米より乾燥しているので水を増し、茶殻を煎じた汁で研ぐなどの方法が紹介されている。
(43)「短音促節」（『東朝』1898年9月26日、5頁）。
(44) 前掲、堀江・高木『日本輸出入米』97〜98頁。
(45)「財界の経過と所感（一）」（『東朝』1898年5月2日、2頁）。
(46) 前掲、長岡『明治恐慌史序説』96〜97頁。

第 2 章　米騒動前後の外米輸入と産地

第2章　米騒動前後の外米輸入と産地

はじめに

　日露戦後に、日本本国が東南アジアから輸入する外米の量は、豊作や平年作の年度には10～20万トン（67～133万石）[1]前後であった。しかし1912～14年のように、本国の収穫が落ち込むと、不足を補塡するため、英領ビルマ・仏印・タイの3地域から多量の外米が輸入されるようになった（表2-1）。第1次世界大戦がはじまると、円滑・確実な輸入が危惧されたが、本国では1914～16年の3年間、豊作が続いた。また1913年には朝鮮米移入税が廃止されて朝鮮米移入量が急増し、また台湾からの移入も順調であった。このため外米輸入量は急減し、米価は低迷した。1915年には、内地米30万石（45,000トン）買上げなどの措置が講じられている[2]。

　しかし、続く1917～18年には一転して不作が続いた。このため米価は、1918年に一般物価を上回って急速に上昇し、同年7月末からは米騒動を引き起こし、翌19年末～20年初頭まで高騰が続いた。寺内正毅内閣は次々と米価対策を講じ、外米輸入の促進も試みた。すなわち、外国米管理規則を公布して、1918年4月から外米輸入を政府専管とし、農商務省に臨時外米管理部（同年8月からは臨時米穀管理部）を新設した。寺内内閣の「外米管理」は、政府が指定商（三井物産・鈴木商店・湯浅商店・岩井商店、のちに内外貿易・大黒商会・加藤周次郎を追加指定）に外米の輸入と売捌きを命じ、手数料・価格差を補償する制度である。政府は指定商に外米買付けを委託して大量の外米を蓄積・管理し、順次市場への供給を開始した。このため1918年5月から、外米輸入量は急増する（図2-1）。

　続く原敬内閣も、関税を免除して輸入を促進し、さらに外米の買付・輸入を積極化させた[3]。こうして、1918～19年には大規模な外米輸入が展開することになる。東南アジアの外米産地や中継港の香港では、指定商による積極的な買付けがはじまり、ラングーン（蘭貢）・サイゴン（西貢）・バンコク（盤谷）・

はじめに

表2-1　日本本国の米穀需給　　　　　　　　　　　　　　　　(1,000トン)

年度	前年度から繰越量	前年国内生産量	移入量		輸入量				総供給量
			朝鮮	台湾		英印	仏印	タイ		

年度	前年度から繰越量	前年国内生産量	朝鮮	台湾		英印	仏印	タイ		総供給量
1910		7,866	42	112	154	23	53	39	138	8,129
11		6,995	55	106	161	88	129	38	258	7,435
12		7,757	37	98	135	194	92	44	335	8,193
13		7,533	44	147	191	210	251	73	546	8,224
14	449	7,539	154	122	275	81	156	57	303	8,634
15	877	8,551	281	104	385	7	18	39	69	9,891
16	935	8,389	200	120	320	0	5	38	46	9,688
17	872	8,768	179	118	297	1	27	55	85	10,015
18	671	8,185	260	171	431	243	391	50	697	9,837
19	354	8,205	421	189	610	4	482	155	696	9,984
1920	624	9,123	248	99	347	1	56	7	71	10,207
21	826	9,481	436	155	591	18	111	91	239	11,013
22	1,224	8,277	470	111	582	63	62	117	458	10,652
23	1,096	9,145	518	170	688	59	48	96	265	11,215

出典：農林省米穀部『米穀要覧』(1933年版)、横浜市『横浜市史　資料編2（増訂版）　統計編』(1980年)。
注：輸入量は暦年、その他は米穀年度。

香港などから対日輸出米の積出しがすすんだ。

　ところで、1918～19年の外米輸入量を月ごとにみると（図2-1）、輸入総量は1918年春から急増し、19年6月前後に一時減少したが、8～9月には再度増加している。しかし19年秋から急減し、20年には8～9月にやや増加した以外は少量となった。これを地域別にみると、まず英領ビルマからの輸入は1918年に急増したが、同年末から急減して停滞し、19年以降にはほとんどなくなった。仏印からの輸入は1918年に英領ビルマとともに急増し、いったん10月に減じたのち、同年末から激増して19年はじめまで大量であった。19年半ばには急減したが、再度増加したのち、同年10月以降に急減して停滞している。またタイからの輸入は、1918年中は少なかったが19年2月頃から急増した。しかし同年5～6月になると減少しはじめた。1919年後半に若干増加するが、20年になると輸入はなくなる。このように、3地域からの輸入量は、この2年間、地域ごとに異なる増減を繰り返しており、それぞれ、対日輸出をめぐる産地諸地域の輸出条件の変化が推測される。

　大戦末期から直後にかけて、東南アジア産外米の対日供給条件は不安定に

第2章　米騒動前後の外米輸入と産地

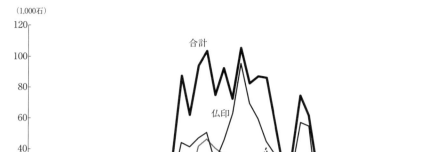

図2-1　外米輸入量（産地別、月別）

出典：大蔵省編纂『大日本外国貿易月表』（1917年1月～1920年12月）。

なった。外米産地では洪水・旱魃などによる凶作のほか、英領ビルマ・仏印は本国や他の植民地への供給が要請され、また産地側の米価高騰を抑制するため、現地政府による輸出制限や禁止、米価公定などの措置が講じられた。

　外米輸入を確保し拡大しようとする農商務省は、制限緩和・解禁・輸出特許などを求めて、外交ルートを通じた交渉を外務省に要請する。このため外務省は、英領インド帝国の一部であったビルマについてはカルカッタの総領事、仏印についてはサイゴン・ハイフォン（海防）の名誉領事や領事、タイについてはバンコクの公使・領事、および香港の総領事、さらにロンドン・パリの大使たちから情報を収集し、交渉や調査を指示するなど、外米輸入を実現するため多様な活動を展開する。また国内では、外務省と農商務省が相互に連絡して情報を交換した。

　ところで、1918年の米騒動前後から19年にかけての米価高騰や米価対策については、米騒動に関連して多様な研究がある。食糧需給構造の特質をさぐる視点から、外米産地の英領ビルマ・仏印・タイ3地域における供給条件の変化についても、すでに若干の指摘がある[4]。また、領事報告などによる、明治前期からの海外市場に関する情報の収集・伝達については、1980年前後から研究

が活発になった(5)。

　外米産地においては、大戦前後の時期に、作柄や需要の動向により輸出制限・禁止・緩和・解除などの措置が次々と講じられた。それらに対応した現地外交官の多様な活動は、頻繁に往復する書信・電信などの分析から明らかになる。1900年前後から対外依存を深めた主食米の供給構造は、この時期、いかなる要因によって、どのように変貌し、また外米輸入は、どのようにして実現可能となったのであろうか。外米輸入をめぐる諸条件の変化や、輸入実現をめざす交渉の過程を外交文書などからさぐり、にわかに現実のものとなった外米供給の隘路について検討するのが本章の課題である。

第1節　輸出制限のはじまり（1918年度）

1　外米輸入の活発化

（1）不作と需要増加　　日本本国の1917年産米は不作で、前年比58万トン（373万石）の減収となり、18年度には多量の外米輸入が必要となった。農商務省は1918年1月、18年度の不足量を次のように推定している。すなわち、1912～16年度の平均輸移入量は53万トン（355万石）であるが、本国人口は毎年約80万人が増加し、米需要も年間1人あたり1石として12万トン（80万石）増加する。したがって1918年度には、平均より45万トン（300万石）前後増加するため、計97万トン（650万石）の輸移入が必要であった(6)。また同年5月の需給推算によれば、53万トン（350万石）の供給が不足した(7)。植民地米の供給力には限界があり、移入のみによる不足補塡は難しかったから、多量の外米輸入の必要性が高まったのである。

（2）輸入の促進　　1918年はじめから農商務省は、外米輸入を促進するため産地の諸事情を調査し、また本国である英仏政府への要請

第2章　米騒動前後の外米輸入と産地

を開始した。外務大臣本野一郎は早速、東京の英国大使に、本国の収穫が「概シテ良好ナラサル」ため、英領ビルマからラングーン米の輸入が「相当多量ニ上ル」という農商務省の予想を伝えている(8)。

こうして1918年から、英領ビルマ・仏印・タイ、および中継地香港からの外米輸入が活発化するが、まず、それぞれの外米産地の米生産・海外輸出について概観する。

2　外米産地

（1）英領ビルマ　　英領インドは「世界第一ノ米産国」と称されたが、人口3億人を擁しており、総収穫の「大部分」は同地で消費され、輸出可能な量は限られた。主要な産出州はベンガル州を第1とし、ビハール・オリッサ・マドラス・ビルマの各州が続いた。この5州でインド総生産量の7割を占め、収穫の多くは州内、もしくはインド各州に移出された。ただし、ビルマ州の産米は、近接するインド本土の需要に応じるほか、海外輸出量が比較的多く、インドの米輸出の7〜8割を占めた(9)。海峡植民地や香港、日本への輸出のほとんどは、ビルマのラングーンから積み出された（表2-2）。しかし、日本の外米輸入が急増した1918〜19年について見ると、英領ビルマの総輸出量は18年半ばから急増したが、同年末には急減している。ビルマからの輸出量は1918/19年度の164万トン（1,093万石）から、19/20年度の53万トンに激減し、20/21年度にも97万トンと低迷した。

英領ビルマの米作を見ると、イラワジ川など大河川の三角洲地帯である下ビルマが総耕地の3分の2を占めた。同地一帯では、雨期（5〜10月）に入る6〜7月に播種し、8〜9月に移植、12〜1月に収穫する「冬作」を主とした。そのほか、雨期前の4月頃に播種し、7〜8月に収穫する「春米」、3月上旬に播種し、最高気温の時期である6月に収穫する「夏米」があった(10)。

（2）仏印　　仏印の米産地は、南部のコーチシナ（交趾支那）地方を主とし、北部のトンキン（東京）地方がそれに次いだ。総生産量はコーチシ

第1節　輸出制限のはじまり（1918年度）

ナとカンボジア両州で、1912/13～16/17年度の5ヵ年平均は230万トンであった。また北部のトンキン米生産量は、1919年の調査によれば、表2-3の数値よりやや多いが、玄米換算で150万トン（1,000万石）という三井物産の推計があり[11]、また1920年前後の領事報告によれば、同様に150万トン前後であった[12]。1910年代後半の全仏印生産量は、年間350万トン前後であったといわれる。

それらのうち、輸出される仏印米は100万～150万トンであり、大半はサイゴンから積み出された。輸出先は仏本国のほか、蘭領インド・海峡植民地・フィリピンなどであるが、最も多いのは香港であった。トンキン米輸出量は、三井物産の推計によれば年平均17万トンで、これは表2-3の1910年代半ばから後半の数値にほぼ一致する。それらの大半は、ハイフォンから香港へ輸出され、さらに香港から85％が「東洋の諸港」へ、そのほかは仏本国などに再輸出された[13]。仏印米の輸出先として、1918～19年度に日本向けが台頭し、18年には香港に次ぐ位置を占めた。ただし英領ビルマと同様に、仏印の総輸出量は1919年に大幅に減少し、対日輸出量も減少している。

サイゴン米は仏印南部のコーチシナ地方・メコン川流域の三角洲で生産され、サイゴン港に出荷された[14]。コーチシナは気温・湿度ともに米作には「特に好適」であり、また乾季・雨季の循環や雨量が多いなど、稲作に適した気候であった[15]。5～6月から8月頃まで播種が続き、7～9月には本田へ移植された。収穫は、早稲は10月下旬から、中稲は11月からはじまった[16]。またトンキン米は7割が「秋田」に生産された。5月から作業がはじまり、6～7月に挿秧、11月～12月に収穫された。そのほか、12～1月に挿秧、5～6月に収穫する「春田」があった。産米は都市の米商やその配下、農村で取引する米仲買人らにより集荷され、ハイフォン港に搬出された。

大戦勃発により仏印総督は、フランス本国・同植民地・イギリス・ベルギー・蘭印・ロシア以外の諸外国へ、米・家畜の輸出を禁じた[17]。しかし、1914年11月に在仏大使松井慶四郎から、総督が米輸出を「解禁」したとする通知が届いた[18]。翌12月には、大統領令により再度輸出禁止となったが、「同盟諸国」には1915年1月から、許可なしで輸出が認められ18年にいたっていた[19]。仏

67

第2章 米騒動前後の外米輸入と産地

表2-2 インド・ビルマの米生産と輸移出

年度	生産量(白米)		移出量		輸出量		輸出先							
							英本国		セイロン		海峡植民地		マレー連邦	
		B		B		B		B		B		B		B
1915/16	32,730	4,200	1,238	1,403		991	297	290	338	90	186	183	1	0
16/17	34,832	4,575	1,034	1,655		1,244	321	316	411	222	256	253	1	―
17/18	35,738	4,750	553	2,011		1,428	523	523	376	179	292	289	2	―
18/19	24,201	4,000	857	2,064		1,642	270	270	376	205	338	333	1	―
19/20	32,028	3,686	1,826	660		525	57	57	267	210	154	154	4	4
20/21	27,662	4,072	1,062	1,095		969	170	169	311	292	183	183	42	42
21/22	33,160	4,623	973	1,406		1,255	108	107	342	254	137	136	2	2
22/23	33,468	4,606	703	2,125		1,791	79	72	400	289	174	173	25	24

出典：農商務省食糧局『米穀統計（世界ノ部）』（1922年）、農林省農務局『第二次米穀統計（世界ノ部）』（1925年）。
注：単位は英トン=1,016kg。Bは、うちビルマの数値（単位はメートルトン=1,000kg）。

表2-3 仏印の米生産と輸出

年度	生産量					年度	輸出量				
		コーチシナ	トンキン	アンナン	カンボジャ			コーチシナ	トンキン	アンナン	カンボジャ
1916/17	3,050	1,476				1916	1,179				
17/18	2,860					1917	1,232	1,259	104	2	2
18/19	2,860					1918	1,479	1,447	171	1	1
19/20	2,960	1,296				1919	899	770	187	10	―
20/21	2,850	1,361				1920	1,093	1,038	151	1	0
21/22	3,600	1,295	997	684	330	1921	1,525	1,533	173	10	5
22/23	3,460	1,295	1,047	731	232	1922	1,247	1,272	150	16	1

出典：農商務省食糧局『米穀統計（世界ノ部）』（1922年）、農林省農務局『第二次米穀統計（世界ノ部）』（1925アジアの米穀経済』（日本評論新社、1958年）「付録統計表」。輸出量合計は再輸出を含まない。トンキン輸

印米輸出は制限や禁止・解禁が繰り返されたが、1917年まで日本本国では豊作が続いて輸入量は限られており、諸措置の影響はなかった。

（3）タイ　　タイは英領ビルマ・仏印に次ぐ米輸出国であり、欧州各地にも輸出した[20]。主な仕向地はシンガポール（新嘉坡）・香港で、両港は総輸出量の約3分の1を占めたという。香港やシンガポール経由で日本にも再輸出されたが、「輸入米トシテ暹羅米ハ深ク邦人ノ注意ヲ惹クニ至ラサリシ」と評されていた。価格が割高であり、1918年にも、輸入量は英領ビルマや仏印と比較して少なかったからである（図2-1）。しかし、1919年には輸入量が「頓ニ増加」することになった。

タイの米生産量は、表2-4によれば、1910年代後半に300〜400万トン

第1節　輸出制限のはじまり（1918年度）

(1,000トン)

香港		英帝国計		蘭印		日本		米国		キューバ		英帝国以外計	
	B		B		B		B		B		B		B
4	4	1,046	666	92	92	4	4	1	1	55	47	356	310
3	3	1,176	845	165	165	0	0	5	5	86	75	479	370
0	0	1,429	1,063	120	120	42	42	8	6	49	44	582	350
4	4	1,150	863	112	87	206	205	55	51	45	34	913	741
15	15	597	499	7	7	0	0	0	—	6	—	64	14
24	24	868	809	34	25	13	12	1	—	10	1	228	147
31	31	825	681	165	166	42	42	2	1	15	6	580	539
104	104	1,097	858	147	147	80	98	1	70	88	1	1,028	922

(1,000仏トン)

トンキン輸出量			サイゴン輸出量									
	フランス本国	香港その他		香港	海峡植民地	蘭印	フィリピン	日本	フランス本国	フランス植民地	欧州	アフリカ	米国・キューバ
111	2	109	1,245	615	131	101	130	—	245	5	14	0	—
104	9	95	1,247	553	170	129	122	95	165	6	—	—	5
			1,444	671	129	80	160	354	36	7	—	—	4
			762	275	94	48	26	199	78	9	18	—	1
			1,020	359	188	120	43	14	79	12	64	51	80
			1,511	582	147	337	22	103	165	5	111	24	19
			1,260	606	73	187	40	48	151	9	64	14	67

年）。生産量合計・輸出量合計は、V.D.ヴィッカイザー・M.K.ベネット（玉井虎雄・弘田嘉男訳）『モンスーン・出量は、農商務省『外米ニ関スル調査』(1920年）。

（2,000～2,500万石）、バンコクからの輸出量は年間100万トン（667万石）余であった。しかし、1918/19年度から輸出量は急減し、1920/21年度にはさらに大きく落ち込んでいる。日本のタイ米輸入量は、1917年までは、年間を通じて毎月数千トンにとどまり、英領ビルマや仏印からの輸入量をやや上回る程度であった（図2-1）。タイの米輸出の大半は、1918/19年度までシンガポールと香港へ、そのほかは英国・蘭印へ向けられた。また、1917/18年度には蘭印・日本向けが増加している。

　タイの米作は、5～10月の雨期を利用し、挿秧は6月下旬～7月、収穫は10月下旬にはじまって11～12月を最盛期とし、2月初旬頃には晩稲が収穫された。一般に、10月から1月下旬にかけて、ほぼ4ヵ月にわたって収穫作業が続いた。

第2章 米騒動前後の外米輸入と産地

表2-4 タイの米生産と輸出 (1,000トン)

年度	生産量(白米)	年度	シンガポール	香港	マレー連邦	ペナン	蘭印	セイロン	中国	日本	英国	欧州	キューバ
1915/16	3,465	1916	1,187	655	449	0	0	23	0	1	—	42	—	2
16/17	3,366	17	1,125	628	405	1	—	36	—	1	2	43	—	—
17/18	3,183	18	852	337	281	5	2	139	—	2	59	—	9	2
18/19		19	445	164	108	15	18	42	15	2	7	21	25	—
19/20		20	280	41	204	1	3	6	0	4	—	12	6	
20/21		21	1,209	318	453			—		13	54	186		
21/22	2,385	22	1,132	392	506			81		13	75	38		

出典：農商務省食糧局『米穀統計（世界ノ部）』（1922年）、農林省農務局『第二次米穀統計（世界ノ部）』（1925年）。
注：1917/18年度の生産量は玄米、農商務省『外米ニ関スル調査』（1920年）による。

3 ビルマ米の輸出制限

（1）対日輸出制限 日本本国の1917年産米の不作により、ビルマ米輸入の必要性が高まった。農商務省は外務省に、「最近両三年間」は「稀有ノ豊作」で輸入の必要はなかったが、平年でも年間30〜36万トン（200〜240万石）の輸入を要し、ビルマ米はその4割以上を占めているので、1918年には「相当多額」の輸入が必要になると通知している[21]。

カルカッタ総領事鮭延信道は1918年1月、ビルマ政府が、特許がない米穀輸出を禁止したと外務省に通知した[22]。輸出禁止はインド全土に適用され、ビルマからインド本土への移出、海峡植民地・セイロンへの輸出は自由だが、そのほかの諸外国へは「米穀委員」への出願と特許が必要になった。その目的は、「専ラ聯合国側食料補給ノ必要」であった。すなわち、1917年以来、英国政府はビルマで「前後数回」の米買付けを実施し、同年末からは「更ニ一層頻繁ヲ加ヘ」ていた[23]。しかし、ビルマ米の一部がドイツに輸出されたため、「対敵通商禁止ノ主旨」から輸出を許可制にしたのである[24]。

農商務省は外米産地において、指定商による買付けをすすめた。外務省は1918年5月、在英大使珍田捨巳に、同年秋までに75,000トンのビルマ米輸入が必要であり、輸出特許に「出来ル丈ケ便宜」がはかられるよう指示した[25]。

第1節　輸出制限のはじまり（1918年度）

政府は指定商を通じて買い付けたビルマ米を管理し、1918年秋の収穫期までに一定量の輸入米を確保しようとしたのである(26)。指定商による既買付・未輸出のビルマ米は、同年7月には15万トンにのぼっていた。外務省は在日英国大使にも、輸出許可が実現するよう要請している(27)。

　ところで、1918年前半期のビルマ米輸入量は、6月をピークに急増している（図2－1）。同年1月から禁輸となったが、実際には一定量の対日輸出が実現したため、ビルマ米輸入はむしろ活発化したのである(28)。日本本国では、米価抑制のため5月20日から指定商による外米の売却がはじまるが、同年上期の、ビルマ米など外米輸入の急増がそれを可能にした。

（2）輸出特許の一時中止と再開　　ところが1918年7月、東京の英国大使館は外務省に、インド米対日輸出特許の一時中止を通知した(29)。外務省からの知らせを受けた農商務省は、同年の日本本国の供給不足は深刻であり、このまま端境期に入れば米価の「異常ナル昂騰」により「国民生活上ニ種々ノ憂慮スヘキ問題ヲ惹起」するとして、指定商に新たに10万トンの買付けを命じ、これまでの買付交渉中5万トン・買付予定3万トンとともに、計18万トン（120万石）のビルマ米を買い付けようとした。また、輸送用船腹の調達も完了していたが、その積出しには輸出特許が必要であった(30)。しかし、既買付米のうち特許を得るのは、「一部分ニ過ギザル見込」であった(31)。

　このため、在英大使・カルカッタ総領事らによる情報収集と交渉がはじまった。カルカッタ総領事は1918年7月、インド政府外務部長官代理に面会した。米輸出は「英本国食糧総監」と「在蘭貢米穀委員」が決定し、インド政府にはその権限がないと説明を受けた総領事は、英国政府との「直接交渉」が「捷径」と外務省に報告している(32)。また翌8月には、1918年の対日ビルマ米輸出量は累計120,134トン、ほかに輸出特許を受けた71,570トンがあるが、「状況緩和」まで「現行制限」が継続するので、外務大臣に英国政府を「プレッス」するよう再度要請している(33)。

　1918年のビルマ米輸入量は5月から急増していたが、輸出許可が一時中止と

なった7月に急減した（図2-1）。同時に仏国政府・仏印政府との仏印米輸入交渉もすすんでいたが、日本本国の米価が急騰することになる。こうして交渉が続く7月下旬に、富山県下新川郡魚津町に騒動が発生した。

ところで農商務省は、1918年7月のビルマ米輸出許可の一時中止を、当初は楽観視していたようである。同省臨時外米管理部は、騰勢を続ける市場への配慮もあったが、次の記事を掲載し(34)、「近日中」に問題は「解決」すると予想していた(35)。

> 蘭貢ニ於テ、蘭貢米輸出許可一時中止ノ問題ヲ生シタルハ事実ナルモ、差当リ買付計画ハ殆ント実行済ナルヲ以テ、之ニ別段ノ影響ヲ及ホスコトナシ、唯将来ノ為ニ目下交渉中ニ属スルモ、其ノ一時中止ハ輸出余力ノ調査ノ為ナリト云フヲ以テ、近日中円満ニ解決スル見込ナリ

実際、1918年8月には対日輸出許可が再開された。また同月4日には、英領ビルマ北方のアキャブ港積出3〜4万トンの特許が、英国大使館より農商務省に届いている(36)。輸出許可再開の理由は、同月14日の在日英国大使からの通知によれば(37)、インドにおける米需要の停滞であった(38)。また9月20日には、三井物産（3,039トン、三島丸）・湯浅商店（5,000トン、スマトラ丸）・鈴木商店（3,250トン、武州丸）に、ビルマ米積出しが許可されている(39)。こうして、1918年のビルマ米輸入量は、7月に一時的に減少したものの、8月からは再度急増して11月まで持続したため、多量のビルマ米輸入が実現したのである（図2-1）。

4 仏印米対日輸出の拡大

（1）植民省令の公布　　1918年4月、在リヨン領事木島孝蔵から、無許可のトンキン米輸出を禁止した植民省令発布の情報が外務省にもたらされた(40)。1915年の植民省令により認められていた米の輸出は、18年6月の省令により禁止された。ただし仏印では、この省令の公布は同年12月となった(41)。したがって、米不足がにわかに深刻化して米価が騰貴し、米

第 1 節　輸出制限のはじまり（1918年度）

騒動が発生した1918年中は、サイゴン米など仏印産米の対日輸出は比較的円滑であった。同年中の仏印米輸入は急増し、ビルマ米とともに供給不足の有力な補填源となったのである（図2-1）。

例えば、1918年 8 月末から 9 月初旬にかけて、指定商加藤商会はトンキン米5,000トン・サイゴン米1,000トンを輸入したが、輸出特許を受けるため外務省に打電し、サイゴン領事には香港 Tang Sang & Co. 取扱のトンキン米をハイフォン港から日本向けに積み出せるよう、またシンガポール領事には同地にあるサイゴン米が「御省用品」であるとの証明が受けられるよう、「御高配」を要請している[42]。農商務省は、この外米買付けが「本省ノ指定ニ基」づき、「特ニ至急輸入ヲ要スル」ものであることを外務省に通知し[43]、外務省は、直ちにシンガポール領事、およびサイゴン名誉領事に「尽力」を要請している[44]。本件輸入は、シンガポールから日本へサイゴン米の再輸出許可を申請したものであるが、緊急輸出のため記録が残ったと思われる。輸出制限のもとでも、このように、トンキン米の輸出は比較的容易に許可されたのである。

1918年の仏印米の収穫は「予想せし程不作」ではなかったが、需要の増加により「当地市場」は「非常に困憊」した[45]。1918年中の対日輸出は、ほぼ順調に続いたが、年末にはサイゴン米の禁輸が報道された。外務省は同年11月末、ハイフォン名誉領事に、サイゴン米禁輸を検討中との報道が事実であれば、再び日本国内「各地ニ重大ナル騒擾」を「惹起」するおそれがあるから、同政府に「好意的考量」を求めるよう打電している[46]。また在仏松井大使に対しても、対日輸出禁止・制限を避けるため、仏国当局に「配意方御懇談」を指示した[47]。

これに対し、ハイフォン名誉領事は12月11日、トンキン米の輸出禁止は「虚報」と報告している[48]。続けて在仏大使からは、日本大使館員が仏国植民省においてサイゴン米禁輸につき調査したところ、同省「主任官」は輸出禁止について「知ラサル旨、答ヘタ」との報があった。また、トンキン米禁輸についても同様で、植民省は「何等禁輸ノ問題ヲ耳ニセサル」と対応したとの報告があった[49]。しかし、米輸出を禁じる1918年 6 月の植民省令は、12月に仏印に

公布された。このため外務省は同月下旬、ハイフォンおよびサイゴンの名誉領事に対し、再度、輸出禁止の「噂」が事実かどうか調査を依頼している(50)。

ところで、仏印米の対日輸出が活発化した1918年12月、指定商三井物産がサイゴンにおいて、門司へ3,000トン（2万石）、横浜へ2,200トンの外米を大和丸に積み込んでいたところ、サイゴン「官憲」から、日本で消費されることの「証明書」を、在日仏国領事館からハノイ総督に提出するよう「命令」された。このため三井物産は在神戸仏国領事館に証明を求めたが、領事はサイゴン米輸出禁止の「噂」を調査中であり、確認するまで証明できないと回答している。外務省は、米不足は「目下朝野ノ大問題」で、日本本国の消費用に「相違」なく、在日仏国大使（臨時代理）にもハノイ総督へ至急「電照」の「御配意」を依頼している(51)。本件は間もなく「無事解決」し、1919年1月13日付で外務大臣から在仏大使に、「御配意」への感謝状が届けられた(52)。

このように、仏印に植民省令が公布されたため、「官憲」による取調があったが、対日輸出に実質的な影響を与えるものではなかった。日本の仏印米輸入は1918年末以降も継続し、翌19年はじめまでは比較的順調であった（図2-1）。しかし、1919年に入ると禁輸が現実のものとなり、同年2月から輸入量は急減していくことになる。

（2）ロシア義勇艦隊の香港抑留

1918年4月、指定商の湯浅商店がサイゴン米積出しのためチャーターした汽船2隻が、香港において出港差止めとなる事件がおきた。湯浅商店東京支店の社員によれば、この汽船はロシア義勇艦隊の「トボルク」Tobolsk、および「インデハイカ」Indighirkaであり、サイゴンに向かう途中香港に寄港したところ、前者は出帆を、後者は石炭の荷揚を差し止められ「立往生ノ態」となった。このままではサイゴン積取に「非常ナル手違ヲ来ス」ため、英国政府、および東京の英国大使館に交渉し、「至急取計ヒ」を外務省に求めたのである(53)。外務省は湯浅商店の要請に応じて、「損害甚大」であり「至急解放」されるよう、香港総領事鈴木栄作に「至急取計ヒ」を指示した(54)。香港政府は総領事に対し、同船は英国海軍により徴発されており、「解放」の要求には応じ

第 1 節　輸出制限のはじまり（1918年度）

られないと回答している(55)。

　すなわち、抑留直後に事件の経緯をまとめた鈴木香港総領事の報告書によれば(56)、1918年3月、ト号が三菱合資会社の石炭を積載して香港に寄航したところ、当局者から陸揚を差し止められた。総領事は、両船と湯浅洋行（湯浅商店）との傭船契約を「聞知」し、また湯浅洋行香港支店主任からも、両船がサイゴンより米輸送の傭船契約を2月に結び、ト号は3月、イ号は4月にサイゴンに到着し、同社買付けの外米を積載して日本へ輸送するという契約内容を確認した。2隻とも香港に抑留され、契約履行が遅延すれば「少カラザル損害」を受けるため、香港の湯浅洋行は速やかな「出港許可」を「当地官憲ニ交渉」するよう領事館に要請した。香港のロシア領事は「談話」を「避ケ」て、「如何ナル処置ニモ出デ難キ」対応であり、また香港政府の港湾部も「何等責任アル地位ニ非ル」と交渉に応じなかった。このため、英国海軍当局に「談合」したところ、「当地ニ於テ徴発」されたもので、「到底他ノ使用ニ供スルコト難キ」という回答であった。すなわち、英露間の「一ノ約定」の不履行による徴発であり、湯浅商店との契約履行は「困難」とするものである。会談のなかで、海軍当局者から、「露国政変」により生じた「種々ノ行違」によるもの、という説明があった。

　1918年5月には、逓信省から外務省に、本件は「内地ニ於ケル生活用品ノ需給ニモ影響」するとして、英国政府の事情を取調べるよう要請があった(57)。外務省は、日本の長瀬商店の傭船で、シンガポールに抑留されているロシア義勇艦隊のビチムとともに、英国政府に事情調査と傭船契約承認を「懇請」するよう在英大使に指示している(58)。しかし在英大使からは、連合国側の「船腹調節上ノ運用」に基づく徴発であり、「此際解放不可能」と、同様の回答が繰り返された(59)。このように、指定商により、サイゴン米の買付けと積出しが活発化したが、大戦やロシア革命の影響による配船の調整やトラブルから、予期せぬ「非常ナル手違」(60)が生じることもあったのである。

第2章　米騒動前後の外米輸入と産地

5　タイ・香港からの外米供給

（1）タイ米輸入　　1917年のタイ米収穫は、洪水のため「米作ノ大部損失」となり大幅な減収となった[61]（表2-4）。このため、1916/17年度にはシンガポールや香港、また英本国・蘭印などに向けて比較的多量の輸出があったが、17/18年度には大幅に減少した。ただし、同年度には蘭印・日本の買付けが活発化して、ともに輸出量が大幅に増加している[62]。

　1917年の対日輸出は比較的少量であったが、シンガポールや香港に向けた輸出は多量であり、日本の海運業者による米輸送が活発化していた。すでに、バンコク領事高橋清一は同年2月、外務省に対し、タイ米輸出の活発化による船腹不足のため、「盤谷海運界」が「好況ヲ呈」していること、バンコク港に入港する外国船舶はノルウェーをはじめ英・中・仏・日がこれに次ぐが、「産額多キ」タイ米の海外輸送には「固ヨリ不十分」なこと、また当地の米輸出業者が、船腹不足による「貨物発受ノ延引」を訴えていることなどを報告している。1916年下半期に新たに傭船された日本船は12隻、傭船主はバンコクの中国人商人であり、シンガポールや香港への輸送にあてられたものと思われる[63]。

（2）香港経由の外米輸入　　東南アジア米貿易の中継地香港においても、外米取引が活発化した。英領ビルマ・仏印・タイなどの産地から、香港を経由して日本に再輸出される外米は、日本の税関においては産地の積出港からの輸入とされ、仕出地は香港ではなく産地となっている（図2-1）。香港経由による日本の外米輸入量を表2-5により推定すると、1918年の日本のビルマ米輸入量は24.3万トンであるが、英領ビルマの対日輸出量は20.6万トンにとどまっている。その差3.7万トンは、中継地である香港・シンガポールを経由して輸入されたものと推定される。同様に仏印米についても、1918年の日本の仏印米輸入量と仏印の対日輸出量の差3.7万トンは、中継港経由の輸入と考えられる。仏印のサイゴン米は、香港から日本へ再輸出される量が比較的多かった[64]。

　また、1918年に香港に輸入された米の8割は仏印からであり、タイを加える

第2節　輸出制限・禁止措置の進展（1919年度）

表2-5　香港・シンガポール（海峡植民地）経由の外米輸入、香港の米輸出入　　　（1,000トン）

年度	日本の輸入量			インドの輸出量			仏印の輸出量			タイの輸出量		
	英印	仏印	タイ	香港	海峡植民地	日本	香港	海峡植民地	日本	香港	海峡植民地	日本
1916	0	5	38	3	256	0	615	131	—	449	655	—
17	1	27	55	0	292	42	553	170	95	405	628	2
18	243	391	50	4	338	206	671	129	354	281	337	59
19	4	482	155	15	154	0	275	94	199	108	164	7
20	1	56	7	24	183	12	359	188	14	204	41	—

出典：日本の輸入量は、大蔵省編纂『大日本外国貿易月表』（1917年1月～1920年12月）、産地側の外米輸出量は、農商務省食糧局『米穀統計（世界ノ部）』（1922年）、農林省農務局『第二次米穀統計（世界ノ部）』（1925年）。『通商公報』（816、臨時増刊、1921年3月18日）。
注：海峡植民地には、シンガポールのほかペナン・マラッカを含む。米の輸出入はシンガポールの比重がきわめて高い。

とほとんど総てであった。また同年の、香港の米輸出は、中国向けが42万トンで全体の5割強（うち中国南部が32万トン）を占めたが、日本・朝鮮は、それに次ぐ位置にあった[65]。中継地香港から日本への米輸出は、日本本国の収穫量がやや落ち込んで外米輸入が拡大した1912～14年においても、平均1,340トンにとどまっていたから[66]、1910年代末の増加は著しかった。指定商の買付けは香港においても活発化して（表2-6）、香港経由の外米輸入量が増加し、1918年度の総輸入量68万トンの3割近くを占めた。さらに、翌1919年度には4割に増加する（表2-5・後掲表2-7）。

表2-6　香港における日本向け米買付量　（トン）

年	月	買付量
1918	11	48,000
	12	44,100
1919	1	30,300
	2	40,343
	3	6,757
	4	7,890
	5	6,540
	6	5,300

出典：「本邦向米輸出方ニ関スル件」（[11]-1）。簿冊番号は表2-9による。

第2節　輸出制限・禁止措置の進展（1919年度）

1　輸入の急増

（1）連年の凶作　　日本本国の1918年産米の収穫は、10月には「全国一般に稀有の豊作」と予想されていたが[67]、実収は、大きく落ち

第 2 章　米騒動前後の外米輸入と産地

込んだ前年を 2 万トン（13万石）上回っただけであった（表 2 - 1 ）。農商務省の報告を受けた外務省は、在英大使に「作柄ハ予期ニ反シ不良」と伝え、需給推算によれば年度末（次年度の収穫期）には「六、七百万石」（90〜105万トン）が不足し、「相当数量」の輸入なしでは「由々敷大事」が懸念されるとして、輸入確保のための交渉を促した(68)。不足量は前年度並みの97万トン前後か、さらに拡大することが予想された。また繰越量は1916年度の94万トンをピークに減少を続けており、19年度には35万トンに縮小している（表 2 - 1 ）。連年の凶作は輸移入を促すとともに、1910年代半ばに蓄積した備蓄を掘り崩したのである。

しかし、1918年には英領ビルマ・仏印から多量の輸入があり、19年はじめまで、輸入の継続は一般に楽観視されていた。1918年12月には、「帝国政府」の認識が次のように報じられている。

> 外米輸入有望……仏領印度米（西貢米・東京米）は輸出禁止の風説ありしのみにて、以前より輸入され来り、六、七十万石は輸入の望みあり、暹羅米は前年度不作にて品質粗悪なりしが、今年は豊作なりし趣にて、百数十万石の輸出能力あれば、其中又六、七十万石輸入の望みあり、蘭貢米は英国政府の輸出禁止中なるが、帝国政府より一定数量を限りて輸出解禁方交渉中にて、右は我国のみならず各方面に輸出さるを以て、帝国に対し成るべく多く分譲さるゝ様交渉する筈なれば、以上三方面の総計約二百万石〔30万トン〕は我国に輸入することとなるべしと期待さる(69)

（ 2 ）輸入促進　　寺内正毅内閣は、農商務省に臨時外米管理部を新設して「外米管理」を開始し、指定商による産地での外米買付けと対日輸出を積極化した。米騒動後に発足した原内閣も、いったんは前内閣の「外米管理」を廃したが、外米輸入を促進して米価の抑制をはかり、1918年11月には緊急勅令により米穀輸入税を免除した(70)。しかし産地の輸出制限・禁止措置は、対日輸出を実際に制約していくことになる。

また1919年 5 月前後からは、産地の外米価格が急騰して、輸入が難航するようになった。「外米は内地相場が逆鞘に陥り居るため、買付激減」となったのである(71)。民間の外米輸入が困難となり、「外米輸入絶望の風説」(72)もある

第2節　輸出制限・禁止措置の進展（1919年度）

なかで、原内閣は前内閣と同様、政府による直接買付・輸入に乗り出すようになる。さらに同年7月には、前内閣が勅令[73]で定めた、農商務大臣の随意契約による米売買について、勅令を改正して「信用」ある商社・商人に売買を委託できるようにした。政府の新規外米買付けは、三井物産などにより1919年端境期に実施された。このため、同年半ばにいったん減少した外米輸入量は、8〜9月に再び急増することになった（図2-1）。

2　ビルマ米の輸出禁止

（1）凶作と輸出禁止　　1918年9月頃まで、英領ビルマからの米穀輸入は実質的に拡大をとげていたが、同年10月に状況は一変する。在カルカッタ鮭延総領事は、日本の需要急増を理由に特許されたビルマ米対日輸出が、再度停止されたこと[74]、およびインド本土の旱害による凶作と、「食料品」価格の高騰について次のように報告した。

　　印度国内到ル処物価ノ昂騰ヲ来タシ、殊ニ食料品ノ飢饉価格ヲ告グルニ至リ、細民ノ困難一方ナラザル折柄、本年度「モンスーン」平準ヲ得ズ、九月初旬全国ニ亙レル降雨ハ幾分作物ニ好影響ヲ与ヘタルモ、爾来緬甸其他少部分ヲ除ク外、全国降雨殆ド皆無ノ有様ニシテ、「パンジャブ」・「ラジュプタナ」・「中央州」・「合併州」・「ビハールオリッサ」等ノ各州ハ作物全部枯死ノ状態ニ陥リ、今ヤ凶作ノ襲来殆ド確実……[75]

インド政府は1918年10月、輸出用小麦の買付けを中止し、政府直属の「食糧管理官」を新設して「小麦管理官」と「米管理官」を指揮し、また11月には、価格を公定して「飢饉地方」への食糧輸送、各州間の食料品の分配、販売の取締りなどの「調節」を実施することを布告した[76]。またカルカッタ総領事は、あらためて、「地方ノ需要甚シク増加」したため、ビルマ米の対日輸出特許が「当分」再禁止されると報告している[77]。このため農商務省は同月、ビルマ米輸入が許可されるよう、英国側との交渉を外務省に要請した[78]。

この1918年10月の輸出禁止措置は、ビルマ米を買い付けていた指定商に突然

第2章　米騒動前後の外米輸入と産地

もたらされた。鈴木商店は、指定商としてラングーンなどで買い付けており[79]、8月にはロンドン支店を通じてラングーンのスティール商会から、日本着10～11月のビルマ米1万トンを買い付けていた。しかし、なお8,500トンの未積出があり、8月末～9月初にはビルマ政府から、日本および米国向けの輸出特許を受けている[80]。鈴木商店は、10月初旬に既発行許可の有効性を照会し、「有効ナルコト依然タリ」との回答を受けて「安心」していたが、中旬に、11月を過ぎると許可が「取消」されることがあると通告された。積取にあたる神通丸・隆昌丸はラングーンに向かっていたので、11月5日に許可証の有効性を再度確認したところ、同月11日に許可証の「取消ヲ宣セ」られたという。

　鈴木商店の損失は「莫大」であり、日本・米国への輸出だけでなく、英本国や、連合国が認める欧州各国向けの輸出も許可されなかった。このため鈴木商店は外務省に、ビルマ政府との交渉を要請し[81]、外務省は在英大使に英国政府との交渉を指示した[82]。また米国向けについては、日本本国の不足を考慮し、輸出許可の場合には総て「本邦ノ消費ニ充ツル」こととして[83]、その旨スティール商会に通知した[84]。

　このように農商務省は、指定商を通じ、産地において買付けをすすめたが、ビルマ米輸出禁止措置の影響は大きく、買付済みであっても積出しが制約された。このため1918年12月には、ビルマ米輸入量が急減することになる（図2-1）。

（2）輸出許可交渉　　　凶作によるインドの食糧不足は深刻であった。カルカッタ総領事は1919年1月、輸出特許要請へのインド政府の対応、すなわち、「未曾有」の「大凶作」により英本国への輸出も制約されており、日本政府の要請に「応スルノ余裕ナキヲ深ク遺憾」とする回答を報告した。さらに、凶作とその深刻な影響について、次のように述べている。

　　広キ範囲ニ亘レル大凶作ノ結果、印度ノ食料問題ハ日ニ増シ危急ヲ告ゲ、地方ニ於テハ既ニ飢饉救助事務ヲ開始シタルモノ、又近々開始セントスルモノモアリ、……英本国又此際印度米ノ輸入ヲ一切思止マルコトトナレリ、……昨年度印度米作ハ「ベンガル」・「ビルマ」ヲ除クノ外ハ近年未曾有ノ

第 2 節　輸出制限・禁止措置の進展（1919年度）

凶作ニテ、政府当局ニ於テモ旧臘以来鋭意之レガ救済ニ腐心シ居ル矢先ニ付、……(85)

また、翌2月はじめの報告によれば、インド政府の米収穫予想は平年の25%減と大幅な減収であった(86)。表2-2によれば、1918/19年度に全インド・ビルマともに生産量は大きく落ち込んでおり、英領ビルマでは翌19/20年度にも、さらに減収が続いた。

ロンドンの在英代理大使によれば、英国外務大臣代理は日本政府の申入れを「諒ト」してインド政府に照会したが回電はなく、「何トモ致シ方ナカランカ」と述べたという(87)。1919年2月の最終収穫予想によれば、数値は表2-2とは異なるが、17/18年度の3,625万トン（うち、英領ビルマ475万トン）に対し、18/19年度は2,382万トン（同、320万トン）に落ち込んだ(88)。また、インド政府に問い合わせたカルカッタ総領事からは、夏作の作付も減少が「甚シク平年以下」であり、「到底制限緩和ノ見込ナシ」とする報告が続いた(89)。

しかしなお、英領ビルマの輸出能力への期待もあった。カルカッタ総領事は1919年1月、18/19年度のビルマ米収穫予想は平年の97%であり、輸出可能量は230万トンになると報告している(90)。この輸出可能量について外務省は、インド本土への移出を含むかどうか問い合せたところ(91)、含むとの回答があった(92)。カルカッタ総領事はさらに続けて、例年、ビルマの平均輸移出量はインドへ30〜40万トン、そのほかの外国へ180万トンであるが、当年度はインドの凶作により、インドへ少なくとも120万トンの移出が必要になると報告している。表2-2によれば、ビルマからの移出量は1919/20年度に急増しており、対インド移出量の急増に対応する。したがって、残りの100万トン（667万石）余が諸外国への輸出余力であった。ただし同表によれば、翌1919/20年度におけるビルマの対インド移出量は、生産量が減少したにもかかわらず、前年度の2倍以上に急増している。その結果、同年のビルマの海外輸出量は53万トンと、さらに大幅に落ち込むことになった。

ところで、海峡植民地・マレー連邦などの英植民地へは、従来80万トン前後の輸出があったが、インド政府は、凶作のため減量することを「明言」した

第 2 章　米騒動前後の外米輸入と産地

(93)。カルカッタ総領事は、それを例年の「半額」と見積もり、そのほかの諸外国への輸出能力が70万トン程度存在すると推測している(94)。このため翌 3 月に外務省は、再び、ビルマ米輸出余力がなお60〜70万トンあると推定し、英国側の対応を確認するよう総領事に要請した(95)。

　しかし総領事は、さきの70万トンの輸出余力は「素ヨリ推測ニ基ク」ものであり、「之ヲ根拠トシテ交渉スルハ不得策」として退け、あらためてインド政府に、夏作が良好の場合に制限緩和の「見込如何」を問い合わせている。ただし、これに対するインド政府の回答は、モンスーンの不順により「凶作ノ到来明白」であり、「到底我希望貫徹ノ余地ナキヲ確メタル次第」という否定的なものであった。このため総領事は、輸出を「懇請」しても「前同様不結果」に終わるのは明らかであり、今後は時期・分量を定めた交渉を外務省に提案している(96)。交渉は難航したのである。

（3）輸入停止　　さらに外務省は1919年 7 月、ビルマ米の対日輸出可能数量、および輸出許可の見込についてカルカッタ総領事の報告を求めた。農商務省経由の情報によれば、凶作による「飢饉地方」の小麦・トウモロコシ代用、船腹不足によるインドへの移出停滞、前年度古米の残存などにより、ビルマ米余剰は「相当豊富ノ見込」であり、即時10〜15万トンの積出しが「容易」と判断したからである(97)。その根拠と思われる同年 7 月のメモ「蘭貢米事情」(98)によれば、英領ビルマの最終収穫予想421万トンから、同地消費量を差し引いた輸出能力は191万トンであった。ところで、このメモによれば、同年 1 〜 5 月の英領ビルマの輸移出量は、インドへ635,680トン、海峡植民地へ66,812トン、欧州へ64,973トン、計764,465トンにとどまっていた。したがって、 6 月に15〜16万トンを積み出したとしても、輸出能力はなお100万トン、さらに前年度来の船腹欠乏・米価暴落による「地方農家」・「籾仲買人」などの推定持越量30万トンを加えれば、120〜130万トン（800〜867万石）になると予想された。将来、船腹の増加により 1 ヵ月平均20万トンをインドに移出しても、12月初旬以降に20〜30万トンの「過剰米」を持ち越すとの推計である。

　しかし、外務省のこのような期待に対し、カルカッタ総領事から1919年 7

第2節　輸出制限・禁止措置の進展（1919年度）

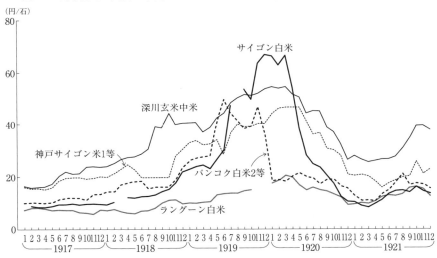

図2-2　外米産地と国内の米価

出典：農商務省食糧局『米穀統計（世界ノ部）』（1922年）、農林省農務局『第二次米穀統計（世界ノ部）』（1925年）。

月、本年度のモンスーン状況が不明な現時点では、対日輸出は「乍遺憾到底問題トナラス」、「蘭貢米ノ本邦輸出ハ全然見込ナシト云フノ外ナシ」とする絶望的な回答が届いた。つまり、①ビルマ米の対インド移出は「予定ノ通、着々実行」され、今後も「出来得ル限リ輸〔移〕入ノ計画」であり、②海峡植民地やマレー連邦など在外インド人居住地域にも「緊切ナル需要」があり、③新規輸入・輸入増の要請も「甚夕多」かったのである。さらに翌8月、ラングーン市場において「禁輸緩和」の風評が「喧伝」されたが、インド政府は、収穫期までその意志はなく、またビルマ政府に対しては、禁輸期間を1919年末まで継続し、かつそれは、次年に「緩和」することを意味するものでないと発表させた(99)。1919/20年度の英領ビルマの輸出量は、実際に大幅に落ち込んでおり、対日輸出は実現しなかったのである（表2-2）。

英領ビルマ米の輸出禁止と価格公定は徹底しており、統制の徹底により産地における米価は抑制された。外米産地の価格を比較すると、サイゴン米・タイ米価格は1919年に入り急騰しているが、ラングーン米は比較的安定し、最も低

83

第2章　米騒動前後の外米輸入と産地

い水準にあったといえる（図2-2）。

3　タイ米輸出の急増と輸出禁止

（1）需要増加と輸出禁止の風説　　1910年代半ば～18年末頃の、日本本国のタイ米輸入量は毎月数千トン（数万石）程度であった。1918年には英領ビルマ・仏印からの輸入が急増したが、タイからの輸入量に大きな変化はなかった（図2-1）。三井物産新嘉坡支店長が、「暹羅米ハ比較的蘭貢米・西貢米ヨリ高値ナル為メ、輸入スルコト能ハサリシ」(100)と述べたように、タイ米価格はビルマ米・仏印米より高水準にあり（図2-2）、ビルマ米・仏印米輸入が比較的円滑にすすむ一方で、タイ米輸入は停滞していた。

　1918年のタイ米の収穫は、英領ビルマと異なり「非常ニ良好」で、同年11月後半には新籾がバンコクの精米所に続々と到着した。ところが、同年10月にビルマ米の輸出が禁止されると、タイ米の需要が高まり、「外国人買手ハ直チニ注文ヲ発シ、契約ヲ申出デ」て取引が活発化した(101)。三井物産盤谷支店の取扱も激増しており、これは、同支店がタイ米を本格的に対日輸出する出発点になったといわれる。同支店を管轄する新嘉坡支店長は次のように述べている。

　　印度・蘭貢ノ輸出禁止トナリシ為メ暹羅米ノ需要大ニ起リ、過去一ヶ年間ノ取扱高十三、四万噸〔90万石〕ニ上リ、盤谷店開闢以来ノ取扱ナリ、尤モ此数量ハ全部日本ニ輸入セラレタルニ非スシテ、三万噸許ハ上海ヘ輸入セラルモノナルカ、是レカ為メニ暹羅米日本輸入ノ端緒ヲ得、好成蹟ヲ現ハシタリ(102)

1918年12月～19年3月の4ヵ月間にタイ米輸出量は急増し（図2-3）、対日輸出量も19年4月をピークに増加した。同時に、1918年半ばまで安定していたバンコクの米価は10月から上昇しはじめた。1919年1月には「益々騰貴して殆ど底止するところを知らざらん」という状態になり(103)、5～6月に向かって「熾烈ナル競争的需要」により「急速ニ騰貴」したのである（図2-2）(104)。

第2節　輸出制限・禁止措置の進展（1919年度）

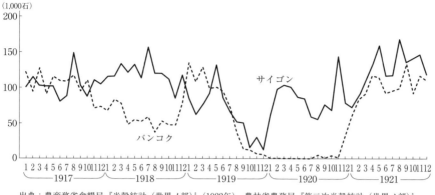

図2-3　サイゴン・バンコクからの米穀輸出量

出典：農商務省食糧局『米穀統計（世界ノ部）』（1922年）、農林省農務局『第二次米穀統計（世界ノ部）』（1925年）。

　米価高騰は、タイ政府に輸出制限・禁止措置を促すことになった。1918年末からの米価急騰について、バンコクの在タイ公使西源四郎は、「従来曾テ見聞セザル米価ノ暴騰ハ、人民中ノ米作者以外ノ貧民階級ニ非常ナル困難ヲ与フルノミナラズ、人民ノ主要食糧タル米ノ不足ヲ告ゲントスル状況」になったと、のちに報告している。1918年12月からの米価高騰は、タイ政府も「黙視スル能ハザル所」であった。こうして1919年はじめから、タイ米禁輸の「噂」が流れるようになる(105)。西公使は1919年1月、外務大臣に次のように報告した(106)。

　　米価ハ日増シ騰貴シ、……右ニ関シ暹羅ハ米ノ輸出ヲ禁止セントスル噂アルモ、未タ確カナラス、尚ホ本年米作ハ予想ニ反シ平年ヨリ二割方不作ナリト云

　この報告を受けた外務省は1919年1月、西公使に対し、政府はタイ米輸入が「何等障害ナキコト」を前提に対策を計画しており、輸入は「絶対ニ必要」であると伝えた。また、「万一前記ノ風説」が「事実」であれば「施政上多大ノ齟齬」が生じ、「国民生活ニ深甚ナル危険ヲ齎スコト必定」であるので、タイ政府に対し、対日輸出に「十分御配慮」を求めるよう指示した(107)。

　しかし、1919年1月下旬にタイ外務大臣に面会した西公使から、輸出制限・

85

禁止は「沙汰止ミ」になったという報告があった[108]。続く詳報によれば、タイ政府の回答は、①輸出を継続しても食糧供給を「危フスヘシト虞ルヘキ充分ノ理由」はない、②「異常ナル多量」の輸出が継続する場合には制限・禁止を実施する、③1917年秋の減収により備蓄が減少したが、その後の収穫による「剰余」は「多量ノ輸出」を可能にした、④タイ国内需要をみたせば、日本などの欠乏を補う無制限輸出が「最上策」である、というものであった[109]。すなわち、1919年1月には輸出制限は実施されず、対日輸出は依然順調であった。翌2月にも、鈴木商店が買い付けた3,700トン（2.5万石）が神戸に向かっている[110]。

（2）シンガポールのタイ米需要

ところでバンコクの西公使は、1919年はじめの、この「噂」について、ビルマ米輸出禁止によりシンガポールなど海峡植民地やマレー連邦で不足が生じ、その補塡のため英国がタイ米の安価購入を計画したことに対し、タイ政府が輸出制限と米価調節を試みたものと報告している[111]。同地域に住む370万人の多くは「米食者」であり、年間消費量63万トンのうち18万トンは自給可能だが、45万トンについてはタイ・仏印から毎月25,000～27,000トン、英領ビルマから13,000トンを輸入していた[112]。シンガポールは、米積出港のラングーン・バンコク・サイゴンに近く輸入は円滑であったが、ビルマ米の輸出禁止や仏印米の輸出制限（後述）により、急遽多量のタイ米輸入が必要になったのである[113]。

シンガポールでは1918年末から米価が「暴騰」した。同地のラングーン米価格は通常1コーヤン（約1.5トン）あたり230ドルであったが、1919年1月下旬には285ドルに、また通常270ドルのタイ米価格は490ドルに高騰した。このため同年1月、シンガポール政府の「食料管理官」が「米価調節」の交渉、すなわち「相当ノ値段」でタイ米輸入を確保するため、バンコクに派遣された。西公使は外務省に、シンガポールの「食料管理官」が輸出制限の緩和と、海峡植民地・マレー連邦輸入米の価格引き下げを求めて、タイ政府と交渉したことを報告している。同「食料管理官」は、タイ米の「華客」である海峡植民地・マレー連邦に対して、「隣邦ノ誼」を訴え、米価高騰はタイの消費者にも「不利」

第2節　輸出制限・禁止措置の進展（1919年度）

であると「力説」したという。タイ政府は「連日会議」を開いて検討したが、その結果、すでにみた、西公使による1919年1月の報告のように、輸出制限・禁止は実施されなかったのである(114)。

また、シンガポールの海峡植民地書記官長 Colonial Secretary は1919年4月、タイの米価が「未曾有ノ騰貴」となったためタイ政府と交渉し、同年1～3月に「取極以上」の輸入が実現したと述べた。しかしインド政府が同年3月、来たる4～12月期の対シンガポール供給量を当初計画より54,000トン削減したため、タイ米・仏印米による補填が必要になったという(115)。さらに、同書記官長によれば、1919年のタイ米・仏印米の輸出能力はそれぞれ100万トン・50万トン、合計150万トンであるが、海峡植民地・マレー連邦の需要量は平年の輸入量276,000トンに、インド米供給削減量54,000トンを加算した33万トンであった。差引117万トンとなるが、日本60万トン・蘭印50万トンの要望を差引くと、残余は7万トンのみとなり、しかもセイロンはインド米の供給減によりタイ米・仏印米を需要し、さらにマレー連邦の作柄も平年の「四割減」に落ち込んでいた(116)。

このように、インドの凶作、1918年10月のビルマ米輸出禁止の影響により、19年に入る頃からタイ米需要は急速に高まった。シンガポールなど海峡植民地・マレー連邦・香港・蘭印・日本、さらにセイロンなどから、輸出能力を上回る需要が殺到したのである。このためタイの米価は1919年4～5月からさらに高騰した（図2-2）。農商務省の指定商は、米価が高騰しても積極的に買い付けたが、海峡植民地は、米価高騰のため輸入取引が制約された。シンガポールの食料監督官は、米価抑制のためタイ政府に輸出制限を要請したが実現しなかった。西公使の報告によれば、日本人商人は自国以外に欧州・アジア・アフリカ・アメリカの需要に応じて米を買い付けており、海峡植民地書記官長はこれを「最モ迷惑」と評して、英本国政府に「強硬ナル申立」を行っていたのである(117)。

タイ政府の輸出制限措置が、なお実現しなかったことについて西公使は、米はタイ輸出品の「太宗」で、その輸出制限・禁止は「利害上容易ナラサル問題」

第2章　米騒動前後の外米輸入と産地

であり、さらに、最恵国条款により「第三国等」にも同様の条件が付与されることになるとし、実現は「極メテ困難」と推測している(118)。

(3) 輸出禁止　米価高騰が続く1919年6月、タイ米輸出禁止の勅令が公布された。タイ政府に「米管理局」が設置され、同局総裁には王族や大蔵大臣が就任し、また「米管理官」が任命された(119)。タイ政府には英国の影響力が強く、英領ビルマと同様に輸出制限・禁止措置が講じられたと、三井物産新嘉坡支店長は述べている(120)。輸出業者は「米管理局」に登録され、輸出は「米管理官」の裁量により、3年以内に輸出実績のある業者に限られ、翌7月から許可制が実施された(121)。この措置により、上昇を続けた米価は6月をピークに下降をはじめ（図2-2）、輸出量も6〜7月から急減して翌1920年には皆無に近くなった（図2-3）。

農商務省はタイ米の買付けをすすめていたが、「出来得ル丈ケ寛大」に許可されるよう外務省に交渉を依頼した(122)。外務省は西公使に、「突然」の禁輸が、前年のような「由々敷事態」を引き起こしかねない事情をタイ政府に説明し、無制限の輸出を求めるよう指示した(123)。公使は外務省に対し、海峡植民地・マレー連邦・セイロンなど「英国側」が「競争相手」であり、まず買付済みの「現物」を握って輸出を申請するのが「事実上ノ勝利者」になると提案している(124)。これは、早めにタイ米を買い付け、「追次」輸出を試みる方法であり、申請量が輸出余力に比し「不釣合」に多くなければ許可されると期待したのである。その理由として、最恵国条款が存在しており、タイ政府は特定の国と具体的協定の締結を避けていることが付記されている(125)。

さらに西公使は1919年7月、タイ政府に、対日輸出許可を「容易」にするよう、「米管理官」による訓令を要請した。また輸出希望数量を申請するため、同年7〜11月のタイの輸出能力が25万トン前後であるという情報とともに、外務省に輸出希望数量の回答を求めた(126)。タイ政府は、輸出余力があれば日本人登録者には他国の登録者と「均等ノ待遇ヲ保証」すると応じたが(127)、「米管理官」が発表した輸出余力は、大幅に減じて42,000トンにとどまった(128)。

農商務省は外米買付・積出に積極的であり、外務省に対し、1919年7〜9月

第 2 節　輸出制限・禁止措置の進展（1919年度）

期の輸入希望数量を20万トン（133万石）と「電訓」するよう求めた。さらに、端境期をひかえ、輸出許可の有無にかかわらずタイ・仏印・香港において外米買付けを「敢行」すると外務大臣に告げ、交渉により「出来得ル丈ケ多額ノ数量」が輸出できるよう要請した(129)。しかし、西公使は外務省に、タイ米輸出をめぐる「事態」は「一変」したと報告し、希望数量の申入れは「一先ズ見合セ、当分事態ノ発展ヲ注視スルコト」となった(130)。輸出制限が本格化したのである。

また外務省は、タイ政府が1919年7月に輸出能力を25万トンとしながら、その後42,000トンに大幅に減じたことについて、タイ政府がシンガポールに毎月23,000トンの輸出を協定した結果と判断した。そして、これは「均等ノ待遇ヲ保証」するという声明に「背反スル」として、事情を調査のうえ、タイ政府の回答を求めた。また、タイの「米管理官」や「管理会議員」のうち3名は英国人であり、シンガポール方面への輸出許可には「便宜ヲ与ヘ」るが、日本向けには「手加減ヲ加フルコトナキヲ保シ難」いので「篤ト御注意」を促している(131)。タイ政府との交渉はさらに続いたが、輸出総量は急減をたどり、対日輸出も困難となったのである（図2-1・図2-3）。

（4）農商務省のタイ米買付けと輸出禁止の徹底

タイ米の輸出禁止措置が講じられた1919年6月以降も、農商務省は輸出許可の有無にかかわらず、積極的にタイ・仏印・香港で買付けを実施した。しかし、産地における米価の高騰は、対日輸出を実質的に制約していった。7月末の西公使の報告によれば、6月以前の日本人買付けは、鈴木商店による白米4,736トン（ポートサイドへ）、三井物産による白砕米21トン（香港へ）の2件のみで少量にとどまっていたが、その理由は、5月以降「暹羅米価格膨張ノ結果、本邦ヨリ注文ナカリシ為」であった(132)。同年8月の農商務省の買付けは、バンコク積出分米5,240トンであったが輸出許可はおりず、ほかにサイゴン積出7,000トン、ハイフォン積出1,500トンがあった。農商務省は外務省に、「速ニ輸出ノ特許」の交渉を依頼し(133)、外務大臣は公使に、現地の指定商三井物産と打合せて、「特別ノ取計」により輸出特許が実

第2章　米騒動前後の外米輸入と産地

現するよう指示した(134)。

　しかし、輸出制限はむしろ強化された。タイ政府は1919年8月、日本政府を「援助シタキ希望」はあるが、許可すれば最恵国条款により他国にも「同様ノ譲歩」が必要となり、またタイ国内のストックも「少量」と確認されたため請求には応じられないと通知した(135)。西公使の報告によれば、8月の「米管理会議」は、同年収穫期に「廃止」が予想されていた禁令について、「米ノ不足」、および米価の「不当ナル騰貴」が「予見」されるため継続を告示した(136)。したがって、農商務省が指定商三井物産を通じて買い付けたタイ米5,240トンの積出しも許可されなかった(137)。

　バンコク領事は1919年10月、当年の作柄は「平作」だが在米量は「甚ダ手薄」で、翌20年の輸出能力は、前年度を上回る100万トン前後と推測して報告した。これは、平年の120万トンを下回る量であり、領事は、輸出禁止は翌1920年12月まで継続すると予想している。ただし米輸出はタイ経済にきわめて「肝要」であるため、輸出が特許される可能性も付記している。つまり、タイ政府はその方法を「目下立案中」であり、各国の「希望額」は「条約ニ抵触セザル範囲」で「公平」に配分される見通しであった(138)。このように、領事は輸出特許を期待したが、現実には旱害により作柄が一変し、輸出制限・禁止はさらに徹底されることになる。

4　仏印米の輸出

（1）輸出制限と対日輸出許可　　フランス植民省令が仏印に公布されて間もない1919年1月、大統領令により、米を含む「或種貨物」の輸出が禁止され、輸出・再輸出には大蔵省の許可が必要となった(139)。仏印総督は同年2月、「米作ノ不良」を理由に米輸出を毎月6万トン（40万石）に制限し、残余は仏本国のため留保する命令を発した(140)。

　1919年3月1日、在仏松井大使は仏印米の輸出制限を外務省に通知した。松井大使によれば、輸出禁止が原則であるが、仏印総督は一定の留保のもとで輸

第2節　輸出制限・禁止措置の進展（1919年度）

出許可の権限を有し、毎月サイゴン米20,000トン・トンキン米15,000トンを東アジアに輸出許可すると訓令しており、「出来得ル限リ輸出禁止ヲ緩和スル方針」であった。さらに松井大使は、総督が日本の「特別ノ状態」に配慮し、「事情ノ許ス限リ米ノ輸出ヲ緩ニ」すると述べていたとし、対日輸出許可には楽観的であった[141]。さらに翌2日付では、輸入希望量を申請することが「得策」とも述べている。続いて、仏外相よりの回答として、輸出許可を毎月サイゴン米20,000トン・トンキン米15,000トンに制限するのは、仏本国の需要が「一時的」に「可ナリ多額」なためであり、輸入国には「出来得ル限リ数量振宛ツル様審議中」であるとの報告もあった[142]。

　松井大使が報告したように、輸出制限のもとでも仏印米輸入は比較的円滑であった。ビルマ米輸入は1918年末に急減して19年になるとほぼ途絶し、タイ米輸入も停滞したが、仏印米は18年12月から19年3月にかけて、むしろ急増しているのが注目される（図2-1）。農商務省は1919年3月、日本の供給不足は100万トン（667万石）で仏印・タイから60万トン、英領ビルマら40万トンを輸入する予定であった。しかしビルマからの輸入は「殆ト絶望」、タイからの輸入も不振であったから、不足の「大部分」を仏印からの輸入に期待した。すなわち農商務省は、収穫期の1919年10月まで、少なくとも50〜60万トン（333〜400万石）の対日輸出を必要とし、そのため、外務省に対し、仏印政府との交渉を要請したのである[143]。

　ところで、1919年3月末に届いた在仏松井大使の書面によれば、サイゴン米の輸出許可見込数量は同月末までに12万トン、4月・5月にそれぞれ6万トン、計24万トンであり、仏印の「目下ノ米作ノ状況」からみて、これ以上の増加は難しかった。一方、トンキン地方の「米作ノ不良」により、仏印総督はトンキン米輸出禁止を「命ズルノ已ムナキニ至」っていたが[144]、これに対し大使は再三、5月までに24万トン、10月までに50万トンの対日輸出を総督に申し入れている[145]。

（2）松井大使の交渉　仏印の対日輸出制限は、すでにみたように、実際には緩和されており、1919年後半にも輸出量は増加して

第 2 章　米騒動前後の外米輸入と産地

いる（図 2 - 1 ）。農商務省は外務省の支援を受けて、指定商を通じてラングーン米やトンキン米の買付・積取を積極的に展開した。すなわち1919年 5 月、同年 3 月から10月までに仏印米60万トン（400万石）の輸出特許を外務省に要請している。 5 月までの仏印米輸入量は13万トンであったから、10月までに、さらに47万トンの輸入を求めたのである。しかし、仏印政府は産地調査の結果、 6 月以降の輸出余力を前年（1918年）産米37万トンとした。このため農商務省は、そのうち、サイゴン米15万トン・トンキン米 5 万トン・トンキン夏作米10万トン、合計30万トン（200万石）の対日輸出特許を要請し[146]、翌日外務省は在仏大使に交渉を指示した[147]。この30万トンの輸入計画（ 6 ～10月）は、ほぼ実現することになる（図 2 - 1 ）。

　松井大使の交渉は1919年 7 月からはじまり、その経緯は外務省に随時報告された。まず、 7 月16日付で仏国外務大臣に事情を説明して「好意的ノ取計ヒ」を依頼したが、「確答」がなく「督促」したところ、仏印米輸出は仏印総督の「専ラ管掌スル処」であり、総督に日本政府の希望を伝えたが回答がないとの報告があった[148]。このため外務省は大使に、日本本国の米価が「益々騰貴」して国民生活の「危険益々甚シ」いが、ビルマ米は「当分解禁ノ望」みがなく、タイは「輸出制限ヲ実行」して輸入が「益々困難」であり、したがって「万一」仏政府が「当方ノ希望ヲ容レサルカ如キコト」があれば、「内政上由々敷大事ヲ惹起」することが「憂慮」されるので、仏政府に事情を「篤ト」説明し、希望数量の輸出が許可されるよう「極量」の交渉を指示した。事態は「追々切迫」していたのである[149]。

　次いで松井大使は、パリ滞在中の仏印総督に面会して「委細」を説明し、「可成速ニ多量」の輸入ができるよう「特別ノ尽力」を要請した。総督は「日本ノ状況ハ篤ト承知」としながらも、当年の仏印「夏作」が不良で輸出可能量は「案外多カラザル」こと、仏本国・英国・フィリピン・香港の輸入希望が「尠カラズ」あることをふまえ、日本の「立場」を「参酌」して割当量を「目下折角取調中」であり、「今暫ク決定ヲ猶予セラレタシ」と対応した。大使は重ねて「本邦特殊ノ状況」を説明し、「好意的決定」を要望している[150]。さらに

第2節 輸出制限・禁止措置の進展（1919年度）

同年8月には仏政府の政務通商局長を訪れ、仏印米輸入が日本に「重大」な理由を「縷述」し、仏印総督による「十分好意的考量」の斡旋を依頼した。仏国側の外務大臣・仏印総督・政務通商局長らとの交渉により、松井大使は、当局者が「十分我方ノ事情ヲ了解シ居ル」とする判断を外務省に伝えている(151)。

ところで、この報告のなかで松井大使は、植民省の「役員」から、仏印総督代理と三井物産との間に、穀物（米）・鉱石（亜鉛鉱）の「輸出問題」が「不日成立」し、9月初旬にはサイゴン米が輸出許可になると付記している(152)。仏印政府はサイゴン米の輸出とリンクさせ、仏印産亜鉛鉱の輸出を計画したのである。

この計画は1919年8月末から、仏印総督代理と三井物産との間で交渉がすすんだ。その経緯は、同年12月に外務省がまとめたメモによれば、農商務省が買い付け、未輸出であったサイゴン米7,000トンについて、仏印総督が、亜鉛鉱1トンに付き米1トンの割合で「交換的ニ輸出ヲ許可」する条件を提示したことにはじまる。条件付きの理由は「夏作」の「米作不良」であり、「何等対償ナクシテ」日本のみに輸出を許可できないからであった。同年9月から仏印政府は「絶対ニ米ノ輸出ヲ禁止」したが、12月にも交渉は「其儘」で、総督の提案は実現しなかった(153)。サイゴンからの米輸出は、1919年秋から年末にかけて急減している（図2-3）。

松井大使によれば、仏印総督の提案は「如何ニモ唐突」であった。亜鉛鉱を採掘するトンキン鉱業会社 Société Minière du Tonkin は「私立会社」であり、「甚々奇怪ノ念」をいだいたという。このため大使は、輸出未済の農商務省買付米7,000トンを切り離し、至急輸出が許可されるよう植民省・仏印総督に「繰返ヘシ申出デ」た(154)。しかし間もなく、仏外務省より松井大使に、これ以上の輸出許可は難しいとする植民省の回答が伝えられた。このため大使は、「米輸出ノ件ハ此上解決ノ方法ナカルベキヤ」と「反問」したところ、仏外務省から、鉱石輸入の交換条件が成立すれば輸出を解禁する方針で、日本政府が三井物産に交渉を促せば「充分解決ノ余地」があり、また、今回の植民省の回答は「終結的」なものではないとする通知があった。大使は、仏印総督の提案を

「考慮」して交渉をまとめようとしたが、植民省と仏印政府間の「符合セザル言動」を察知したという。このため大使は、仏国外務省内に鉱石問題に関する「何等カ事情」の存在を示唆し、三井物産を調査する必要性を説き、また仏印総督代理と直接交渉するため係員の派遣を提案している(155)。

　ところで同じ頃、三井物産から外務省に、トンキン米と鉱石の輸出に関する仏印総督との交渉について報告があった。それによれば1919年8月、三井物産海防出張員が仏国政府に、亜鉛鉱を買い入れる条件でトンキン米の輸出許可を求めたところ、亜鉛鉱8万トンに付き米4万トンの輸出特許を「取計」うとの来電があった。ただし農商務省は、外務省を通じて輸出特許を交渉中であり、その結果が不明なままでは交渉に応じられなかった。その後、仏印側は亜鉛鉱33,000トンに付き米5万トンと大幅に「譲歩」したが、亜鉛鉱の価格が「高値」のため取引は成立せず交渉は「不調」となった。三井物産は同年8月中旬、海防出張員に「交渉謝絶」を指示している(156)。

　松井大使の報告によれば、仏国側は、交渉が成立すれば「直ニ米ノ輸出ヲ許可スル決心」を在仏日本大使館員に告げ、「成ルベク速ニ解決シ度キ旨」を述べたが、大使館員は、仏印米輸出と「右鉱石問題」を併せて「解決」するのは「政府ニ於テ困難ナルベシ」と判断している(157)。同年9月には、農商務省も外務省に対して、亜鉛鉱石購入の必要はなく、また三井物産にもその意思がないので、輸出特許は「鉱石ノ件ト分離」して交渉すると回答した(158)。農商務省は新米収穫期までに輸入する必要があり、鉱石輸入とセットの10月積では「機ヲ失スル虞」があったのである(159)。

　ところで、1918年末からビルマ米輸入は途絶えたが、多量の仏印米輸入が実現していた（図2-1）。サイゴンからの輸出量は、1919年10～12月に一時急減したが（図2-3）、その後は急速に回復している。また1919年秋には、日本本国産米の豊作が確実となった。したがって、不利な条件を容認して仏印米を輸入する必要性は低くなり、交渉を打ち切ったものと思われる。

（3）輸出許可と価格高騰　　仏印米の輸出は、仏印政府の多様な思惑が絡んで実施された。ところで1919年7月下旬、香港総

第2節　輸出制限・禁止措置の進展（1919年度）

領事鈴木栄作は外務省に、サイゴンで発行された新聞記事の邦訳を送った。それによれば、仏印政府が与えた毎月6万トンの輸出許可のうち、2万トンは中国商人に、4万トンは仏国商人に割り当てられたが、輸出許可を得られなかった商人は、仏国商人が「売却」する輸出許可証を、1トンあたり10ドル以上のレートで購入して、輸出していたという。仏国商人は「巨額ノ利益ヲ壟断」しており、他国商人に輸出許可証を交付して利益を「一般ニ均霑」することには、「強硬ナル反対運動ヲ試ムル」とみられていた。したがって、仏印政府がこの「措置ヲ改」めるのは「実ニ容易ナラザル」ことであった[160]。

また農商務省の調査によれば、仏印政府の輸出許可は「仏人米穀商組合」に3分の2、「支那商組合」に3分の1の割合で与えられ、組合員の過去5年間の平均輸出額に応じて配分された。これは新聞記事の記載と同様である。許可を受けた輸出業者は、「権利」の「譲渡」を「絶対ニ禁セラレ」ていたが、実際は、その取引価格に「権利ニ対スル報償」が加算され、「権利」は「盛ニ転売買セラルルノ結果」になっていたのである[161]。すなわち、この調査によれば、1919年2～5月には、制限令発布前に積出しの既契約量が18万トンにのぼっていたため、これら輸出業者との新たな契約はなく「権利ノ売買」はなかった。しかし6月になると、「輸出ノ権利」について1担あたり1.5ピアストルの「呼値」がついた。7月には、許可を受けた「支那人米商組合」が残量4,000トンを「競売」に付したところ、「権利」は1トンあたり41ピアストル（1担あたり2.5ピアストル）に騰貴して落札され、この「輸出権」に「一定確実」の相場が生じることになった。この相場は「漸次騰貴」し、8月初旬には1担あたり7～8ピアストルに高騰して、実米の価格に「比肩」するほどになったという。サイゴン米の輸出許可を受ける「仏人米商組合員」9名、「支那商組合員」41名は「労セスシテ巨利ヲ博」したのである。

すなわち、仏印総督の仏印米輸出許可は、サイゴンなどで輸出取引に従事する仏人米穀商・中国人米穀商に限定して与えられた。輸出許可証は、それ自体は売買されなかったが、仏印米輸出にあたり、これらの米穀商と、「権利」に相当する価格を加算して取引することになったのである。したがって、仏印総

督から輸出許可を得なくても、これらの仏人・中国人米穀商と取引すれば、サイゴンもしくは香港などから、日本に向けての積出しが可能であった。ただし、その場合は仕入価格が高騰することになる。図2-2によれば、サイゴンにおける仏印米価格は1919年半ばから急騰し、19年末～20年初頭をピークとしている。また、ラングーンやバンコク相場をはるかに凌ぎ、さらに、参考のための、おおよその比較であるが、運賃ほかの諸経費を含む神戸のサイゴン米（1等）価格や、深川正米市場の内地米価格をも上回る水準に暴騰したのである。

5　香港の米価騰貴

（1）外米買付けと対日再輸出

1910年代末の香港の米輸入量は年間115万トン（767万石）、仏印米8割・タイ米2割であり、輸出量は92～93万トン、香港の需要量は8～8.5万トンで、残余の13.5～15万トンはストックとなった[162]。表2-5によれば、1919年における日本の対仏印輸入量は48万トン（320万石）であったが、仏印の対日輸出量は20万トンにとどまっており、その差28万トンは、18年と同様に、香港経由の輸入であったと推測される。同表によると、同年の仏印の対香港輸出量は28万トンを割っており、香港に輸出されたサイゴン米の大半は日本に再輸出されたものといえよう。また同年の、日本の対タイ輸入量は15.5万トン（107万石）であるが、タイの対日輸出量は0.7万トンであり、その差14.8万トンも、同様に香港を経由したものと考えられる。表2-7によれば、香港の米輸出入は、1919年には仏印からの輸入量が急減して18年の半量以下に減じたが、対日輸出量は前年を上回って25万トンとなり[163]、中国向けを凌ぐ量となった。

　ビルマ米の輸出が1918年10月に禁止されると、香港における外米買付けと対日輸出が活発化した。すなわち、農商務省は仏印・タイと同様、香港においても買付けを積極化し[164]、1918年11月～19年6月に、対日輸出を目的に香港で外米の買付けを実施した（表2-6）。特に1918年11月～19年2月には毎月3万トン（20万石）～4万トンを超える外米を買い付けている。1920年1月30日

第 2 節　輸出制限・禁止措置の進展（1919年度）

付の、香港の英字紙に掲載された「香港政府の米取引」という記事によれば、近年日本は最大の顧客となり、前年 2 月に大量の買付けを開始し、そ

表 2 - 7　香港の米輸出入　　　　　　　　(1,000トン)

年度	香港の米輸入				香港の米輸出			
	仏印	タイ	英印	計	日本	中国	米国	計
1918	806	219	2	1,032	176	418	139	818
19	356	195	11	572	249	102	54	511

出典：農商務省食糧局『米穀統計（世界ノ部）』（1922年）、農林省農務局『第二次米穀統計（世界ノ部）』（1925年）、『通商公報』（816、臨時増刊、1921年3月18日）。

れに応じて仏印米の香港向け輸出も活発化した(165)。香港では米の輸出制限がなかったため、対日再輸出が増加したのである。三井物産香港支店長によれば、従来、香港からの米輸出の 6 割は中国向けであったが、1919年 1 月から対日輸出が増加して 5 割を占めるようになった。対日輸出量の拡大は「日本ニ於テ非常ニ購買ノ盛ン」になったからであり、需要拡大にともない「高値」による取引が活発化したという(166)。

　ビルマ米の輸出禁止により香港への米輸出量が急減し、また仏印米の対香港輸出量も減少する一方で（表 2 - 5 、表 2 - 7 ）、香港の対日再輸出量は拡大し、最大の仕向先となった。輸入の減少と対日再輸出の活発化により、香港の米穀需給は逼迫していく。

（2）輸出禁止の風説　　外務省は1919年 7 月 3 日、香港政府から三井物産本社が、「香港ヨリ米ノ輸出ヲ禁止セル旨」を入電したため、香港総領事鈴木栄作に事実の確認を指示した(167)。鈴木総領事は翌日、① 6 月30日に「米ノ輸出ヲ禁止スヘシトノ噂」があり、多量の輸出許可申請があった、②当局は同日、香港在米量調査のため 7 月 1 日の許可証発給を停止した、③その後は「申請全部」を発給している、として「輸出禁止ノ事実無キ」ことを確認し、外務大臣に報告した。さらに続けて、シンガポールでは輸出制限が実施され、また香港でも当局が「米ノ輸出ニ付、大イニ注意ヲ払ヒ居ル事ハ事実」であり、在米量が「当地在留者ヲ僅ニ二月間支持スル」程度であることが判明したとして、「何時米ノ輸出禁止ヲ励行スルヤモ計リ難シ」と警戒している(168)。

　しかし総領事は続けて、輸出禁止の「風説」に対し香港政府輸出入局長は、

97

第 2 章　米騒動前後の外米輸入と産地

「右ハ事実ニ非ストシテ、目下輸出禁止ノ意向ナキ口気ヲ漏」らしたと報告している。すなわち、香港に輸入された米の大半は再輸出されるため、輸出禁止は「即チ輸入ノ途絶」となり、その結果、サイゴンやバンコクより香港に入港する米は「直接仕向地ニ」輸送されるか、もしくはマニラなどに貯蔵されることになり、香港が「貿易上甚大ノ打撃」を受けるのは「明白ナル事実」であった。したがって総領事は、香港政府が輸出禁止を「断行スルハ余程ノ困難」であり、米価引下の手段として輸出禁止を実施しても、「却テ弊害」を生じると推測したのである[169]。

1919年7月半ばになると、香港の米穀需給は逼迫しはじめた。鈴木総領事の報告によれば、香港政府は、輸出を制限しない方針は不変であるが、ビルマ米・タイ米輸出制限による「輸入困難」のため、香港需要に備えて12万袋（12,000トン）の買上げを決定した。さらに総領事は、同年3月以降、対日輸出のための買付量が急減すると（表2-6）、「輸入米ノ増加セザル限リ、当地ヨリ日本向輸出ノ為ニスル米ノ買付モ困難トナルベシ」と、輸入減による日本向け買付けの難航を予想している[170]。5〜6月から米価が急騰したため、買付けが抑制されたのである。

米価が高騰すると、「米価調節」が香港政府の課題になった。総領事は、香港政府が小売業者に貯蔵米を提供させるとともに、サイゴン・ハイフォン・バンコクからの輸入を促し、さらに「一定ノ相場」で販売させ、損失を負担する制度を検討していると報告している。またこの制度は、米の輸出入に「直接ノ影響ヲ及ホスコトナク」実施され、米価の「多大ノ下落」は期待できないが、「此上一層昂騰スルヲ防止」するものであった。総領事の報告は、「輸出禁止ハ、特別ノ事情無キ限リ、実行セラルヽコトナカルヘシト信セラル」と結んでいる。ただし、本書類の欄外には、「輸入ノ道ヲ拡ムル事困難ナルベシニ付、結局輸出禁止ノ運命トナルベシ、如此楽観説ハ感服セス」と書き込まれている。これは、報告を受けた外務省担当者のコメントと思われるが、香港においても需給逼迫と米価高騰が深刻化し、それは対日輸出への影響が危惧される程度になったのである[171]。

第2節　輸出制限・禁止措置の進展（1919年度）

(3) 香港の米騒動

香港領事館の調査によれば、香港域内の米生産量は少なかった。したがって、当時、英領ビルマ・仏印・タイからの輸入が減少したにもかかわらず、再輸出量が「尠少ナラズ」あったため、ストックは「次第ニ払底減少ヲ告ゲ」ていた[172]。米価は1919年半ばから高騰し（表2-8）、6月頃には「苦力（クーリー）」のストライキが発生した。香港総領事の報告によれば、7月下旬の米価は2ヵ月前の3倍に、前年7月の4倍に騰貴しており、香港政府は米価の「調節方法」を「累次」講じたが、「益騰貴スルバカリ」で「細民ハ非常ノ窮状」に陥った。「飢饉ヲ甘ンズルカ、又ハ食料品ヲ奪取スルノ外途ナキノ窮境」にいたったのである。7月26～27日には、市内数ヵ所で「暴民」300～500名による「暴動」が発生した。米小売商の襲撃、米の掠奪、倉庫の破壊などが拡がり、また港内に繋留中の船舶も襲撃され掠奪された。警察隊が出動し「多数不良ノ徒」を逮捕すると、各所に勃発した「米騒動」は「鎮静」に向かったという[173]。

表2-8　香港の米価騰貴

年	月.日	(a)上等米（ドル／担）	(b)サイゴン2等（円／担）
1918	7	5.60	
	8	5.60	
	9	6.40	
	10		
	11	6.60	
	12	7.00	
1919	1	7.20	12.80
	2	8.70	13.30
	3	6.50	13.30
	4	6.50	11.40
	5	10.50	15.80
	6	10.80	19.30
	7.2	13.90	20.50
	7.20	17.00	
	7.21	20.00	33.00
	7.25	20.65	
	7.28	21.00	34.50
	9		30.00
	10		29.00
	12		26.50

出典：(a)は「一九一九年ヨリ一九二一年ニ至ル暹羅国米管理」（「千九百十九年ヨリ千九百二十一年ニ至ル暹国米管理ニ付報告ノ件」通公第59号、1921年7月19日、在暹特命全権公使政尾藤吉→外務大臣伯爵内田康哉殿、[19]-2。
(b)は日本沖渡価格（『通商公報』812、臨時増刊、1921年3月7日、20～21頁）。

香港政府は米の廉売を開始し、騒動発生により店舗を閉鎖した米穀商を開店させ、政府の貯蔵米、米穀商の所蔵米を公定価格で売却させて損失を補償した。またサイゴンでの米買付けに40万ドル余を投じた。このような応急的措置とともに、香港政府は事件後の基本施策を提示している。そのなかで注目すべきは、貿易に干渉せず中継貿易港の「本質」を維持するとした、次の条項であ

99

第2章　米騒動前後の外米輸入と産地

る(174)。

　〔香港〕政府唯一ノ行動ハ、本年内ニ於ケル本植民地ノ需要スル米穀ノ充分ナル供給ヲ獲得シ、比較的廉価ニ之ヲ一般公衆ニ販売セントスルニ在ルモノニシテ、之ガ為ニ本港ノ中継貿易タル本質ヲ失ハシメザル様至極ノ注意ヲ払ヒツヽアリ、此ル日常貿易不干渉ノ主義ハ、本年当初以来夙ニ屢々之ヲ輸出入業者ニ声明セルノミナラズ、其後時々亦之ヲ表明セルガ、政府ハ毫モ此原則ヨリ乖離セントスルモノニ非ルコト

　香港政府輸出入局は騒動直後の7月28日から、米の輸出許可証の発行を「暫時」停止した(175)。すでに輸出許可証を交付されていても、「騒動勃発以後両三日間」は「蔵出許可証」が得られず輸出不能となった。29日にポルトガル商人が、大阪商船布哇丸により米2,570トンを南米に向けて積み出そうとしたが、香港政府により「強制的」に買収されている(176)。

　しかし、香港政府のこのような措置は一時的なもので、香港領事館は、「固ヨリ絶対的ニ之〔米輸出〕ヲ禁止セントスル趣意ニ非ルハ、当局者ノ声明ニ依ルモ明カ」と報告している。香港政府が米の輸出禁止を実行できない理由として、領事館は、香港政府が提示した施策のように、①香港政府が米輸出を禁止すると、タイ米・サイゴン米は「当地ヲ経由セズ」直接仕向地に輸送され、香港の中継貿易が「衰退」する、②香港は「住民食料米」を海外依存しており、輸出を禁止すれば輸入が困難となり、米価はさらに高騰する、という2点をあげている(177)。

　さらにこの報告書は、事件後間もなく、ハイフォンより日本へトンキン米を輸送中に香港に寄港した日蓮丸が、「何等ノ制限拘束ヲ受ケズ」に日本に向け出港を許可された事実を紹介している。また香港政府当局者によれば、船腹の都合で香港に輸送していったん陸揚げし、さらに日本に輸出する場合にも、「蔵出証」の交付にあたり多少の「拘束」はあるが、仕向地が「立証」できれば「抑留」されることはないと報告している(178)。このように、香港政府は騒動直後の時期に、仏印米・タイ米などの再輸出を容認する方針を明らかにしたのである。

第 2 節　輸出制限・禁止措置の進展（1919年度）

（4）米騒動後の米貿易政策

　ただし、騒動発生ののち、直ちに輸出は解禁されなかった。1919年 8 月、農商務省臨時米穀管理部長は外務省通商局長に対し、香港政府は積出しを「一般」に禁止し、「既約品」も禁止の対象としており、外米輸入計画に「甚タシキ手違ヲ来ス」ので速やかに許可されるよう交渉を依頼している(179)。農商務省が買い付けた外米は「相当多額ニ達シ」ており(180)、騒動前の取引への速やかな復帰が求められたのである。外務省通商局長は香港総領事に対し、外米輸入の円滑化を期して輸出許可を「速ヤカニ再開」し、指定商など「本邦商業者」買付けの外米が従来通り許可されるよう、当局への要請を指示している(181)。

　総領事は同月、再輸出は許可される方針であるが、米価はなお「不穏ノ形勢」があり「全ク無制限トスル能ハザル」状態で、「時々其ノ輸出ヲ差止」められるのも「已ムヲ得ザル次第」と報告している(182)。実際、速やかには再開されず、同月末には外務省から再度、従前通りの許可証交付を当局に「懇談」するよう指示があった(183)。

　同年 9 月 2 日には、香港総領事から、香港政府の米価対策を明文化した「香港穀物条例」が立法会議に提出され、第 1 読会を通過したとの報告があった(184)。香港民政長官の提出理由によれば、同条例は香港政府の「米穀販売計画」、つまり米の徴発・廉売、米価公定などを「出来得ル限リ簡単有効」にするものであり、米の生産地域である九龍新租借地において、公定価格（香港価格以下、付近中国価格以上）による「米穀徴発権」などを定めていた。特に民政長官は、輸出を禁止しない理由として、禁止すれば「輸入ハ終熄」し「通商」は別の「便益地方」に移る、という説明を繰り返している。同条例においても、従来通り輸出を禁止せず、再輸出を容認する香港政府の基本方針が確認できる。

　ところで、香港の「米管理官」は翌 9 月 3 日、日本政府が必要とするなら、香港政府がサイゴンで買い付けた米4,200トンを売却すると申し出ている。その価格は、香港総領事によれば、「普通相場ヨリ高」いものであった(185)。総領事は、騒動発生後、香港政府が「買込ニ過ギタル結果」と推測したが、騒動

第2章　米騒動前後の外米輸入と産地

から1ヵ月余りの間に、香港政府は比較的多量の備蓄米を準備したといえる。米価の高騰は一段落し、「不穏ノ形勢」は緩和され、米価は年末に向かって漸落したのである（表2-8）。

第3節　外米輸入の終息（1920年度以降）

1　日本本国の1919年産米

　1919年9月、農商務省は日本本国の第1回予想収穫量を発表したが、平年作の1割5分増で915万トン（6,100万石）と、「成績頗る良好」であった。11月の第2回予想は910万トン、前年比18.9％、平年比11.3％の豊作となり、2年続いた不作に終止符が打たれた[186]。1919年産米により需給逼迫は緩和に向かい、外米需要の縮小が予想された（表2-1）。
　しかし、なお一定の外米需要が想定され、1918～19年に展開した、外米輸入の円滑・確実な実現をはかる外交交渉は、20年にも継続することになった。こうして、1920年の端境期には仏印からの輸入がやや増加したが（図2-1）、この秋、本国の20年産米は19年以上に「良好」であり、記録を塗りかえる大豊作となった。こうして、外米輸入をめぐって1918～19年に展開した外交交渉は終息に向かい、20～21年の外米輸入量は急減することになる。

2　ビルマ米輸出禁止の継続と解禁

（1）輸出禁止の継続　　1919年8月、インドの作柄はまだ公表されなかったが、カルカッタ鮭延総領事は外務省に、「『モンスン』状況可良ナリシニ付、優ニ平作ノ見込」を報告した[187]。さらに同年末にはボンベイ領事も、「概シテ良好」とする収穫予想を伝えた[188]。しかしインド政

第 3 節　外米輸入の終息（1920年度以降）

府は、米輸出禁止措置を直ちに緩和しなかった。カルカッタ総領事・ボンベイ領事は1919年末、翌20年 1 月以降も従前同様に輸出禁止が続き、英領ビルマについては「米穀委員」（「米管理官」）が輸出許可、および輸出米売買価格の公定にあたることを、外務省に報告している[189]。

　カルカッタ総領事の報告は、インド政府の「新聞公報」（1919年12月24日付）によるもので、やや遅れて外務省に届いた次の報告書によれば[190]、インド政府は1920年においても「輸出米取締」を検討していた。すなわち、1919年の収穫予想は「概シテ好良」ではあるが、米価は「依然トシテ高」く、また「世界的価格」はインドより「一層高値」であった。輸出制限撤廃はストックの海外流出をまねくため、1920年にも輸出制限の継続を「一決」したのである。

　さらに、ビルマ米はインド本土の重要な食糧供給源であった。その輸出には、「一層厳重ナル取締方法ノ励行」が必要で、インド需要を充足したのちの「剰余ニ制限」された。米輸出には「米管理官」の年 4 回、 3 ヵ月ごとの許可を必要とし、輸出米の売買は「米管理官」に委ねられた。同官は本部をラングーンに置き、ほかアキャブ・モウルメイン・バセインの各港でも買付・売却を行い、裁量により輸出最低価格・購入最高価格を定めた。最高価格は英領ビルマの消費者を「苦メザル範囲ニ於ケル最高価格」であり、かつ生産者に「充分ナル収入ヲ与フ」る価格とされた。購入額と輸出額の「差金」は政府の収入となった[191]。

（ 2 ）対日割当と日本政府の交渉　　1919年12月末、カルカッタ総領事から外務省に、対日輸出割当 5 万トン（33万石）許可の情報について、「目下真偽確メ中」という通知があった。ただし総領事は、ラングーンの「米管理官」の「所報」には、「印度政府ハ未ダ日本ニ対スル割当ヲ為シ居ラズ」と記されている、と付記している[192]。また、ラングーン発・横浜正金銀行入電の情報にも、1920年 1 ～ 3 月期の日本への割当はなかった。このため、外務省はカルカッタ総領事に事実確認を要請したが[193]、総領事が「米管理官」に問い合わせたところ、割当はジャワ6,000トン・香港2,500トン・キューバ2,000トンのみであった。キューバへは砂糖供給の対

第2章　米騒動前後の外米輸入と産地

価としてベンガル米が割り当てられ、ジャワについても同様の事情があった。総領事は、同年のビルマ米輸出余力は150万トンであるが、対日輸出許可を「渋リ居ル」のは「世界ニ於ケル食糧不足」によるとし、日本も「何等カ提供」して「対価トシテ米ヲ得ル」のが「得策」であると回答している(194)。

　次いで、同総領事によれば、当年度のインド輸出総量は180万トンであったが、「内密検聞」の結果、インド総督が承認した「米管理官」の割当のうちに、日本向け5万トンが含まれていることが判明した。1～3月期にはその4分の1にあたる12,500トンが許可された。しかし、インド政府は歳入不足を補填するため、公定売渡最高価格458ルピーに対し、輸出価格を最高1,200ルピーにあらため、さらに報告の数日前には1,600ルピーに引き上げた。このため、輸出にあたる三井物産・日本綿花は「米管理官」と交渉したが、その結果は「商談纏マルヘクモアラス」と報告された通りであった。総領事は、ビルマ米が必要なら英国政府と交渉し、インド政府への訓令を求めるのが「一策」と付記している(195)。

　このように、対日輸出許可の実現はなお流動的であった。カルカッタ総領事の報告は、今回は「仮割当」であり、1920年2月早々に第1期の「確定的割当」があるが、諸外国のビルマ米需要が高まっており、日本に対しては「恐ラク……特別割当ヲ為シ得ザルベシ」と予想している。海峡植民地など、ビルマ米が「絶対ニ」必要な地域の「切ナル」需要を優先したうえで、「出来得ル限リ貴需ニ応ズル」という原則であったからである(196)。

　カルカッタ総領事は、ビルマ米輸出許可を求めてインド総督・インド「食糧監督官」・ビルマ「米管理官」らと交渉を続けた。1920年1月にはインド総督と面会し、ビルマ米輸入は「我国民生活上重大問題」であり、20年には約50万トン（333万石）不足するので、総督の「好意アル講究」を要請するよう外務大臣から訓令を受けていると述べた。これに対し総督は、ビルマ米はまずインドに優先的に供給されるため、割当を希望するなら英国政府との交渉が「便宜」であると応じた。次いで、「米管理官」を訪問したところ、「当期割当ニ付テハ何等明言スル地位ニアラザル」と対応され、具体的な交渉はできず、「切

第3節　外米輸入の終息（1920年度以降）

ニ貴官ノ考量ヲ希望スル旨附言」するにとどまった(197)。輸出制限・禁止の緩和はなお実現が難しかった。

また1920年2月には、ラングーン渕領事代理が「米管理官」と面談したが、海峡植民地・コロンボ（セイロン）の要求が「甚ダ急」であり、かつ英本国の25万トンの要求にも5万トンしか配当できず、日本向け第2期割当は「乍遺憾覚束ナシ」という結果に終わった。領事代理は、ビルマ政府は船腹欠乏に「大々ニ困難」しており、船腹の提供も代価として有効であると報告している(198)。

このように、カルカッタ・ラングーンの外交官は、対日輸出のための外米取引について種々の情報を収集し、ビルマ総督や「米管理官」らと交渉した。しかし1920年当初には、具体的な成果に結びつかなかったのである。

（3）輸出制限・禁止の緩和　交渉は捗々しくはすすまなかったが、ラングーン領事は1920年4月、アキャブ米7,000～10,000トンの輸出が、ボンベイ港渡し、5月積取で許可されたと報告した(199)。また同年11月には、カルカッタから古米1万トンの輸出が許可された(200)。1920年秋になると、輸出制限・禁止は急速に緩和されていく。

ラングーン副領事の報告によれば、1920年のインド米第1回収穫予想は「大体ニ於テ良好」であったが、なお雨量不足などによる「不安」もあった。したがって副領事は、「需給関係ノ大体ヨリ観察スルトキハ、管理ヲ必要トスル理由漸次薄弱」と判断しながらも、翌1921年にもビルマ米管理がなお継続すると予測していた(201)。しかし1920年11月下旬、カルカッタ総領事から外務省に、21年1月以降は、インドに移入されたビルマ米の再輸出が禁止されるほかは、一切の輸出制限が「撤回」されるという情報が入った(202)。さらに1920年12月には、世界的な米価下落により、ビルマ米輸出管理の大幅な緩和が伝えられた(203)。ラングーン領事代理によれば、インド政府は、収穫期をひかえ「更ニ相当量ノ輸出可能余剰」を予想し、また「各地ノ豊作」が伝えられて、市場は「著シク鈍調ヲ呈」したのである(204)。

さらに、カルカッタ総領事からは、1921年度のビルマ米輸出余力は白米210万トンと予想され、インドへ平年85万トン、最大限度110万トン移出されると

して、残余100万トン程度が諸外国へ輸出可能であるという報告があった(205)。こうして、インドの輸出禁止令は継続したが、1921年1月以降、英領ビルマからの輸出禁止は解除され、「米管理官」が許可すれば輸出が可能になった。ただし、米価が最高価格180ルピー（100バスケットあたり）を超えた場合には、輸出が再び制限されることになった(206)。

（4）1921年7月の米価騰貴と輸出解禁　　ところが、インド政府は1921年7月、再びビルマ米の輸出許可を停止した。同月以降、ビルマ米のインド・諸外国への輸移出量は59万トンと推定されたが、インド向け移出30万トンを控除した輸出予定量29万トンのうち、20万トンの輸出はすでに許可されていた。海外輸出は活発化し、同年1月からは買占めによる米価騰貴がすすんでいた。7月の米価は前年同月より14％上昇して、580ルピーとなった(207)。

バンコクの中谷領事の報告によれば、インド政府が1920年12月に発表したビルマ米収穫予想は210万トンであり、うち110万トンはインドへ移出し、残余のうち「一定数量」が輸出向けとなった。しかし実収が194万トンに落ち込んだため、輸出量は84万トンに減じられた。ラングーンの「米管理官」によれば、1921年6月時点の輸出向け残存量は1.2万トン、前年度よりの繰越量を合わせても6.5万トンに落ち込んだという。さらに中谷領事によれば、ビルマ米需要が高まり、1～6月の輸出許可量は88万トンにのぼった。そのほか、セイロンからは毎月3万トンの緊急要請があり、また、インド人が多く在留する海峡植民地などに輸出する「余裕」も必要であった。このため輸出は再び禁止されたが、既許可分は取消されず、また「米管理官」の裁量による少量の「臨機」輸出も許可された(208)。

1921年7月に輸出再禁止が発表されると、米価は数日で550ルピーに下がり、なお下落傾向が続いた(209)。さらに、渕ラングーン分館主任は、価格は562ルピーに持ち直したが市場は「鈍調」で、なお数日は「日和見ノ傾向」にあると報告している(210)。続報によれば、輸出許可停止は「一時的ノ性質」であり、しかも許可停止の対象は新たな割当5～6万トンに限られた。したがって、輸

第3節　外米輸入の終息（1920年度以降）

出禁止措置は米価高騰に対する政府の「人気取リ政策」とも評され、「大勢上甚シキ影響ナカルベク」と判断されたのである。

　間もなく「米管理官」は、裁量による少量輸出を許可するようになった(211)。ラングーン領事は1921年10月、ある「米管理官」が、翌年への管理の継続は「甚夕疑問」とする「個人ノ意見」を述べたと、外務省に報告している。すなわち、仮に管理が継続しても、翌1922年6月まで輸出許可は「極メテ自由」であり、当時の収穫予想によれば十分の輸出余力が予想され、「実際上何等制限ヲ加フル必要〔は〕無」かったのである。このため領事は、1922年度には、ビルマ米輸出は「一層自由ナルヘシ」と推測するようになった(212)。さらに、ビルマ政府は1921年11月から、21年度の残存米10万トンの輸出を許可し(213)、翌12月には、「米収穫良好ノ事情」により、インド政府がビルマ米輸出制限を撤廃したとの報が届いた(214)。

　こうして、1918年から断続的に続いたビルマ米の輸出制限・禁止は、1921年末には実質的に廃止された。翌22年3月には、4月以降インド全般にわたる米の輸出解禁が公表されたのである(215)。

3　仏印米輸出制限の撤廃

（1）買付けの展開と制限撤廃　　1919年9月頃まで、仏印米の対日輸出は輸出制限のもとでも一定量を保持し（図2-1）、農商務省は19年半ば以降も買付けを継続した。農商務省は同年8月、外務省に対し、輸出許可は受けていないが三井物産による買付けがすでに13,740トン（92万石）に達していると報告し、速やかに輸出許可が与えられるよう交渉を依頼している(216)。

　1919年秋からは、仏印米の輸出制限が緩和されていく。同年10月はじめに外務省は、サイゴン・ハイフォンの両名誉領事に、同年の作柄予想、輸出解禁の可能性と時期、および解禁不能の場合の特許制度の有無について調査を指示した(217)。これに対するサイゴンからの回電は、「米作ハ将来良好ノ見込」とい

うもので、さらに12月1日から輸出は「十分自由タルベク想像セラル」と付記された(218)。外務省は、秋作は良好で「多分十二月中旬頃輸出解禁」と推測した(219)。またサイゴン名誉領事の通信員は12月15日、同月30日より仏印の米輸出が「総テノ国ニ向ヒテ自由」になると外務省に知らせている(220)。19日には、名誉領事在サイゴン通信員、および名誉領事代理者から電報があり、翌20日から輸出は「自由」となった(221)。

ただし外国人の買手には当初、買入金額の3分の1相当を金貨または銀貨で支払うという条件が付され、これは「適用頗ル困難ナルモノ」とみられた(222)。しかしこの条件は、12月末日のサイゴンからの報告によれば、契約総額の5分の1に減じられ(223)、翌1920年1月には撤廃された。こうして同年はじめには、仏印米の輸出は「全然自由」となったのである(224)。

(2) トンキン米の輸出制限撤廃　　トンキン米は1919年9月から輸出が禁止されていたが、12月には、翌年6月まで10万トンを限度として、輸出の特許が与えられることになった(225)。農商務省は、1919年11月末からトンキン米輸出が「一部解禁」される情報を確認できず(226)、香港・ハイフォンに照会するよう外務省に要請した(227)。外務省は香港総領事に確認を依頼したところ、ハイフォンでは「特許」により輸出が許可されたとの情報に接したため(228)、同地の名誉領事にその確認を求めている(229)。香港総領事は、トンキン米「夏米」約3万トンの輸出許可を「事実」とし、一部の輸出許可について報告した。さらに秋米についても、なお「解禁」にはいたらないが、香港市場で取引されはじめたとし、さらに「一部ノ情報ニ依レバ、秋米モ近々輸出許可ノ見込アル由」と、一層の緩和を予想している(230)。

しかし、トンキン米の輸出制限撤廃は、翌1920年半ば以降に持ち越された。すなわち外務省には、6月にカンボジア産米が輸出解禁され(231)、7月にトンキン米25,000トンの輸出が許可されたとの報告が入った(232)。また同年11月には、トンキン産米籾の輸出に「何等制限ヲ置カザル旨」の仏印総督令が公布され、輸出制限の「撤廃」を伝える在ハイフォン中村領事の報告が届いた(233)。

第3節　外米輸入の終息（1920年度以降）

さらに翌12月には、アンナン産米籾の輸出制限も撤廃されている(234)。こうしてトンキン米の輸出も1919年末から制限・禁止の緩和がすすみ、20年半ばには一定量の輸出が許可され、同年末には制限撤廃となったのである。

ところで、図2-1によれば、すでに1919年10月から仏印米の輸入が急減しており、翌20年にはさらに減少した。これは、仏印では輸出制限が緩和・撤廃されたが、日本本国では1919年産米の収穫が良好となり、外米需要が大幅に後退したことによるものであった。また、1920年8～9月の端境期には一時、仏印からの輸入が増加したが、間もなく1920年産米の記録的豊作が実現して一時的なものとなった。

4　タイの米管理

（1）旱魃と米管理　　1919年10月、在タイ西公使は外務省に、旱魃による「大凶作」を次のように報告した。

　当国ニ於ケル本年度米作柄ハ、其後旱魃ノ為メ形勢俄ニ一変シ、今次「アユチヤ」州ノ視察ヲ遂ゲテ帰レル米管理官ガ八月廿八日、本官ニ語ル処ニ拠レバ、同州ハ例年暹羅国輸出米ノ半額ヲ寄与スル大産地ナルガ、本年作付面積ノ（不明）〔ママ〕割ハ旱害ヲ蒙リ近年ニ例無キ大凶作ナリ、其他各州何レモ凶作ノ情報ニ接シ居リ、自分ノ意見ニテハ本年度ノ輸出能力ハ殆ド皆無ナル可シ(235)

「米管理官」によれば、輸出能力は「殆ド皆無」となった。さらに「米管理官」は、収穫予想籾135万トンに対し、国内消費120万トン・種籾15万トンと「差引キ余裕ナキ」状態であり、「若干ノ輸出ヲ許ス」ことがあっても年間10～20万トンを超えることはないと述べた(236)。さらに続けて1919年11月には、「多少」の砕米輸出を認めるが、「各地ハ殆ンド飢饉ノ状態」であり、21年度に入るまで「輸出ハ絶対ニ不可能ナリ」と語っている(237)。

　このため、例えば三井物産が買い付け、まだ輸出許可が与えられなかった5,240トン（3.5万石）は引き続き輸出できず、うち3,500トンは同社により現

第2章　米騒動前後の外米輸入と産地

地で「随意所分」されることになった。残りの1,740トンは、なお農商務省が管理したが、輸出解禁の「望少キ」ため、同省は「至急処分シ度キ意嚮」であった(238)。

こうして米管理局は、1919年12月から20年12月まで輸出禁止を告示した。さらに公使からは、11月末の告示により、禁輸の例外であった粉米・砕米なども禁輸の対象となったという報告があった。1919年末からタイ米も、ビルマ米などに続いて禁輸となったのである(239)。

（２）米管理法　　さらに、1920年3月には米管理法が発布され、即日施行された(240)。同法は、タイ米輸出の「剰余ナキコト」が「確定的」になったため、国内貯蔵米の分配、不正輸出の取締を目的とするものであった。すなわち、①生産者・商人の保有米の「貯蔵登録」、②総ての貯蔵米の監督・検査、③所蔵最大量による貯蔵制限、④売買最高・最低価格による米価調節、⑤食糧用・種子用・保存用米貯蔵のための土地保留、⑥「一般公衆」に売却・配給するたの買付米徴発、である。また翌4月には、籾・白米最高価格を公定し、各地方の公定価格で売却を強制し、移動を禁止し、次の収穫期まで生産者・消費者・米商人の保存最大量を定めた。さらに「供給自衛」のため、国境地方の米移動を管理する規則を設けている。これらは1920年の収穫期まで継続された(241)。

しかし1920年12月、タイ政府は翌年6月までの輸出量を40万トンとして、バンコクからの輸出を許可し(242)、21年1月には米管理に関する総ての規程を撤廃した(243)。ここに約1年ぶりに、バンコクからの輸出が再開されることになった（図2-3）。英領ビルマと仏印の豊作、海外需要量に対するタイ国内のストック量から、政府の監督が不要になったとして米管理を廃止したのである(244)。1920年末から21年半ばにかけて、米価は低落し安定している（図2-2）。

ところで1919年9月、輸出制限はなお継続していたが、日本のタイ米輸入量は急減し、20年には微量になった（図2-1）。1919年産米の豊作により、日本の外米需要は急速に縮小したのである。

第 3 節　外米輸入の終息（1920年度以降）

5　香港における日本需要の後退

（1）対日輸出の縮小　　　日本本国の外米需要の低下は、1920年の香港における対日輸出取引を後退させた(245)。香港総領事は1920年5月、米価の暴落、諸外国よりの「註文皆無」を伝え、「香港米市場ノ危機」を報告している(246)。同年6月には、マニラの輸入業者が外米産地での買付けを活発化したため輸入量が減少し、7月以降はサイゴン米・タイ米のマニラ向け輸出が活発になった。また、サイゴン砕米は広東・厦門・澳門、トンキン米は上海、ラングーン糯米は華南方面へ輸出された。

しかし、対日輸出はその後も不振が続き、1920年7～8月の「本邦市況」は「愈々悪化」した。11月には日本本国の米穀輸入税が免除され、対日輸出量が一時増加したが、秋の記録的豊作予想により定期米相場は暴落した。また「見越買」による在荷が「夥多」となって、同月以降は日本からの注文がなくなり、僅かに少量の砕米輸出のみとなった。こうして、香港からの対日輸出は大幅に縮小することになる。香港総領事代理大森元一郎は、本国産米の供給増加に加えて、1920年恐慌による「経済的危機及金融逼迫」の影響を外務省に伝えている(247)。

（2）ストックの増加　　　こうして、東アジアの米需給は逼迫から緩和に向かい、香港では滞貨が生じるようになった。1921年4月、香港総領事は次のように報告している。

　　一千九百二十年に於ては世界各地共に米の不足に苦しみたるが、昨年印度に於て適当の季節風あり稲作頗る良好にして、目下在米一、〇〇〇、〇〇〇噸に達し、……其他日本・朝鮮・暹羅及西貢等皆豊作にして、……昨年一月に於て世界市場に送り出し得べき東洋米は一、八五〇、〇〇〇噸に過ぎざりしが、本年一月には其額三、〇五〇、〇〇〇噸の多きに達せり、……緬甸米一〇〇、〇〇〇噸以上の滞貨あるを以て、一ヶ年以前の如く買気旺盛ならずして、東洋市場は米の供給過多の現象を示し、昨年の如

き米不足の虞なし⁽²⁴⁸⁾

しかし、このような「当地在米過剰ノ現象」については、「永続スヘキモノニアラス」との見方もあった。すなわち、将来、トンキン米・サイゴン米供給の限界、日本の食糧不足による「多量の註文」が見込まれ、また米国や欧州向け輸出の「前途ハ頗ル好望」と予想されていた。したがって、香港米市場には、再び、「前日ノ活況ヲ呈し、価格ハ騰貴ス」るとの期待や警戒もあったのである⁽²⁴⁹⁾。

おわりに

日本本国における1917～18年の2年連続の不作は、不足補塡の最終的な手段である外米の需要を急増させた。しかし、1918～19年の外米輸入は円滑にはすすまなかった。それは、英仏本国の要請や輸送船の徴発など戦時固有の事情、および産地の水害・旱害による凶作など自然災害に起因するものであった。日本本国は1900年前後から外米輸入が恒常化し、本国が豊作でない限り輸入米への依存が本格化していた。しかし、円滑かつ確実な輸入は、1910年代末になって動揺することになった。

ただし、主要な外米供給地は英領ビルマ・仏印・タイなど複数あり、また中継港香港を経由する輸入もあった。ところが1918年10月から、まず、インドの輸出禁止措置によりビルマ米の供給が縮小・途絶し、続いて翌19年6月にはタイ米の輸出が禁止された。一方、仏印においては1918年12月に、米の輸出を禁じる植民省令が公布されたが、実際には、対日輸出は許可され輸出が継続した。また仏印米やタイ米は香港にも輸出されたが、香港からの再輸出には輸出許可・制限などの制約はなく、対日再輸出が活発に展開した。仏印米生産には大きな落ち込みはなく、対日輸出も1918年前半から19年秋にかけて、ほぼ順調に展開したのである。また1919年末のサイゴン米輸出の急減は、日本本国の豊作によるものでもあった。

おわりに

　概観すれば、ビルマ米・タイ米の輸出禁止措置のインパクトは大きかったが、それらの供給減を仏印米が補う形で、この時期の日本本国への外米供給は維持されたといえよう。ただし、1918年7月には、外交交渉が展開するなかで、富山県で米騒動が発生した。

　産地駐在の日本の外交官は、この間、外米の円滑かつ確実な輸入を実現するため、産地の作柄や需要、市場取引の実情、現地政府の貿易統制などについて、現地で調査・収集した多様な情報を本国に提供した。また外務省の指示にしたがって輸出制限の緩和や禁止の解除を求め、あらゆる可能性を追求して、本国政府や現地政府との交渉にあたった。欧州においても、日本大使館と英仏本国政府との交渉が展開する。外米輸入の実現に有効な方策が模索され、各地の外交官の報告、諸書類からは、試行錯誤を含めた多様な交渉が明らかになった。

　産地政府の輸出制限・禁止措置は、1920年になると緩和され撤廃されていく。英領ビルマの輸出制限は、1920年半ばには緩和しはじめ、また仏印でも、20年1月にはサイゴン米、同年末にはトンキン米の輸出制限が撤廃された。タイでは米管理が続いたが、やはり1920年末には統制が解除された。こうして、産地側の輸出制限が緩和していくが、日本本国では、1919年産米の豊作が確定するにしたがい外米需要は減退していった。つまり、産地における輸出制限の緩和・撤廃とともに、豊作による外米需要の後退により外米輸入は急速に縮小し、翌20年産米の記録的豊作によりそれは決定的になった。

　ところで、1918～19年の米の需給逼迫は、日本に限られた現象ではなかった。同時期に、日本本国では2年続きの不作、インドでは1918年の凶作、タイでも17年の不作が重なった。各地に不足が生じたため、産地に需要が殺到して米価は急騰した。それぞれの外米産地においては、多様な要因によって供給条件がめまぐるしく変化し、産地側の政府は輸出制限・禁止、価格公定などの措置によって需給逼迫・価格高騰に対処しようとした。英領ビルマではそれが徹底して米価の上昇は抑制されたが、禁輸直前のタイ、一部輸出許可された仏印では産地価格が高騰した。このため、輸入依存度が高いシンガポールでも米価が騰

第2章　米騒動前後の外米輸入と産地

貴し、バンコクにおいて、タイ米輸入を安価に実現するための交渉が繰り返された(250)。

　日本政府は比較的潤沢な資金によって輸入をすすめ、農商務省の指示をうけた指定商は積極的な買付けを展開したが、その積出しが制限・禁止されることもあった。しかし、仕入価格がある程度高騰しても買付けをすすめ、許可されれば対日輸出を実現した。1919年には仏印米の輸出が大きく落ち込んだが（表2-3）、対日輸出量は前年より減少しながらも香港に次ぐ位置にあり、日本本国は相当量の輸入に成功している。さらに、香港経由の仏印米再輸出も多量であった。仕入価格が高騰しても（図2-2）、逆鞘を補償された指定商は積極的に買い付けたのである。

　すなわち、「農商務省〔の予備費支出〕が陸海軍両省を抜き、爾余の各省とは全く比較にならざる程の莫大なる経費を支出せるは、全く破天荒の事実にして、其主要原因が外米の買附けに、売出供給に存するはいふ迄もなき所」(251)と指摘されたように、外米の購入には巨額の買付資金が投じられた。また、外米産地の米価高により、「政府損失に帰する差額負担は莫大の額に達」した。しかし農商務省は、「数量の不足を調節する為には如何なる犠牲をも払ふ必要あり、外米価格の高低の如きは論ずるの限りにあらず」(252)と、損失を度外視して、供給量の増加を最優先した。また、原敬首相も1919年10月、「政府の買入たる外米は百二、三十万石〔18万トン〕にして値は日本に於ける売値の倍以上のものも之あり」(253)と述べたように、19年秋には高価格で外米買付けをすすめたのである。結果として1919年には、前年のような騒動は回避された。シンガポール政府高官の対日批判は、おそらく、このような日本の仏印米・タイ米買付けに接してのことであろう。また同年には、香港の米輸入が急減する一方で対日再輸出が拡大したが、これは同年半ばからの香港の米需給逼迫を促し、香港における米価高騰と騒動発生の原因となった。

　ところで原は1919年10月、「第一の〔外米〕産地たる蘭貢は輸出を禁止し暹羅も同様他は制限と言ふ有様にて、金あるも容易に米は得られず」(254)と述べている。売値の「倍以上」の逆鞘で外米を買い付けたものの、「金」さえあれ

おわりに

ば買い付けて輸入できるという保証はなかったのである。同年10月は、豊作の収穫予報がほぼ確定する時期であり、原の憂慮は杞憂に終わるが、外米輸入をめぐる産地側の諸条件は安定せず、めまぐるしく変化して、その予測は困難であった。最終的な不足補塡を外米輸入に依存する限り、この不確実性に起因するリスクは、克服できない課題であることが現実のものになったのである。

注

〔凡例〕本章に使用した外務省外交史料館所蔵の「外務省記録」については、判明する範囲で、引用資料の、①タイトル、②書類番号、③差出→受取、④作成年月日、を記し（③は記載のママ記した）、当該資料が収められている一件書類に番号を付し［　］で括った（国立公文書館アジア歴史資料センターによる各件名の分割番号も付記した）。それぞれの一件書類の件名タイトルを表2-9に示した。なお同表には、分割番号、リファレンスコード、および各一件書類を所収する簿冊のタイトル、番号を併記した。

（1）東南アジアの外米産地から日本本国への輸入を検討する本章では、産地における重量の単位が一般に「トン」であるため、原則として「トン」を用い、必要に応じて容量の「石」を併記した。
（2）以下、大豆生田稔『近代日本の食糧政策―対外依存米穀供給構造の変容―』（ミネルヴァ書房、1993年）第3章による。
（3）原敬内閣が積極的にすすめた外米輸入政策については、金原左門『大正期の政党と国民―原内閣下の政治過程―』（塙書房、1973年）Ⅱ-四も参照。
（4）1920年に農商務省が刊行した『外米ニ関スル調査』は、産地における凶作と輸出禁止・制限、米生産と取引の管理、米価の騰貴、輸送条件の変化などを概観している。前掲、大豆生田『近代日本の食糧政策』の記述（157～165頁）は、主に本資料による。なお、前掲、金原『大正期の政党と国民』は、原首相が内田外相を通じ、英仏政府、英領ビルマ・仏印政府に米穀輸出禁止の解除を交渉したと指摘しているが（135頁）、主に内政に焦点をあてており、解除をめぐる交渉の展開過程については検討されていない。
（5）例えば、角山栄編著『日本領事報告の研究』（同文館、1986年）など。
（6）「日本内地ニ於ケル米生産額」（1918年1月）［4］-1。
（7）前掲、大豆生田『近代日本の食糧政策』171頁。
（8）「蘭貢米輸入ニ関スル件」（本野大臣→在本邦英国大使、1918年1月21日）［4］-1。
（9）農商務省『外米ニ関スル調査』（1920年）131～132頁、台湾銀行調査課『米ニ関ス

第2章　米騒動前後の外米輸入と産地

表2-9　「外務省記録」の件名・簿冊タイトル

		件名タイトル	年	月	レファレンスコード	分割
[1]		「仏領印度支那ヨリ蘭領印度支那ヘ米穀輸出禁止ニ関スル件　大正四年十月」	1915	10	B11100446700	
[2]	1	「仏領印度支那ヨリ米輸出方ニ関スル件　大正四年十一月」	1915	11	B11100446900	分割1
	2				B11100447000	分割2
	3				B11100447100	分割3
	4				B11100447200	分割4
[3]		「盤谷海運界ト本邦船舶ニ関スル報告書送付ノ件　大正六年三月」	1917	3	B11092693300	
[4]	1	「蘭貢米輸入交渉ニ関スル件　大正六年十二月」	1917	12	B11100365200	分割1
	2				B11100365300	分割2
[5]		「緬甸米輸出禁止ニ関スル件　大正七年一月」	1918	1	B11100407500	
[6]		「湯浅商店傭船 Tobolsk 並ニ Indighirka 解放交渉方ニ関スル件　大正七年四月」	1918	4	B11092470300	
[7]	1	「本邦向米輸出方ニ関スル件　大正七年十一月」	1918	11	B11100384700	分割1
	2				B11100384800	分割2
[8]	1	「日本向暹米輸出方ノ件　大正七年十二月」	1918	12	B11100252300	分割1
	2				B11100252400	分割2
[9]	1	「印度米本邦輸入方ニ関スル件　大正七年十二月」	1918	12	B11100408800	分割1
	2				B11100408900	分割2
	3				B11100409000	分割3
[10]		「大和丸積込西貢米本邦ヘ輸出方ノ件　大正七年十二月」	1918	12	B11100447300	
[11]		印度政府ノ食料品管理計画ニ関スル件　大正七年十二月	1918	12	B11100503900	
[12]	1	「暹羅米輸出方ニ関スル件　大正八年八月」	1919	8	B11100257700	分割1
	2				B11100257800	分割2
[13]		「香港穀物条例(Rice Ordinance)ニ関スル件　大正八年九月」	1919	9	B11100523700	
[14]		「緬甸米輸出ニ関スル件　大正九年三月」	1920	3	B11100406900	
[15]		「海外各地米相場報告　香港　盤谷　海防　蘭貢及西貢等」			B11091434300	分割1

注：簿冊番号は、外務省外交史料館所蔵「外務省記録」の簿冊番号。リファレンスコード、分割は、国立公文書

おわりに

簿冊タイトル	簿冊番号
『欧州戦争ノ経済貿易ニ及ホス影響報告雑件／仏国輸出禁制品ニ関スル件／仏領印度支那』	B-3-4-2-50_17_1
『航運業ニ関スル報告　第五巻』	B-3-6-4-21_006
『欧州戦争ノ経済貿易ニ及ホス影響報告雑件／英国輸出禁制品ニ関スル件　第十五巻』	B-3-4-2-50_13_015
『欧州戦争ノ経済貿易ニ及ホス影響報告雑件／英国輸出禁制品ニ関スル件／印度(「カルカッタ」、孟買、「コロンボ」)　第四巻』	B-3-4-2-50_13_5_004
『船舶雇傭関係雑件　第一ノ二巻』	B-3-6-3-48_002
『欧州戦争ノ経済貿易ニ及ホス影響報告雑件／英国輸出禁制品ニ関スル件／香港　第二巻』	B-3-4-2-50_13_1_002
『欧州戦争ノ経済貿易ニ及ホス影響報告雑件／独、支、蘭、丁、亜、暹、智、墨、西、玖馬、巴奈馬、白、波斯、南阿、羅、輸出入禁制品ニ関スル件　第三巻』	B-3-4-2-50_7_003
『欧州戦争ノ経済貿易ニ及ホス影響報告雑件／英国輸出禁制品ニ関スル件／印度(「カルカッタ」、孟買、「コロンボ」)　第五巻』	B-3-4-2-50_13_5_005
『欧州戦争ノ経済貿易ニ及ホス影響報告雑件／仏国輸出禁制品ニ関スル件／仏領印度支那』	B-3-4-2-50_17_1
『欧州戦争ノ経済貿易ニ及ホス影響報告雑件／中立国及交戦国ノ戦時経済政策調査　第十四巻』	B-3-4-2-50_18_014
『欧州戦争ノ経済貿易ニ及ホス影響報告雑件／独、支、蘭、丁、亜、暹、智、墨、西、玖馬、巴奈馬、白、波斯、南阿、羅、輸出入禁制品ニ関スル件　第四巻』	B-3-4-2-50_7_004
『欧州戦争ノ経済貿易ニ及ホス影響報告雑件／中立国及交戦国ノ戦時経済政策調査　第十八巻』	B-3-4-2-50_18_018
『欧州戦争ノ経済貿易ニ及ホス影響報告雑件／英国輸出禁制品ニ関スル件／印度(「カルカッタ」、孟買、「コロンボ」)　第三巻』	B-3-4-2-50_13_5_003
『各国米穀諸状況調査雑件　第一巻』	B-3-5-2-221_001

館アジア歴史資料センターによる。

第 2 章　米騒動前後の外米輸入と産地

　　　ル調査』（1922年）33頁。
　(10)　前掲『外米ニ関スル調査』167～170頁。
　(11)　同前、32～33頁。
　(12)　前掲『米ニ関スル調査』4頁。
　(13)　前掲『外米ニ関スル調査』3～4頁。
　(14)　同前、29頁。
　(15)　台湾総督府官房調査課『西貢米の調査』（1925年）20頁。
　(16)　前掲『外米ニ関スル調査』38～40頁。
　(17)　「米穀及家畜輸出禁止ニ関スル件」公第82号訳文（在サイゴン名誉領事エ・サリネージ→外務次官松井慶四郎、1914年8月13日）[1]。
　(18)　報送第1272号（1914年12月2日）[1]。
　(19)　第67号（松井大使→内田外務大臣、1919年3月1日）[1]。
　(20)　前掲『外米ニ関スル調査』84頁。
　(21)　農第11180号（農商務次官上山満之進→外務次官幣原喜重郎、1917年12月17日）[4]-1。
　(22)　第2号（鮭延総領事→本野外務大臣、1918年1月13日）[5]。
　(23)　「英領印度米穀輸出ニ関スル件」公信第18号（在カルカツタ総領事鮭延信道→外務大臣法学博士子爵本野一郎、1918年2月2日）[5]、外務省通商局『通商公報』（508、1918年4月11日）135頁。
　(24)　前掲『外米ニ関スル調査』213頁。
　(25)　米第842号（農商務大臣山本達雄→外務大臣子爵内田康哉、1919年11月8日）[9]-1。
　(26)　米第391号（農商務次官上山満之進→外務次官幣原喜重郎、1918年7月4日）[4]-1。
　(27)　通送第229号（後藤大臣→在本邦英国大使、1918年7月6日）[4]-1。
　(28)　「外米続々輸入」（『東朝』1918年2月17日、4頁）、および、「外米九万袋」（『東朝』1918年5月10日、3頁）。
　(29)　前掲、通送第229号、および、前掲、米管第842号。
　(30)　米第400号（農商務大臣仲小路廉→外務大臣男爵後藤新平、1918年7月8日）[4]-1、第376号（第34号）（後藤大臣→在英珍田大使〈在シムラ鮭延領事〉、1918年7月9日）[4]-1。
　(31)　「印度米輸出禁止方ニ関スル件」通機密送第114号（後藤大臣→在本邦英国大使、1918年7月8日）[4]-1。
　(32)　第41号（鮭延総領事→後藤外務大臣、1918年7月16日）[4]-1。
　(33)　第45号（鮭延総領事→後藤外務大臣、1918年8月3日）[4]-1。このように、外務省に入った外米輸入関係の諸情報は農商務省に転送された。例えば、この鮭延総領事の電報の写しは、8月6日に農商務大臣へ届けられた（「蘭貢米輸出特許停止ノ件」機密

おわりに

送第179号、外務大臣→農商務大臣、1918年8月6日、［4］-1）。
(34) (35) 米管第774号、別紙（農商務省臨時外米管理部長片山義勝→外務省通商局長、1918年7月29日）［4］-1。
(36) 前掲、米第842号。
(37) 第456号（第36号）（大臣→在英珍田大使〈在シムラ鮭延総領事〉、1918年8月14日）［4］-1。
(38) 「印度米ノ日本向輸出特許ニ関スル件」通送第264号（大臣→在本邦英国大使、1918年8月16日）［4］-1。
(39) 「蘭貢米積出ニ関スル件」通送第1261号（埴原局長→農商務省岡商工局長、1918年9月20日）［4］-1。
(40) 〔電報〕（木島領事→後藤外務大臣、1918年4月22日）［2］-1。
(41) 第67号（松井大使→内田外務大臣、1919年3月1日）［2］-2。
(42) 〔書簡〕（指定商加藤周三郎→農商務省臨時米穀管理部長、1918年8月28日）［2］-1。
(43) 米管第1218号（農商務省臨時米穀管理部長片山義勝→外務省通商局長埴原正直、1918年9月2日）［2］-1。
(44) 第39号（後藤大臣→在新嘉坡山崎領事、1918年9月3日）［2］-1、および〔無題〕（幣原次官→在西貢名誉領事、1918年9月3日）［2］-1。
(45) 『通商公報』（516、1918年5月9日）493頁。
(46) 「電信案（平）」（内田大臣→在海防名誉領事、1918年11月30日）［2］-1。
(47) 第175号（内田大臣→在仏松井大使、1918年11月30日）［2］-1。
(48) 「訳文」（在海防名誉領事ルネ・サン、1918年12月11日）［2］-1。また、10月収穫米のうち10万トンが輸出可能であり、「正確ニ大取引」できるのはハイフォンの「ジュラン・ドレヴァール商会」であると付記している。
(49) 第641号（松井大使→内田外務大臣、1918年12月12日）［2］-1。
(50) 「電信案（平）」（内田大臣→在海防・在西貢名誉領事、1918年12月23日）［2］-1。
(51) 「大和丸積込西貢米本邦輸出方ノ件」通送第82号（内田大臣→在本邦仏国臨時代理大使、1918年12月23日）［10］。
(52) 「大和丸積込西貢米本邦輸出方ノ件」（内田大臣→在本邦仏国大使、1919年1月13日）［10］。
(53) (54) 第12号（本野大臣→在香港鈴木総領事、1918年4月6日）［6］、および、〔メモ〕（合名会社湯浅商店東京支店宍道鉄郎名刺）、同上付属。
(55) 第41号（鈴木総領事→本野外務大臣、1918年4月10日）［6］、第42号（鈴木総領事→本野外務大臣、1918年4月11日）［6］。
(56) 「湯浅傭船ニ関シ当地政庁トノ交渉経過報告ノ件」機密第5号（在香港総領事館総領事鈴木栄作→外務大臣法学博士子爵本野一郎、1918年4月13日）［6］。
(57) 「本邦人ノ傭船ニ係ル露国義勇艦隊ノ英国政府ニ徴発セラレタル事情ニ関スル件」

119

第 2 章　米騒動前後の外米輸入と産地

　　　船第590号（逓信大臣男爵田健治郎→外務大臣男爵後藤新平、1918年5月8日）[6]。
(58)　第239号（後藤大臣→在英珍田大使、1918年5月9日）[6]。
(59)　第462号（珍田大使→後藤外務大臣、1918年6月23日）[6]。
(60)　第12号（本野大臣→在香港鈴木総領事、1918年4月6日）[6]。
(61)　「一九一九年ヨリ一九二一年ニ至ル暹羅国米管理」（「千九百十九年ヨリ千九百二十一年ニ至ル暹国米管理ニ付報告ノ件」通公第59号、在暹特命全権公使政尾藤吉→外務大臣伯爵内田康哉、1921年7月19日、[12] -2）。タイ商務省商業奨励委員会が作成した報告書『千九百十九年ヨリ千九百二十一年ニ至ル暹国米管理』（タイ文、英文）を政尾公使が「訳報」したもの。
(62)　日本のタイ米輸入は1919年はじめに急増する（図2-1）。表2-4の、1919年はじめの時期の数値は、17/18年度に含まれている。
(63)　「盤谷海運界ト本邦船舶」（「盤谷海運界ト本邦船舶ニ関スル報告ノ件」領信第11号、在盤谷領事高橋清一→外務大臣子爵本野一郎、1917年2月13日、[3]）。
(64)　タイ米について、1918年のタイの輸出量は日本の輸入量を上回っている。これは、香港経由が少なく、また貿易統計の年度の始期・終期の違いなどによるものであろう。
(65)　『通商公報』（臨時増刊6、1920年3月30日、「香港貿易年報」）826頁。
(66)　外務省通商局『香港事情』（啓成社、1917年）237頁。
(67)　「米価政策／山本農相の談」（『東朝』1918年10月9日、3頁）。
(68)　第659号（大臣→在英珍田大使、1918年11月29日）[9]-1。
(69)　「外米輸入有望」（『東朝』1918年12月21日、4頁）。1918年末に輸入がほぼ途絶するビルマ米輸入についても、なお、「蘭貢米の解禁は非常に有望」とみられていた（「蘭貢米解禁有望」『東朝』1919年2月28日、4頁）。
(70)　以下、前掲、大豆生田『近代日本の食糧政策』第3章。
(71)　「外米絶望か／食糧補給は楽観」（『東朝』1919年5月17日、4頁）。
(72)　「外米買付／政府の決心／三土忠造氏談」（『東朝』1919年6月4日、2頁）。立憲政友会政務調査会長三土忠造による。
(73)　1918年、勅令第92号第1条第1号。
(74)　第61号（鮭延総領事→内田外務大臣、1918年10月14日）[4]-1。
(75)(76)　「印度政府ノ食料品管理計画ニ関スル件」公信第126号（在カルカッタ総領事鮭延信道→外務大臣子爵内田康哉、1918年10月15日）[11]。
(77)(78)　米第842号（農商務大臣山本達雄→外務大臣子爵内田康哉、1918年11月18日）[9]-1。
(79)　前掲、米第400号。日系商社による米国・キューバへの輸出が活発化した。三井物産による南米・キューバへの外米輸出については、三井文庫監修『三井物産支店長会議議事録　12』（1918〈大正7〉年、丸善、2004年）199〜201頁。以下、『支店長会議録』と略す。
(80)　鈴木商店は指定商として対日輸出に従事したが、独自に米国にも輸出していた。

おわりに

(81)「御願」(1918年11月26日接)[4]-2。
(82) 第656号（内田大臣→在英珍田大使、1918年11月27日）[4]-2。
(83) 第1092号（珍田大使→内田外務大臣、1918年12月6日）[4]-2。
(84)〔英文電報〕(「蘭貢米輸出許可取消ニ関スル件」、合名会社鈴木商店支配人西川文蔵→外務省通商局長事務取扱松田道一、1918年12月9日) [4]-2。
(85) 第2号（鮭延総領事→内田外務大臣、1919年1月27日）[9]-1。
(86) 第5号の2（第5号、鮭延総領事→内田外務大臣、1919年2月6日、[9]-2）。
(87) 第54号（永井代理大使〈ロンドン〉→内田外務大臣、1919年1月31日）[9]-1。
(88) Department of Statistics, India, *Final General Memorandum on the Rice Crop of 1918-19*, Calcutta, Feb. 21, 1919. [9]-2。
(89) 第9号（鮭延総領事→内田外務大臣、1919年2月24日）[9]-2。
(90) 第4号（鮭延総領事→内田外務大臣、1919年1月30日）[9]-1。
(91)「電信案（暗）」第1号（内田大臣→在カルカッタ鮭延領事、1919年2月1日）[9]-2。
(92) 第5号（鮭延総領事→内田外務大臣、1919年2月6日）[9]-2。
(93) 第72号別電（鮭延総領事→内田外務大臣、1918年12月19日）[9]-1。
(94) 前掲、第5号。
(95)「電信案（暗）」第3号（内田大臣→在カルカッタ鮭延総領事、1919年3月8日）[9]-2。
(96)「電信案（暗）」第16号（内田大臣→在英珍田大使、1919年1月9日）[9]-1。
(97)「電信案（暗）」第20号（内田大臣→在カルカッタ〈シムラ〉鮭延総領事、1919年7月7日）[9]-2。
(98)「蘭貢米事情」(前掲「電信案（暗）」第20号、付属、[9]-2)。
(99) 第61号（鮭延総領事→内田外務大臣、1919年8月8日）[9]-2。
(100) 前掲『支店長会議録 13』1919〈大正8〉年、137頁。
(101) 前掲「一九一九年ヨリ一九二一年ニ至ル暹羅国米管理」。
(102) 前掲『支店長会議録 13』137頁。
(103)『通商公報』(614、1919年4月28日) 342頁。
(104) (105) 前掲「一九一九年ヨリ一九二一年ニ至ル暹羅国米管理」。
(106) 第2号（西公使→内田外務大臣、1919年1月17日）[8]-1。
(107)「電信案（暗）」第1号（内田大臣→在暹西公使、1919年1月18日）[8]-1。
(108)「暹羅米輸出禁止ノ噂ニ関スル件」通機密送第29号（田中通商局長→農商務省道家米穀管理部長、1919年1月24日）[8]-1。
(109)「暹羅米輸出禁止制限沙汰止ニ関スル件」通機密公第2号（在暹特命全権公使西源四郎→外務大臣子爵内田康哉、1919年1月27日）[8]-1。
(110)「鈴木商店買付暹米輸出ノ件」通送第205号（田中通商局長→農商務省道家米穀管理部長、1919年2月17日）[8]-1。

第2章　米騒動前後の外米輸入と産地

(111) 前掲「暹羅米輸出禁止制限沙汰止ニ関スル件」。
(112) 「暹米価格調節ニ関シ海峡殖民地糧食管理官当国政府ヘ交渉ノ顛末報告ノ件」通公第10号（在暹特命全権公使西源四郎→外務大臣子爵内田康哉、1919年1月31日）［8］-1。
(113) 前掲『支店長会議録　13』138頁。
(114) 前掲「暹米価格調節ニ関シ海峡殖民地糧食管理官当国政府ヘ交渉ノ顛末報告ノ件」。
(115)～(117)「英領馬来糧米供給問題及暹米輸出能力ニ関シ海峡殖民地書記官長ノ演説要領報告ノ件」通公第29号（在暹特命全権公使西源四郎→外務大臣子爵内田康哉、1919年4月22日）［8］-1。
(118) 前掲「暹米価格調節ニ関シ海峡殖民地糧食管理官当国政府ヘ交渉ノ顛末報告ノ件」。
(119) 前掲「一九一九年ヨリ一九二一年ニ至ル暹羅国米管理」。
(120) 前掲『支店長会議録　13』138～139頁。
(121) 第52号（西公使→内田外務大臣、1919年6月14日）［8］-2。
(122) 米管第236号（農商務省臨時米穀管理部長道家斉→外務省通商局長田中都吉、1919年6月17日）［8］-2。
(123) 「電信案（暗）」第22号（内田大臣→在暹羅西公使、1919年6月18日）［8］-2。
(124) 「別電」第58号（西公使→内田外務大臣、1919年6月22日）［8］-2。
(125) 〔無題〕（西公使→内田外務大臣、1919年6月22日）［8］-2。
(126) 第65号（西公使→内田外務大臣、1919年7月4日）［8］-2。
(127) 第67号（西公使→内田外務大臣、1919年7月8日）［8］-2。
(128) 第69号（西公使→内田外務大臣、1919年7月9日）［8］-2。
(129) 米管第324号（農商務大臣山本達雄→外務大臣子爵内田康哉、1919年7月12日）［8］-2。
(130) 第70号（西公使→内田外務大臣、1919年7月13日）［8］-2。
(131) 第28号（内田大臣→在暹西公使、1919年7月22日）［8］-2。
(132) 第78号訂正（西公使→内田大臣、1919年7月31日）［12］-1。
(133) 秘機密第10号（農商務大臣山本達雄→外務大臣子爵内田康哉、1919年8月2日）［12］-1。
(134) 第30号（大臣→在暹西公使、1919年8月4日）［12］-1。
(135) 第87号（西公使→内田外務大臣、1919年8月21日）［12］-1。
(136) 第91号（西公使→内田外務大臣、1919年8月31日）［12］-1、「米輸出禁止令ノ効力ヲ引続キ本季収穫ニ及ホス旨米管理会議告示送付ノ件」通公第51号（在暹特命全権公使西源四郎→外務大臣子爵内田康哉、1919年9月1日）［12］-1。
(137) 「暹米日本輸出ノ件ニ関スル当国外務省トノ往復写ノ件」通公第53号・送第1278号（在暹特命全権公使西源四郎→外務大臣子爵内田康哉、1919年9月5日）［12］-1。

おわりに

(138) 第109号（西公使→内田外務大臣、1919年10月6日）[12]-1。
(139) 第67号（松井大使→内田外務大臣、1919年3月1日）[2]-2。
(140)「外米輸入問題」（1919年12月18日）[2]-3。
(141) 前掲、第67号（1919年3月1日）。
(142) 第64号（山崎領事〈新嘉坡〉→後藤外務大臣、1918年9月7日）[2]-1。
(143) 米第188号（農商務省臨時米穀管理部長道家斉→外務省通商局長田中都吉、1919年3月10日）[2]-2。
(144) 第82号（松井大使→内田外務大臣、1919年3月13日）[2]-2。
(145) 第100号（松井大使→内田外務大臣、1919年3月27日）[2]-2、「仏領印度支那米本邦向輸出方ニ関スル件」機密通送第90号（通商局長→農商務省道家米穀管理部長、1919年3月31日）[2]-2。
(146) 米管第201号（農商務省臨時米穀管理部長道家斉→外務省通商局長田中都吉、1919年5月28日）[2]-2。
(147) 第239号（内田大臣→松井大使、1919年5月29日）[2]-2。
(148) 第193号（松井大使→内田外務大臣、1919年7月16日）[2]-2。
(149) 第312号（内田大臣→在仏松井大使、1919年7月17日）[2]-2。
(150) 第203号（松井大使→内田外務大臣、1919年7月22日）[2]-2。
(151)(152) 第231号（松井大使→内田外務大臣、1919年8月28日）[2]-3。
(153) 前掲「外米輸入問題」。
(154) 第235号（松井大使→内田外務大臣、1919年9月1日）[2]-3。
(155) 第237号（松井大使→内田外務大臣、1919年9月2日）[2]-3。
(156)「鉱石及穀物輸出ニ関スル印度支那総督トノ交渉ニ関スル件」（三井物産株式会社総務課長→外務省通商局長田中都吉、1919年9月3日）[2]-3。
(157) 第238号（松井大使→内田外務大臣、1919年9月4日）[2]-3。
(158) 米管第552号（農商務省臨時米穀管理部長道家斉→外務省通商局長田中都吉、1919年9月15日）[2]-3。
(159) 秘機密第11号（農商務次官犬塚勝太郎→外務次官幣原喜重郎、1919年9月6日）[2]-3。
(160)「西貢米輸出問題ニ関スル件」公信第220号（在香港総領事鈴木栄作→外務大臣子爵内田康哉、1919年7月28日）[2]-2。
(161) 前掲『外米ニ関スル調査』83頁。
(162) 前掲『支店長会議録 13』139〜140頁。新嘉坡支店長の「香港報告」による。
(163) 1919年の香港経由対日再輸出推計量（仏印米28万トン・タイ米14.8万トン、計42.8万トン）を大幅に下回っているのは、シンガポールなどの経由地からも再輸出があったからであろう。
(164) 米管第324号（農商務大臣山本達雄→外務大臣子爵内田康哉、1919年7月12日）[7]-1。

123

(165) *THE HONGKONG DAILY PRESS*, Jan. 30th 1920、[7]-2。
(166) 前掲『支店長会議録　13』140〜141頁。
(167) 第25号（内田大臣→在香港鈴木総領事、1919年7月3日）[7]-1。
(168) 第74号（鈴木総領事→内田外務大臣、1919年7月4日）[7]-1。
(169) 第77号（鈴木総領事→内田外務大臣、1919年7月10日）[7]-1。
(170) 第81号（鈴木総領事→内田外務大臣、1919年7月16日）[7]-1。
(171) 第82号（鈴木総領事→内田外務大臣、1919年7月18日）[7]-1。
(172) 「米価騰貴ノ香港ニ及セル影響ニ関スル件」公信第221号（在香港総領事鈴木栄作→外務大臣子爵内田康哉、1919年7月31日）[7]-2。
(173) 第88号（鈴木総領事→内田外務大臣、1919年7月28日）[7]-1、前掲「米価騰貴ノ香港ニ及セル影響ニ関スル件」。野沢豊「米騒動と五・四運動」（『近きに在りて―近現代中国をめぐる討論のひろば―』創刊号、1981年8月）は、日本の「米騒動」にともなう外米輸入が、五・四運動期の中国の「歴史展開に予想外に大きな影響をあたえている」（15頁）として、九江・上海・香港・蕪湖や、東三省・山東省などで展開した「糧食ボイコット」を紹介・検討している。また、香港における1919年7月の米価暴騰を、「日本の米穀購入のあおりをうけた」ものとし、『時報』・『華字日報』などの記事を用いて、「石炭苦力」による「搶米風潮」の発生と拡がり、香港政府による米の一手買入れ、住民への売渡しとその効果などを指摘している（10〜12頁）。
(174) 前掲「米価騰貴ノ香港ニ及セル影響ニ関スル件」。なお、この条項は、①香港の米穀需給を管理する組織を新設する、②公定価格はなお高いが「一層低廉」にできる、③7月26〜27日の騒動は米価の騰貴と両日の雨天によるものである、④米価高騰に応じ特別手当を支給する大工場が多いが「一般雇主」にも同様の措置を希望する、という4項目とともに公表されている。
(175) 第89号（鈴木総領事→内田外務大臣、1919年7月29日）[7]-1。
(176) 〜（178）前掲「米価騰貴ノ香港ニ及セル影響ニ関スル件」。
(179) 米管第418号（農商務省臨時米穀管理部長道家斉→外務省通商局長田中都吉、1919年8月2日）[7]-1。
(180) 第29号（大臣→鈴木総領事、1919年8月4日）[7]-1。
(181) 「本邦向米積出許可ニ関シ香港政庁ニ交渉方ノ件」通1機密送第18号（田中通商局長→道家米穀管理部長、1919年8月4日）[7]-1。
(182) 第94号（鈴木総領事→内田外務大臣、1919年8月6日）[7]-1。
(183) 第28号（内田大臣→在香港鈴木総領事、1919年8月31日）[7]-1。
(184)(185)「香港穀物条例（Rice Ordinance）ニ関スル件」公信第252号（在香港総領事鈴木栄作→外務大臣子爵内田康哉、1919年9月2日）[13]。なお、『通商公報』（681、1919年12月8日）には「香港米穀管理条例」とある（778頁）。
(186)「米作増収予想」（『東朝』1919年9月22日、3頁）、および、「第二回米収穫予想／一割一分三厘増収」（『東朝』1919年11月13日、4頁）。

おわりに

(187) 第85号（鮭延総領事→内田外務大臣、1919年8月10日）[9]-2。『通商公報』(686、1919年12月25日）によれば、天候は「概して良好」で、作柄もアッサム州を除き「良好」(1016頁)、ビルマ州も「作柄は良好の見込」であった (1021頁)。
(188) 「印度米輸出制限ニ関スル件」公第428号（在孟買領事桑島主計→外務大臣子爵内田康哉、1919年12月25日）[9]-3。
(189) 同前、および第102号（鮭延総領事→内田外務大臣、1919年12月25日）[9]-2。
(190) (191)「印度及緬甸ニ於ケル米穀取締」(「千九百廿年度印度輸出米取締方針ニ関スル件」通1送第250号（在カルカッタ総領事鮭延信道→外務大臣子爵内田康哉、1920年1月12日）[9]-3)、『通商公報』(708、1920年3月15日）950頁。英領ビルマの米穀商は管理の継続に反対した。「緬甸米商協会」主催の大会は管理反対の決議を採択し（同、721、1920年4月26日、332～333頁)、また11月には請願書を提出した（同、800、1921年1月24日）。
(192) 第103号（鮭延総領事→内田外務大臣、1919年12月28日）[9]-2。
(193) 「電信案（暗)」第2号（内田大臣→在カルカッタ鮭延総領事、1920年1月13日）[9]-2。
(194) 第7号（鮭延総領事→内田外務大臣、1920年1月20日）[9]-2。
(195) 第8号（鮭延総領事→内田外務大臣、1920年1月23日）[9]-2。
(196) 第10号（鮭延総領事→内田外務大臣、1920年1月25日）[9]-2。
(197) 第13号（鮭延総領事→内田外務大臣、1920年1月29日）[9]-3。
(198) 第9号（渕領事代理→内田外務大臣、1920年2月28日）[9]-3。
(199) 第21号（渕領事→内田外務大臣、1920年4月22日）[9]-3。
(200) 「古米輸出許可ニ関スル件」公信232号（在カルカッタ総領事鮭延信道→外務大臣伯爵内田康哉、1920年11月9日）[9]-3。
(201) 「緬甸米管理撤廃ニ関スル米商協会ノ請願ニ関スル件」（在蘭貢副領事渕時智→外務大臣子爵内田康哉、1920年11月9日）[14]。
(202) 「緬甸米印度輸出制限撤回ニ関スル件」公信第246号（在カルカッタ総領事鮭延信道→外務大臣伯爵内田康哉、1920年11月22日）[9]-3。
(203) 第115号（鮭延総領事→内田外務大臣、1920年12月6日）[9]-3。
(204) 第9号（渕領事代理→内田外務大臣、1920年12月22日）[14]。
(205) 「緬甸米輸出管理緩和ニ関スル件」公信第259号（在カルカッタ総領事鮭延信道→外務大臣伯爵内田康哉、1920年12月7日）[9]-3。
(206) 「緬甸米輸出許可方ニ関スル件」公第281号（在孟買領事縫田栄四郎→外務大臣伯爵内田康哉、1920年12月14日）[9]-3。『通商公報』(804、1921年2月7日）336頁、同 (812、1921年3月7日）667頁。
(207) 第24号（渕分館主任→内田外務大臣、1921年7月5日）[14]。
(208) 第80号（中谷税領事代理→内田外務大臣、1921年7月21日）[14]。
(209) 前掲、第24号。『通商公報』(853、1921年7月12日）電報1頁。

第2章　米騒動前後の外米輸入と産地

- (210) 第25号（渕分館主任→内田外務大臣、1921年7月6日）［14］。
- (211) 「緬甸米輸出許可証発行停止」（在蘭貢渕領事→外務省通商局商報課、1921年7月12日）［14］。
- (212) 第40号（在蘭貢渕領事→内田外務大臣、1921年10月20日）［14］。
- (213) 第47号（渕領事→内田外務大臣、1921年11月25日）［14］。
- (214) 第99号（渕領事→内田外務大臣、1921年12月15日）［14］。
- (215) 「印度米輸出解禁ニ関スル件」通商普通合第471号（埴原次官→大蔵省神野大蔵次官・農商務省田中農商務次官・逓信省秦逓信次官、1922年3月17日）［9］-3。
- (216) 秘機密第10号（農商務大臣山本達男→外務大臣子爵内田康哉、1919年8月2日）［2］-2。
- (217) 「電信案（平）」（内田大臣→在海防名誉領事・在西貢名誉領事、1919年10月3日）［2］-3。
- (218) 「西貢米収穫予想ニ関スル件」通1送第1288号（田中通商局長→農商務省農務局長、1919年10月7日）［2］-3。
- (219) 前掲「外米輸入問題」。
- (220) 〔書簡〕（エ・サリエージュ→外務次官、1919年12月15日）［2］-3。
- (221) 「西貢米輸出解禁ニ関スル件」（奥村局長→在西貢名誉領事エ・サリエージュ、1919年12月19日）［2］-4。
- (222) 前掲〔書簡〕1919年12月15日。
- (223) 「西貢名誉領事館事務代理来電」（〔無題〕1919年12月31日）［2］-4。
- (224) 「西貢米輸出ニ関スル件」通1送第3号（埴原次官→在西貢名誉領事サリエージュ、1920年1月10日）［2］-4。
- (225) 『通商公報』（723、1920年5月3日）404頁。
- (226) 「東京米輸出一部解禁ノ情報ノ確否取調ノ件」通1送第1569号（田中通商局長→道家米穀管理部長、1919年12月8日）［2］-3。
- (227) 「東京米輸出解禁ノ件」米管第796号（農商務省臨時米穀管理部長道家斉→外務省通商局長田中都吉、1919年11月29日）［2］-3。
- (228) 「電信案（平）」第59号（内田大臣→在香港鈴木総領事、1919年12月3日）［2］-3。
- (229) 「電信案要翻訳（仏）」（内田大臣→在海防帝国名誉領事、1919年12月3日）［2］-3。
- (230) 〔無題〕（鈴木総領事→内田外務大臣、1919年12月5日）［2］-3。
- (231) 第34号（中村領事→内田外務大臣、1920年6月25日）［2］-4。
- (232) 第36号（中村領事→内田外務大臣、1920年7月5日）［2］-4、および、通送第56号（在海防領事中村修→外務大臣子爵内田康哉、1920年7月12日）［2］-4。『通商公報』（753、1920年8月12日）1723〜1724頁。
- (233) 第62号（中村領事→内田外務大臣、1920年11月13日）［2］-4、『通商公報』（865、1921年9月5日）912頁。

(234)「安南産米籾及其副産物輸出制限撤廃ニ関スル件」通送第1653号(田中通商局長→岡本農務局長、1920年12月25日)[2]-4。
(235)(236)第122号(西公使→内田外務大臣、1919年10月29日)[12]-1。
(237)第135号(高橋領事→内田外務大臣、1919年11月27日)[12]-1。
(238)「政府買付暹羅米ノ件」米管第795号(農商務省臨時米穀管理部長道家斉→外務省通商局長田中都吉、1919年11月29日)[12]-1。
(239)第138号(西公使→内田外務大臣、1919年12月5日)[12]-1、および、前掲「一九一九年ヨリ一九二一年ニ至ル暹羅国米管理」。
(240)「暹羅米管理法発布ニ関シ報告幷同法承認方許可禀請ノ件」通公第15号(在暹特命全権公使西源四郎→外務大臣子爵内田康哉、1920年3月23日)[12]-2。
(241)前掲「一九一九年ヨリ一九二一年ニ至ル暹羅国米管理」、および『通商公報』(736、1920年6月17日)1119～1120頁。
(242)第148号(有田代理公使→内田外務大臣、1920年12月17日)[12]-2。
(243)『通商公報』(805、1921年2月14日)電1頁。
(244)前掲「一九一九年ヨリ一九二一年ニ至ル暹羅国米管理」。
(245)「香港米市況(大森官補調査)」公信第269号(在香港総領事代理大森元一郎→外務大臣伯爵内田康哉、1920年12月30日)[15]-1。
(246)『通商公報』(742、1920年7月5日)1265頁。「昨今ノ不況ハ稀有ノ状態」であった。
(247)前掲「香港米市況(大森官補調査)」、および『通商公報』(808、1921年2月21日)492頁。
(248)『通商公報』(833、1921年5月16日)625～626頁。
(249)同前(742、1920年7月5日)1266頁。
(250)フィリピンも多量の外米輸入により不足を補っていたが、輸入価格が上昇して米価が暴騰したため、同政府は輸入を「百方」画策することになった(『通商公報』634、1919年7月3日)19頁。
(251)「農商務の大失態／莫大な米価調節費を支出して而も何等の効果なし」(『大阪毎日新聞』1919年12月26日、神戸大学経済経営研究所「新聞記事文庫」米(21-113))。以下、前掲、大豆生田『近代日本の食糧政策』第3章第3節を参照。
(252)「外米勅令実効如何／保管中の外米三十万石」(『東朝』1919年7月20日、3頁)。
(253)(254)『原敬日記』(1919年10月13日)。

補論2　千葉県における外米消費
　　　　　―1910年代末と20年代半ばの比較―

はじめに

　1910年代末には、日本本国の収穫の不振、植民地米移入の限界に加えて、大量の供給源として最終的に不足補塡の機能を果たした外米輸入が、産地側の輸出制限・禁止などにより不確実になった（第2章）。一般物価も上昇して、本国の米価は、かつてない水準に達した。また1923・24年産米が2年続いて不作になると、24～25年にも米価が上昇し、25年には1910年代末の米価に近づいた。
　豊作の年を除き、日本本国・植民地による帝国圏内の供給では、本国の需要をみたすことができなくなり、最終的には多量の外米輸入に依存することを余儀なくされた。すなわち、1918～19年度には合計910万石の外米が輸入されたが、これは両年度の総供給量の7％を占めた。1924～25年度には847万石が輸入され、同じく6％を占めている。また、両期間それぞれの植民地米の移入量は694万石・1,315万石であり、これは同じく5.3％・9.0％を占めた。1910年代末から20年代半ばにかけて、外米の割合は微減したが、植民地米が急増していることが確認できる(1)（図序-1）。
　1918～19年に政府は外米を積極的に輸入し(2)、各地で、多様な方法により内地米や植民地米、外米の廉売が実施された(3)。外米は内地米に一定程度代替して、全国各地で広範に消費されたといえる。ところが1924～25年には、農林省当局者が次に述べたように、米価高騰のもとで、内地米の消費はすすんだが、安価な外米の消費は停滞するようになった。

　　本年〔1925年〕ノ如キ米価カ〔1石あたり〕四十円台ニ突破セルモ、外米ノ需要ハ往年ノ如ク喚起セス、殊ニ本年ハ外米産地豊作ニシテ、外米ノ内

1 県内の米穀需給と米価

地相場ハ百斤十円内外ヲ告ケ、殆ント内地白米ノ半値ナルニ拘ハラス、内地米消費ハ昨年ト略同数量ナリ[(4)]

1920年代半ばにおける外米消費の後退は、帝国圏内による供給の不足を最終的に補填する、外米輸入の機能が低下したことを意味した。外米消費の質的な変化は、食糧問題の性格、およびそれに対応する食糧政策のあり方を規定するものであった[(5)]。

補論2は、この課題に接近するための一作業として、千葉県域を対象に、1918～19年、および1924～

図補2-1　千葉県内の各郡（1897年4月）

出典：三浦茂一ほか『千葉県の百年（県民百年史12）』（山川出版社、1990年）83頁、付図より作成。

25年の２つの時期における外米消費の実態を具体的に比較・検討する。この間の外米消費の変化を、県内各郡（図補2-1）の地域的特徴をふまえながら、明らかにすることが課題である。

1　県内の米穀需給と米価

（1）1910年代末　　まず、千葉県における、２つの時期の米価の推移をみよう。全国的な傾向と同様に千葉県内においても、1918年の端境期に米価は急上昇した。収穫の減少に加えて、米価の上昇は先高感を

129

補論 2　千葉県における外米消費

表補 2-1　千葉県内各地の米価（白米）の推移　　　　　　　　（円/石）

年次	安房郡北条町 上半期	安房郡北条町 下半期	君津郡木更津町 上半期	君津郡木更津町 下半期	千葉郡千葉町 上半期	千葉郡千葉町 下半期	香取郡佐原町 上半期	香取郡佐原町 下半期
1915	14.90	13.97	14.82	14.18	14.67	13.67	15.38	13.15
16	13.47	13.17	13.85	15.28	13.92	15.17	13.58	14.89
17	16.50	25.31	19.08	25.05	19.66	24.88	17.56	25.25
18	29.70	30.84	27.12	43.27	27.67	42.83	27.75	40.98
19	38.92	51.80	44.55	53.41	43.72	51.50	43.05	54.00
1920	53.63	40.20	54.73	37.52	56.17	40.33	55.58	40.17
21	30.00	37.16	27.97	36.77	32.22	39.83	29.31	37.33
22			41.00	34.67	41.33	38.50	42.04	36.00
23			33.67	37.00	37.17	39.67	33.83	37.00
24			40.17	44.27	42.67	45.33	41.00	44.67
25			44.67	41.67	45.83	47.50	43.33	45.67
26	38.53	38.60	39.75	38.58	43.83	42.68	41.33	38.50

出典：『千葉県統計書』（各年版）。
注：千葉町は1921年から千葉市。

あおって市場出廻りを抑制したため、さらに米価を引き上げることになった。

1918年5月1日の県内在米量は60万石であり、これは平年の80～90万石を大きく下回った。7月下旬には、米が「人間離れ」をおこし、「殆ど在庫米を見ざる状態」にいたったと報じられている。これは1917年産米が凶作であったことに加えて、「米相場の好況なるに憧がれ惜し気なくドシヽ、売放」ち、「一時に米価の惚れ売」をした結果であった。端境期をひかえて、ストックが減少していたのである[6]。

1918～19年に、県内の白米価格はかつてない上昇を遂げた。米価は、千葉郡千葉町・君津郡木更津町などのように端境期に暴落する地域がある一方で、安房郡北条町のように上昇率が次第に加速する地域があるという地域差をともないながら騰貴し、1919年下期には総ての調査地域で、1石あたり50円を超えて暴騰した（表補2-1）。

農商務省の指示により実施された、10石以上所有者に対する在米調査の結果をもとに、知事折原巳一郎は1918年9月、「百四十万の県民が二タ月間消費しても尚他に供給する丈の余裕がある」と、楽観的な見通しを述べた。しかし米価が高騰して出廻りは極度に停滞したため、「在米不足地方」[7]に対してのみならず、「余裕」がある地域の需要に対しても、速やかな供給の実現は困難であった。それは、続けて折原知事が、「県下に未だ米の暴動が起らぬのは幸である」と述べたことからもうかがえる[8]。のちに明らかにされた、米10石以

上所持者の総石数は「僅に」5万石ほどであり、そのうち8月末日までに売り出されたのは約3万石であった。この量は、「到底一箇月の需要を充すこと難かるべし」と県当局者が述べた程度であったから(9)、現実の需給状態は楽観を許さなかった。折原知事の談話が新聞に掲載された直後に、安房郡では小規模ながらも「騒動」が発生している。

(2) 1920年代半ば　1920年代半ばの県内の米価高騰は、1918～19年の水準に迫った。1924年から米価は騰勢に向かうが、24年産米収穫後に、神田川米穀組合長松村金兵衛が語る米価の先行き予想は、次の通りであった。

> 産地は、出鼻に於て稀有の高値〔で〕売つた快感が頭にしみ込んで居るから、安値には相応しない、前年より十円方〔ママ〕で売れたと云ふことは、農家の懐具合をそれ丈余分に温めたことになり、年末接近すると雖、金融関係で例年の如き投売はなからふと思われる……来年度は米不足の争そはれぬ年であるから……一度は五十円相場が出現すること〻思つてる(10)

1925年の端境期において、7月1日の県内在米量は436,400石であった。ところが10月までの予想消費量は40万石であったから(11)、需給関係は逼迫状態にあったといえよう。また米価がさらに上昇すれば県内在米は県外に流れ、供給不足はさらに深刻化する可能性もあった。

すなわち長生郡では、7月1日の現在量29,000石は「約百日を支へる事が出来、丁度十月の端境期までである」と報じられたものの、米価が以後さらに上昇すれば「移出旺盛」となって「供給不足を告ぐる事は明か」であった。実際、茂原駅では、7月16～17日に「同地方本年の最高値を現出」したため、駅前倉庫の2,000俵が「忽ち積み出されて、僅か百俵を余すのみ」という事態になった(12)。

このため県下の米価は1925年をピークに上昇した（表補2-1）。千葉市では1924年10月に白米相場が1石あたり48円に騰貴して、「或は大正八年の高値を来さないかと、当局でも非常に心配してゐ」(13)たのである。また1925年8月には、表現にやや誇張はあるが、「這般の米騒動の際に比較する時は恰〔も〕

補論2　千葉県における外米消費

其の倍額に達して」おり、「今後益々高騰しはせぬかと一般に懸念」[14]される騰勢となった。また1925年7月には、米価は「本県でさえ白米は円一升台〔1石あたり50円以上〕を現わさんとしてゐる」[15]と報じられ、10年代末の米騒動前後の時期を彷彿させる米価の暴騰もあった。

　1920年代半ばの米価について、千葉県農会技師の伊藤正平は、「今日四十八円台と云ふ、当時の相場に近き数字を現し出し」ていると述べ、1918年の「米の騒動と称する忌まわしい騒動」を念頭において、25年端境期の米価、および米穀需給について「本年の端境期に於ける米価や果して如何に」と題する小論を発表している[16]。それによれば、「先方を見越すは如何であらうか」と慎重ではあるが、「要は今後の天候如何の問題に帰着する」と、米価の推移が未だ楽観できないと判断していた。

2　1918年の外米移入と消費

（1）県内の外米消費　　米騒動は各地に飛火し、1918年8月には東京・横浜に「騒動」が拡がった。しかし千葉県域では、安房郡内で小規模な騒擾が発生したものの、大きな「騒動」にはならなかった[17]。同年の「騒動」前から外米輸入が活発化し、その消費がすすんでいた。同月からは、「騒動」対策の一環に外米廉売が位置づけられ、県庁・郡役所や県農会・郡農会などによる外米供給が積極化したのである。こうして1918～19年には、千葉県内への外米移入が大幅に増加するが、ここではまず、18年端境期の県内における外米消費の実態を検討する。

　県内への外米移入が本格化するのは、1918年5月からである。当初の移入は、郡役所・郡農会などが斡旋し、東京・横浜の外米取扱業者から共同購入する方法で実施された。県内における安価な外米の売行きは、地域・階層による格差はあるものの一般に好調で、消費は順調にすすんだ。

　郡ごとの外米移入の実態を示す事例を、いくつか紹介しよう。まず、千葉郡への移入は、千葉穀物商組合（千葉町）による鈴木商店・湯浅商店からの購入

(千葉郡農会斡旋)、蘇我町今井漁業組合・誉田村農会・検見川村農会・幕張町農会・犢橋村小深信用組合による共同購入から本格化した。購入量は合計1,763袋（1,234石）であった[18]。第1回の購入申込は5月21日に締切られ、千葉穀物商組合長大森源治郎一行が、最も安価なサイゴン米を購入するため東京へ出向いた。ところが三井物産では品切れであったため、鈴木商店東京支店で買い求めたという。価格は内地米の約半額で、小売価格は1石あたり21円であった。また、サイゴン米の追加購入が困難であったため、次回以降はラングーン米とし、価格は21.5～22円であった[19]。

千葉穀物商組合が取り扱う外米500袋（350石）は、5月27日に東京から海路で到着し、うち40袋は千葉郡役所を経由して生実村・浜野村へ、210袋は千葉町役場を経由して各予約者へ、350袋は同組合から千葉町内外の予約小売商へ取引され「即日捌かれて了」った。また28日に鉄道便で到着予定の、農会などの注文分も「早速片付いて了ふだらう」と予想され、その売行きはきわめて好調であった[20]。第1回買入分は「瞬く間に飛ぶやうに売り切れ」[21]たのである。

君津郡では、郡農会が主体となって対岸の横浜からラングーン米160袋を購入し、郡内の「細民最も多き富津町及び木更津町」に80袋宛、ほかは小売商に売り渡された。価格は横浜倉庫渡しで1石あたり18～19円であった[22]。

また、安房郡の外米需要は旺盛で、郡内各町村の外米注文は3,727袋（2,609石）に達した。5月31日に第1回分として、外米1,300袋（910石）が東京から到着した[23]。また同郡内では、8月に「外米缺乏」が報じられ、「最近安房郡役所に対し外米購入方を依頼し来るもの多く、外房沿岸天津・鴨川・太海・白浜・富崎等よりの申込高既に二千四百五十余袋〔1,715石〕に達し、尚続々増加」[24]して、外米需要が高まった。

こうして、共同購入による本格的な移入がはじまると、県内の外米人気は加熱状態になった。千葉郡では6月5日に、千葉穀物商組合による、第2回外米買入れのラングーン米500袋（350石）が寒川港に到着した。ただし、その売行きについて、大森組合長は次のような「疑問」を述べている。

補論2　千葉県における外米消費

今度来た第二回分も亦第一回分と同様に能く売れるかといふと、それは疑問である。何故かと云ふと……買手が所持して居る、最初は外米の声で物珍しかつたから、いづれも一升位宛買つて所謂試食したが、案外に不味いので嫌気がさし、又は分量を減らして用ゐて居るからで……外米に対する好奇心も最早消え失せた今日となれば、第二回分の外米売行きは到底第一回分程には行かぬであらう[25]

　同じ頃、千葉県穀物検査所では外米試食会が開かれた。所長以下15名により外米6升が「平げられた」が、所長は、「甘いゝゝ、日本米より甘い気がする、ぢやが少し臭いやうな気もするね」、と論評している[26]。試食会の目的は「外米使用奨励」にあったから、所長の談は、前半よりも寧ろ後半に真実味が感じられよう。「不味い」ことは事実であったと思われる。

　しかし、この時点においては、大森組合長の「疑問」は杞憂に終わった。すなわち、その後の米価の騰勢は、安価な外米需要をさらに喚起し、千葉郡内の検見川・生実・浜野・犢橋の各村農会は、「外米の需要益甚だしき」ため、ラングーン米をさらに「注文」することになった[27]。千葉郡では、「外米ハ……好評ヲ以テ迎ヘラレ」たのである[28]。

　こうして、米騒動前後の県内各郡の外米需要は端境期に入って急速に拡大し、東京・横浜からの外米移入が本格化した。1918年8月中旬までに、県内の各郡が取扱った外米数量は表補2-2の通りであり、安房郡・千葉郡・東葛飾郡・香取郡・海上郡・匝瑳郡への供給が注目される。

　さらに外米移入は、「騒動」が起きた1918年7～8月から、より積極化した。郡役所・郡農会などに代わって県が直接、外米移入の斡旋を開始したのである。県商工課長は同年8月14日に農商務省を訪れ、外米輸入に関する交渉をはじめた。同月には、各府県に「騒動」に対する「恩賜金」の交付があったが、県はこれに篤志者の寄付金を加えて、8月から11月にかけて内地米・外米の廉売を行っている[29]。県が斡旋した外米は、各郡を経由して販売された（表補2-2）。

　県庁・郡役所・農会などの斡旋によって、1918年には、判明するものだけで、

2 1918年の外米移入と消費

少なくとも合計88,186石の外米が県内に移入された。しかも、それらは確実に消費されたものと考えられる。なぜなら、千葉県割当の外米購入斡旋量が総て消費されたのちにも、なお県内

表補2-2　外米販売斡旋量（郡斡旋・県斡旋、1918年）　　　　　　　　（石）

郡	郡斡旋 （5～8月）	県斡旋 （8～11月）	計	1人あたり （升）
安房	3,427	14,315	17,742	11.09
夷隅	112	3,920	4,032	4.51
君津	329	3,213	3,542	2.74
長生	224	847	1,071	1.24
山武	112	1,724	1,836	1.60
市原		1,057	1,057	1.54
千葉	2,298	5,658	7,956	7.14
東葛飾	3,069	7,045	10,114	5.58
印旛		1,924	1,924	1.45
香取	2,170	3,521	5,691	4.21
海上	392	4,676	5,068	6.02
匝瑳		1,698	1,698	4.00
合計	17,333	70,853	88,186	6.60

出典：1918年5～8月は『東京日日新聞（房総版）』（1918年8月16日）、1918年8～11月は同（1918年12月5日）。人口は『千葉県統計書』1920年国勢調査）。

の外米需要は減退せず、同年10月になっても、「増配の申込み多数にして、既に一万袋〔7,000石〕以上に上」(30)っていたからである。

（2）外米需要の地域差　　1918年には、内地米価格が急騰して消費が減退し、内地米に混合する外米や大麦・雑穀類の需要が喚起された(31)。大麦・雑穀との混食は一般に農村に普及していたが、外米はそれらとともに、またそれらに代わって混ぜられ、都市でも内地米とともに食されて消費が増加していた(32)。

千葉県警察部高等課の調査報告「県下細民生活状況」（1918年8月15日）によれば(33)、まず、県全体の生活状態は、全般的な傾向として、農村では「副業又は日雇稼ぎ」によって「差したる影響を認め」なかった。また「職工」は「就職口」が多く、むしろ「労力不足」のため賃金が上昇しており、「米価昂騰に伴ふ暴動の如き不穏の形勢」はなかった。これに対し漁村では、「平時」においても「常に困難」であるため、「敢て怪しむに足ら」ない困難な状態であり、また「中流階級に在る官公吏・会社員三十円内外の月給者」も「惨澹たるもの」があった。

次いで、郡ごとに調査結果がまとめられている。千葉郡では、「農村の細民」

補論2　千葉県における外米消費

は日雇によって1日80銭～1円の収入があり、また「昨今麦・野菜類の収穫期」にあるため生活に「困難」はなかった。労働者は「各種の事業が勃興」して「賃金を得易く」、漁村は不漁ではあるが各種工場への就業によって「減食」にはいたっていない。

　印旛郡では、「市街地の小商人」は「生計豊」ではなく、「人夫等」の収入が1日50銭内外にとどまっているため「三食を減ぜるもの」があった。また、「農民」は副業から「相当の収入」があり、1日80銭～1円程度の日雇収入もあるため、「生活上著しき困難」はなかった。

　東葛飾郡では、「中流農民」は麦の収入が多いが、米の売却を急いだため「困難に陥」った者があった。「下層農民」は「河川改修工事、土工等に労役し一日一円の収入」があるため「辛うじて生計を補」うことができた。また「小作人中食米の不足を告げし者は、たばこ・米等の収穫を担保とし、地主より借り入れてこれを補」っていた。野田町では醬油工場に「従業」する「数千名の労働者」がいたが、「最近一割五分の労銀を値上げ」したため「日々稍安ん」じていたという。

　香取郡では、「農民」が米を売り急いでいたが、「金融緩慢」のため「穀商中買入るゝもの少」ない状態であった。「細民」や「小作人」は「日雇稼に従事」し、生計維持に不足する分は「地主に借りて口を糊しつゝある」状態にあった。ただし、早稲の収穫が近づいたため、「比較的人気強し」とも記されている。

　海上郡・山武郡では、「漁民」は「年内に漁獲」があるため、また「農村」では「養蚕」と「農作物順調」により「生活困難」はなかったという。「市街地商人」は収入が多いが、「小商人」の「景気」は悪かった。

　長生郡は蔬菜の産地であり、かつ「市場の取引相場が高」く、「農民」は「相当に収入」があるため、「何等の打撃なき」状態であった。「漁民」の生活は「頗る困難」であったが、「沿岸一帯」では「数日来鰺漁」があり「稍元気を恢復」したという。

　夷隅郡では「特殊の副業」がなく、「郡民」の生活は「一般に困難」であり、

2　1918年の外米移入と消費

「細民」は「雑穀に馬鈴薯を混ぜて」食していた。「中産階級の農民」は、前年の凶作のため「生計稍困憊の状況」にあった。したがって、購買力は2割ほど減退し、「商況」は不振であった。「漁民」は「豊」かではないが、「鮑の採集にて生計を営」んでいるため「生計困難」はなかった。

　安房郡では、「郡民」は保有雑穀および副業（藁細工・ビール苞・木材運搬・白土採集）などによって「敢へて困難」はなかった。ところが「内湾漁民」は、「近来不漁」のため「甚だ困難に陥」った結果、「窮余外米に南瓜を混ぜて食」していた。これに対し、「外洋の漁民」は「魚類の高価なると五、六月頃に鰯漁〔があり、また〕本月初旬海藻が漂着し、之を拾得し一町村不時の収入三百円乃至一千円に上」るという好条件があった。また、「商家」は「閑散」であったという。

　君津郡・市原郡では、「郡民」は「農事日雇」のほか「薪炭伐木に従事」し、また「漁民」は各地先で「一戸あたり二十円、多きは五、六十円の収穫」があったため、「生計に差支」はなかった。

　これらの調査結果から、県内各郡の生活状況について、次のように把握することができよう。まず、第1に、農村の中下層民は、一般に副業・日雇などによる収入増により生計は維持され、ないしは養蚕、および蔬菜栽培などの商品作物が好調であり上向傾向にあった。また都市近郊の農村では農外就労機会もあった。一例として各郡の「土方人夫」の賃金の推移をみると、1917年までは停滞的であったが、18年から急上昇して、19年には約2倍の水準になっている。さらに郡ごとにみると、夷隅郡の低位、東葛飾郡の伸びが注目される（表補2-3）。

　したがって、「減食」など食生活への影響は、相対的に小さかったといえる。長生郡・山武郡・市原郡・印旛郡の外米消費が比較的少ないのはこのためであろう（表補2-2）。一方で、「日雇稼」の機会や金額が限られた夷隅郡では、収入は乏しかった。「土方人夫」の賃金が低位であることから判断して、内地米消費が後退し外米需要が高まったと考えられる。同様に、「日雇稼」の不十分な香取郡でも外米需要があった。

補論2　千葉県における外米消費

表補2-3　千葉県内各郡の「土方人夫」の賃金（日給）　　　　　　　　　　　　　　　　　（円）

郡	1915年3月	1916年3月	1917年3月	1918年3月	1919年3月
安房	0.50	0.50	0.50	0.70	1.00
夷隅	0.35	0.35	0.35	0.50	0.75
君津	0.60	0.60	0.60	0.70	1.00
長生	0.50	0.50	0.55	0.65	1.10
山武	0.50	0.50	5.00	0.80	0.90
市原	0.55	0.55	0.60	0.70	1.20
千葉	0.45	0.45	＊0.45	0.70	1.00
東葛飾	＊0.45	＊0.45	＊0.45	1.10	1.40
印旛	0.55	0.55	0.55	0.60	0.90
香取	0.60	0.65	0.60	0.70	1.00
海上	0.45	0.55	0.60	0.65	0.90
匝瑳	0.60	0.60	0.65	0.85	1.20

出典：『千葉県統計書』（各年次）。
注：各郡における「普通」の賃金である。＊は「食ヲ給ス」る賃金。

　また、千葉郡・東葛飾郡でも中下層農民の外米消費は少なかったと考えられるが、次に述べる要因により両郡内では需要が高まった。つまり、第2に、都市の「中流」給与生活者は、生活に困窮する場合が多く、米価高騰の影響を直接的に受けた[34]。千葉郡・東葛飾郡の外米需要が大きいのはこのためであろう。例えば、8月上旬の千葉町の内地米価格は、最下等の4等米が1石あたり43.5円に達したため、町民の「生活状態も漸次困窮を告げ、外米或は麦等を使用する者〔が〕激増」したと報じられている[35]。また銚子町を含む海上郡でも一定の需要があった。

　さらに、第3に、外米需要は漁村において拡大する傾向があった。不漁であった安房郡の内湾漁民は大きな打撃をうけ、外米食がすすんで需要が喚起された。安房郡への大量の外米供給（表補2-2）は、おそらく、こうした漁村に対するものであったと考えられる。また外房地方でも外米需要は高まっている。すなわち1918年秋の「秋刀魚期」において、安房外房漁業組合聯合会は、「漁業家の傭入せる多数の漁夫に、高価の日本米を給与しては到底算盤が取れ」ないため、「充分なる外米の配給を其筋に陳情」することを決めている。同聯合会に所属する和田・真浦・白渚・江見・平舘・忍戸・千倉・白子・瀬戸・大川・千田・平磯ほかの組合が、県に給付の要請を決定した外米は合計5,000石

にのぼった⁽³⁶⁾。また、君津郡・海上郡・匝瑳郡における外米消費の増加からも、漁村における外米需要の拡大をうかがうことができよう。

(3) 需要の限界　　外米の需要は拡大をとげたが、一定の限界もあった。先にみた千葉穀物商組合の大森組合長の推測は、一定の条件がそろえば現実のものとなったといえる。外米価格は内地米の半価程度であったが、その品質は消費者の嗜好には合わなかった。したがって、生活状態がある程度向上すれば、外米より高値ではあるが、内地米ないしは朝鮮米を指向するようになる。外米の代替機能には一定の限界があったのである。

一例をあげれば、海上郡銚子町は1918年8月20日から、「下賜金」による内外米の廉売をはじめたが、同月23日まで4日間の販売成績は、内地米が20.4石であったのに対して外米は11.7石にとどまった。同郡本銚子町の外米廉売も「成績不良」であった[37]。また、同年8月16～17日の銚子町議会では、内外米廉売の方法をめぐって意見が分かれた。すなわち、一方の主張は内地米の廉売を「廃し」、「救助を必要とする細民」に対して「外国米を成るべく安価に長期に亘つて販売」しようとするものであったが、他方で、内地米・外米の双方を原価より「約五銭引き」するという主張もあったのである[38]。つまり、安価な外米需要だけではなく、価格は外米を上回るものの、なるべく安価な内地米の需要が根強くあったことが確認できよう。

内地米廉売が好調な一方で、外米の売行が不振であった原因については、次のように報じられている。

> 之〔銚子町における外米廉売の不振〕が原因は、廉売券に持参者の氏名を記入し行く規程ありし為にて、町役場にては廿三日協議の末廿四日より氏名記入を廃止せり……同町〔本銚子町〕の窮民を目すべきは主として漁師なるに、彼等は本年二月以来近年稀有の豊漁にて収入多かりし結果、外米が喰へるかと豪語し居れりと[39]

外米の購入は一般に「恥辱」と考えられていたが[40]、氏名記入廃止後も外米廉売は不振であったから[41]、原因はそれだけとは考えにくい。銚子町の事例は、同時期の安房郡・千葉郡における好調な売行きとは対照的であり、需要者

補論2　千葉県における外米消費

側の条件の差異によるものといえよう[42]。また本銚子町の場合は、漁民の経済状況が良好であったことも、不振の要因として考えられる。

さらに、外米消費が盛んであった安房郡においても、郡役所は同時に、次のように報告していた。

> 下層ノ漁民ニシテ平素何等ノ貯蓄ナク、只其ノ日ノ生活ヲ辛フシテナスカ如キ輩ニ至ル迄、兎角奢侈ニ流ル、ノ傾向ヲ呈シ、外米ノ使用ヲ嫌シ、却テ高価ナル日本米ヲ使用スルカ如キ状況ナリ[43]

外米購入者は各種米価の動向に敏感であり、外米需要には伸縮性が多分にあったのである。こうした外米需要の特徴と限界は1920年代半ばに、より明確な形で現れることになる。

3　1924〜25年の外米輸入と消費

（1）1920年代半ばの外米輸入

1924年10月の時点で、翌25年度における米穀供給の不足量は、県内合計177,000石と見積もられた。その郡別内訳をみると、不足量が1万石を超える郡は安房郡57,745石・夷隅郡18,100石・長生郡16,985石・山武郡18,252石・千葉郡42,349石・匝瑳郡13,653石であり、安房・千葉の両郡が目立っている。この不足量に対して県は、1918〜19年と同様に、台湾米ないしは外米の共同購入を斡旋する計画を立てた[44]。また同時に、県農会・郡市町村農会も、外米購入を斡旋する準備をはじめている。

ところが、1924〜25年における千葉県への外米移入は、1918年のようにはすすまなかった。県・郡や農会による斡旋についても、1924〜25年においては、どれほど実施されたか不明である。また県内の外米消費の実態や地域差についても、具体的に知ることは難しい。1918年の場合には存在した、外米移入に関する夥しい数の新聞記事も、1924〜25年にはほとんど姿を消している。

ただし、1924年における千葉県外から県内への米穀移入に占める外米の割合は、鉄道省運輸局の調査により判明する。管内移入量84,810石の内訳は、内

3　1924～25年の外米輸入と消費

地米71,833石（84.7％）、朝鮮米500石（0.6％）、台湾米5,194石（6.1％）、外米7,283石（8.6％）であった[45]。県内への外米移入の絶対量は、1918年に比べて大幅に減少していることが確認できる。

（2）消費の後退　ところで、日本本国の1920年産米は記録的な豊作であり、次年度の外米需要は縮小した。実際、1921年度における千葉県内の米消費量1,849,191石の内訳は、内地米1,839,879石（構成比99.5％）、朝鮮米340石（0.0％）、台湾米5,244石（0.3％）、外米3,728石（0.2％）であった[46]。したがって、1924年の外米消費7,283石は、きわめて消費の少ない豊作年度と比較しても、その約2倍程度の量にとどまっていた。

表補2-4によれば、1920年代後半には、県内の外米現在量はきわめて少量となり、1930年代になると皆無に近くなった。また、1918～19年との比較はできないが、1924～25年の外米現在量は年度末へかけての変化に乏しく、消費が停滞的であったことをうかがわせる。

外米の消費は著しく後退したといえるが、その原因は、正米市場関係者が「内地米を節約して外米を食へと高唱して見た処が、嗜好に適せぬ米である以上、外米へ喰付くのは容易の策ではない」[47]と述べていたように、米消費が質的に一定の変化をとげたためと考えられる。外米は内地米に比べて、3～4割安価といわれたが[48]、内地米や植民地米への指向が強まった結果、外米の代替機能は低下した。したがって、さらに高い米価水準が出現しない限り、外米需要は喚起されなくなったのである[49]。

表補2-4　千葉県内の在米量　　　　　　　　　　　　　　（石）

年次	外米			内地米		
	5月1日	7月1日	11月1日	5月1日	7月1日	11月1日
1923	1,107	630	658	879,051	550,131	46,968
24	910	440	474	805,109	475,580	39,151
25	1,719	1,747	1,212	722,053	432,994	30,157
26	884	1,318	488	829,007	516,224	45,274
27	1,666	1,632	362	822,991	506,382	34,090
28	793	621	354	855,280	544,758	54,704
29	416	141	35	853,071	523,523	50,150
1930	207	81	5	708,172	428,057	32,690
31		3		900,814	546,551	66,368

出典：農林省米穀局『米穀現在高定期調査（自大正二年五月一日）』（1933年版）。

補論2　千葉県における外米消費

表補2-5　全国の米消費量(種類別)　　　　　　　　　　　　(1,000石)

年度	内地米	(%)	朝鮮米	(%)	台湾米	(%)	外米	(%)	合計
1915	55,837	94.8	1,872	3.2	695	1.2	517	0.9	58,921
16	55,805	95.8	1,332	2.3	802	1.4	287	0.5	58,226
17	58,808	96.1	1,208	2.0	682	1.1	521	0.9	61,219
18	56,330	89.8	1,162	1.9	1,261	2.0	3,488	5.6	62,741
19	53,462	86.1	2,748	4.4	1,266	2.0	4,603	7.4	62,079
1920	58,783	93.9	1,638	2.6	989	1.6	1,266	2.0	62,616
21	60,490	93.0	2,780	4.3	878	1.4	882	1.4	65,030
22	55,916	88.9	3,233	5.1	847	1.3	2,873	4.6	62,871
23	60,663	90.9	3,418	5.1	1,110	1.7	1,532	2.3	66,724
24	57,022	86.7	4,567	6.9	1,703	2.6	2,487	3.8	65,779
25	56,681	84.6	4,404	6.6	2,517	3.8	3,359	5.0	66,961
26	58,449	85.7	5,526	8.1	2,212	3.2	2,350	3.4	68,238
27	55,400	82.5	5,817	8.7	2,603	3.9	3,360	5.0	67,181
28	58,874	83.7	6,998	10.0	2,460	3.5	1,966	2.8	70,298
29	60,270	86.7	5,535	8.0	2,242	3.2	1,439	2.1	69,486
1930	60,329	87.5	5,131	7.4	2,233	3.2	1,238	1.8	68,931

出典：農林省農務局・米穀局『米穀要覧』(各年版)。

おわりに

　全国的にみると、外米消費量は1918〜19年に急増したのち、20年代半ばに再び増加している(表補2-5)。1920年代半ばの外米消費は、量的には、1910年代末に匹敵する規模であった。しかし、千葉県内の外米消費量は、記録的な豊作で消費が縮小したと思われる年度を、やや上回る程度でしかなかった。

　ところで、1920年代における千葉県の外米消費量は、他県に比べて少量であった。1922〜26年度平均で、全国の米総消費量6,154万石のうち外米消費量は176万石(2.9%)を占めた。消費割合がきわめて少ない地域として東山(0.6%)・中国(0.8%)が、平均を大きく上回る地域として沖縄(53.5%)・北海道(4.7%)がある。それ以外の地域は、九州(3.8%)・東北(3.3%)・関東(3.0%)・東海(2.7%)・近畿(2.6%)・北陸(2.2%)・四国(2.1%)と、いずれも2〜3%台である[50]。そこで、同時期の千葉県の外米消費量をみると6,000石(0.4%)であり、1920年代を通じて、関東のなかでは最下位に位置してい

る（表補2−6）。植民地米の消費もきわめて少ない。千葉県域で、内地米の消費割合が他府県と比較して著しく高く、外米のそれが低い理由は、あらためて検討が必要である。

しかしながら、千葉県の内地米消費割合が高いことをふま

表補2−6　関東地方各府県の種類別米消費量　(1,000石)

		内地米	朝鮮米	台湾米	外米	合計
茨城県	I	1,329	4	18	23	1,374
	II	1,366	12	24	16	1,419
栃木県	I	926	5	8	9	938
	II	938	6	10	11	965
群馬県	I	904	4	9	17	934
	II	944	14	19	19	995
埼玉県	I	1,101	4	11	16	1,132
	II	1,251	28	37	20	1,336
千葉県	I	1,669	0	5	6	1,681
	II	1,662	5	7	4	1,678
東京府	I	3,652	177	106	58	3,995
	II	6,013	325	204	144	6,791
神奈川県	I	1,089	40	39	215	1,382
	II	1,437	113	38	107	1,694

出典：I（1922〜26年平均）は農林省農務局『米穀要覧』（1928年版）、
　　　II（1926〜30年平均）は同前（1931年版）。

えた上で、すでに検討したように、県内における1910年代末と、20年代半ばの外米消費に大きな差異があるという事実に注目する必要があろう。千葉県は概して、外米消費が進展しなかった地域であるが、1918〜19年には外米消費がある程度進行したにもかかわらず、24〜25年には不振となった。この千葉県域の事例がどの程度一般化できるかは、さらに検討が必要であるが、千葉県において確認した外米消費の変化は、表補2−5に示した1920年代半ばの外米消費量の数値と、その実態との間にズレがあることを示唆している。

すなわち、全国の外米消費量のうち、砕米などを除いて「飯米」に用いられる量は、1921年度には455,622石（外米輸入量に占める割合は55.7%）、27年度には1,825,145石（同44.2%）、30年度には456,248石（同36.5%）であった[51]。1920年代を通じて、外米消費の内訳は、飯米の割合が減少し、工業用原料などの割合が高まっていたのである。1920年代には植民地米供給が急増したため、内地米とともに、日本種への指向が高まったことが推測される。1920年代半ばになると、ある程度米価が高騰しても1910年代末のように、飯米としての外米需要は喚起されなくなったといえる。

外米消費の後退は、食糧問題が、外米輸入という方法では効果的に対応でき

補論2　千葉県における外米消費

なくなったことを意味した。すなわち、内地米、および質的にそれに類似した植民地米需要の高まりは、植民地を含む帝国圏内の供給により食糧自給を達成するという課題を、より切迫化していくのである。

注
（1）農林省米穀部『米穀要覧』（1933年版）。
（2）なお、原敬内閣発足前から、県・郡ないしは農会組織を主体とした外米の共同購入斡旋がはじまっている。
（3）井上清・渡部徹編『米騒動の研究』（全5巻、有斐閣、1959〜62年）を参照。
（4）「本年度ニ於ケル米価昂騰抑制策」（『米穀法施行関係資料』その2、農林水産省図書館所蔵「米穀文庫」所収）1925年、9頁。
（5）1920年代半ばの食糧政策の変貌については、大豆生田稔『近代日本の食糧政策—対外依存米穀供給構造の変容—』（ミネルヴァ書房、1993年）第4章第4節。
（6）「人間離れのしたお米」（『東京日日新聞（房総版）』1918年7月20日、5頁）。
（7）「未だ一月は苦しい」（同前、1918年9月3日、5頁）によれば、「在米甚しく不足を告げ」ていたのは「東葛飾郡外二郡」であった。「外二郡」とは、安房郡・千葉郡と考えられる（表補2-2）。
（8）「新米の出来るのが楽しみ／案外在米の多い安房郡／一番酷いのは匝瑳郡か／折原県知事談」（同前、1918年8月14日、5頁）。なお、おそらくこの記事を根拠にして、千葉県『千葉県史　大正昭和編』（1967年、以下『県史』と略す）は、「一〇石以上の米穀保持者がかなりあることがわかり、楽観的な見通しを立てていました」（67頁）と述べている。この「見通し」については、多様な読者を対象とした新聞記事の性格を考慮する必要があろう。
（9）前掲「未だ一月は苦しい」。
（10）「来年度に於て米価一度は五十円」（『千葉毎日新聞』1924年12月10日、2頁）。
（11）「食糧米の不足から／外国米を移入／昨年度よりも五万石多い／県下在米四十三万石」（『東京日日新聞（千葉版）』1925年7月11日、10頁）。
（12）「貯蔵の内地米を売り／台湾米を購入／関村の素封家が範を示し／消費節約に村民倣ふ」（同前、1925年7月19日、6頁）。
（13）「千葉の白米／一升の価／四十八銭也」（『千葉毎日新聞』1924年10月17日、2頁）。
（14）「米価の騰貴から／千葉署の眼が光る」（同前、1925年8月11日、2頁）。
（15）「食糧米の不足から／外国米を移入／昨年度よりも五万石多い／県下在米四十三万石」（『東京日日新聞（千葉版）』1925年7月11日、10頁）。
（16）千葉県農会『千葉県農会報』（第154号、1925年8月号）9〜13頁。伊藤の判断は、同年7月1日の全国在米量による。

おわりに

(17) 前掲、井上・渡部編『米騒動の研究　第3巻』378〜381頁、千葉県議会史編さん委員会『千葉県議会史　第3巻』(千葉県議会、1965年) 22頁、千葉県警察史編さん委員会『千葉県警察史　第1巻』(1981年) 773頁、など。
(18) 「外米管理ニ関スル件」(千葉郡役所『大正六・七・八年度郡長会議事項　上』1918年6月19日)、千葉県文書館所蔵。
(19) 「組合長さんが、やつと買つてきた西貢米／小売相場は一升廿一銭見当」(『東京日日新聞(房総版)』1918年5月23日、5頁)。
(20) 「外米が来た／五大力船に満載されて」(同前、1918年5月28日、5頁)。蘇我今井漁業組合・犢橋小深信用組合については記載がない。
(21) 「第二回外米買入」(同前、1918年6月7日、7頁)。
(22) 「君津郡の外米」(同前、1918年5月24日、5頁)。
(23) 「安房に外米来る／第一回分千三百袋」(同前、1918年6月2日、5頁)。
(24) 「安房の外米缺乏／購入方を当局に迫る」(同前、1918年8月16日、5頁)。
(25) 「第二回外米買入」(同前、1918年6月7日、7頁)。
(26) 「日本米より甘い／穀検所の外米試食会」(同前、1918年5月30日、5頁)。
(27) 「需要増加／米価暴騰の結果」(同前、1918年8月1日、5頁)。
(28) 前掲「外米管理ニ関スル件」。
(29) 「外米六千袋移入／本県より農商務省に交渉す」(『東京日日新聞(房総版)』1918年8月16日、5頁)。
(30) 「台湾米五千袋」(同前、1918年10月14日、3頁)。
(31) 県内における内地米消費の減退については、前掲『県史』65頁、松村秀男『千葉県百年』(毎日新聞社、1968年) 109頁、など。また農林省米穀局『道府県に於ける主要食糧消費状況の変遷』(1939年) によれば、「大正七、八年米価昂騰の結果〔千葉県では〕各地にて外国米・麦などの消費増加、就中都会地に於ては混食者の増加を見た」(24頁) とされる。
(32) 前掲「外米管理ニ関スル件」によれば、千葉郡では、外米は「中産以上ノ農家ニアリテモ、大麦ノ代用品トシテ使用スルモノ少ナカラス」と、麦飯に用いる大麦に代わって消費がすすんだ。
(33) 『東京日日新聞(房総版)』(1918年8月15日、5頁)、『国民新聞(千葉版)』(1918年8月15日)、前掲『米騒動の研究　第3巻』(378〜379頁)、前掲『県史』(67〜69頁)、所収。
(34) 大蔵大臣の諮問に対する千葉県知事の答申 (「現時ノ経済状態ニ照シ最モ時宜ニ適シタル貯蓄方法ニ関シ参考トナルヘキ事項」1918年8月22日提出) によれば、知事は、「米価及諸物価騰貴」のため、「農民及一部労働者ハ従来ニ比シ生活容易」となったが、「小官公吏其他少額ナル一定ノ収入ニ依リテ衣食スル者、及一般細民ハ生活困難ニ陥リツヽアル者少カラス」と回答している (千葉県『庶務課雑件永久　大正七年』、千葉県文書館所蔵)。すなわち、米価高騰の影響で生活が困窮した「小官公

補論2　千葉県における外米消費

　　吏」・「細民」、また少額の収入で生活する階層の存在を指摘している。
(35)「米価騰貴の影響」（『東京日日新聞（房総版）』1918年8月11日、5頁）。
(36)「漁夫へ外米配給」（同前、1918年9月30日、3頁）。
(37)「外米売行悪し／銚子町では」（同前、1918年8月25日、5頁）。
(38)「銚子町と外米／二日間の救済町会」（同前、1918年8月18日、5頁）。
(39)「外米売行悪し／銚子町では」（同前、1918年8月25日、5頁）。
(40) 前掲『米騒動の研究　第3巻』357頁、など。例えば横浜市の廉売では、外米購入者は「体裁をはばかって、他人の目につかぬように」し、「顔をそむけて逃ぐるがごとく立ち帰る」者もあったという。
(41)「外米の売行悪し」（『東京日日新聞（房総版）』1918年9月2日、3頁）。
(42)「銚子町の米は／四十九銭／惨たる下層民の現状」（同前、1918年10月23日、5頁）によれば、銚子町では10月下旬に「又復米価が暴騰した」ため、「下層民」は外米廉売が廃止されたことも加わって、「其の困難は惨澹たるもの」があり、「下等外国米を購入し、甘薯や菜葉の粥を作り僅に飢を凌いで居る」状態であった。米価の上昇により、同町の外米需要は再び高まったといえる。
(43)「諮問事項ニ対スル各廓ノ意見」（前掲『庶務課雑件永久　大正七年』）。
(44)「本県下の食料不足高」、「県農会が外米買入斡旋」（『千葉毎日新聞』1924年10月17日、2頁）、「本年の米は卅万石の減収／当局は細心の注意」（同、1924年10月24日、2頁）。
(45) 鉄道省運輸局『米ニ関スル経済調査』（1925年）18～96頁。
(46) 前掲『米ニ関スル経済調査』。外米は総て飯米に使用されている。千葉県では菓子用の米消費が多かったが、原料には内地米が用いられた。ほかに砕米消費（総て飯米以外）9,811石があったが、外米の占める割合は不明である（同、211～226頁）。
(47)「来年度に於て米価一度は五十円／食糧問題解決には朝鮮米の増収がもっとも有効」（『千葉毎日新聞』1924年12月10日、2頁）。前出の松村金兵衛の談。
(48)「食糧米の不足から／外国米を移入／昨年度よりも五万石多い／県下在米四十三万石」（『東京日日新聞（千葉版）』1924年7月11日、10頁）。
(49)「ジリヽ、押し進む／米価昂騰の原因と／材料の変化及弱気の主張」（『千葉毎日新聞』1925年7月8日、3頁）によれば、全国的な傾向としてではあるが、米価高騰の原因の一つとして、「外米は相当輸入されたるも、実需が思はしからざる模様」があったと指摘している。「（東京特信）」の記事。
(50) 農林省農務局『米穀要覧』（1928年版）58～62頁。なお、北陸は新潟・富山・石川・福井、東山は山梨・長野・岐阜、東海は静岡・愛知・三重の各県。
(51) 同前（1928年版、1932年版）56頁、6頁。

第3章　戦時期の外米輸入
―1940〜43年の輸入と備蓄米―

第3章　戦時期の外米輸入

　　　はじめに

　1920年代半ばから本格化した日本本国・植民地の米増産と、本国への植民地米移入の急増は昭和恐慌と重なり、1930年代はじめに米価の大幅な下落をもたらした。米価維持を目的とした米穀法・米穀統制法による買上げは政府所有米量を急増させ[1]、また次年度への繰越量を膨張させた。しかし、日中戦争が勃発し長期化していく1930年代後半に、日本本国の米穀需給関係は均衡に向うようになる（表3-1）。すなわち、植民地における米消費量が増加して対日移出が停滞・漸減したが、1930年前後から蓄積した多量の政府所有米・繰越米が漸次消費されて、供給の減少を補うようになった。
　ところが、1939年に西日本と朝鮮に旱害が発生し、本国ではむしろ増収であったが、朝鮮では大幅な減収となった。さらに、同地の消費量も加わって対日移出量が激減したため、この旱害をきっかけに、本国の需給逼迫はにわかに表面化した。1940年前後から統制が強化され、1940年10月に米穀管理規則、42年2月に食糧管理法が成立して供出・配給による米の全面的な統制がはじまる。
　また、1939年4月に公布された米穀配給統制法は、突然の深刻な米不足と、価格統制による極度の出廻抑制により、取引市場を管理下に置く政府の構想が頓挫し、その機能を停止した。翌年には米穀管理規則が定められ、ここに政府の管理・統制による米穀供出・配給制度がはじまる[2]。1940年春からは、植民地米移入量が急減する一方で、外米輸入が本格的に再開され、輸入量は1940～43年度に急増した。多量の外米輸入は1910年代末以来のことであった。また、精米率を低減させた「七分搗米」の配給がはじまり、玄米食が奨励されるほか、年齢・性別・労働などにより消費量を詳細に定めた配給制度が実施され、消費の節約と統制がすすんだ。
　戦時に本格的に再開された外米輸入については、戦後間もない1950年前後から、当時の政策担当者による執務資料などを用いた検討がはじまり[3]、また

総力戦体制下の農業統制政策の一環として、戦時食糧政策や(4)、「日満支」ブロックによる自給構想(5)などについて研究がすすんだ。また近年は、戦時から戦後にいたる食糧統制政策の展開が、政策決定をめぐる政治過程や、官僚の行動、官僚機構などに注目しながら検討されるほか(6)、政策決定にかかわる政府・軍部、さらに天皇・重臣、朝鮮・台湾総督、両院議員、枢密顧問官など「為政者」の認識や構想に注目した研究もある(7)。しかし、総力戦体制の形成過程において、食糧需給が逼迫して大量の外米輸入が応急的にはじまり、輸入依存からの「脱却」が唱えられながらもそれが長期化し、太平洋戦争末期にはその途絶が余儀なくされる過程、および外米輸入それ自体の展開や規模・機能、外米輸入による備蓄米拡充の構想などに着目した研究は少ない。

　本章は、戦時の1940〜43年度に急増した外米輸入について、特に輸入が増加し、消費が浸透していく過程、および戦時食糧政策における備蓄米形成の構想とその意義などについて検討する。さらに、太平洋戦争末期には米国の戦略諜報局 OSS もこの輸入急増に注目しており、同局が作成した日本の食糧事情に関する調査報告書なども参照して、戦時外米輸入の特質を把握する。すなわち、急増したのちに途絶する外米輸入を、戦時の食糧問題・食糧政策のなかに位置づけることを課題とする。

第1節　外米輸入の急増

1　1939年の需給逼迫と外米輸入

（1）外米輸入の本格的再開　　朝鮮米移入量の激減に直面した政府は、1939年11月2日の閣議で、40年度の供給量を確保するため、不足量を外米輸入により補塡することを決定した(8)。台湾米は、1940年度当初には500万石程度の移入が予想されたが(9)、年度内の実現は278

第 3 章　戦時期の外米輸入

表 3-1　米穀需給(1926〜46年)

年度	繰越量 (前年度より)	生産量 (前年の収穫)	前年度内 の消費量	次年度産 米に食い 込み量	輸移入量				移入量		
					輸入量					朝鮮	台湾
					ビルマ	仏印	タイ				
1926	5,500	59,704			—	850	639	2,304	5,213	2,187	7,400
27	5,968	55,593			—	1,218	1,205	3,899	5,903	2,638	8,541
28	5,766	62,103			—	611	1,008	1,889	7,069	2,431	9,499
29	7,840	60,303			—	1	1,043	1,227	5,378	2,254	7,632
1930	7,028	59,558			—	0	1,090	1,201	5,167	2,185	7,352
31	5,719	66,876			—	0	728	839	7,992	2,699	10,691
32	9,140	55,215	860	1,167	—	1	891	1,109	7,198	3,419	10,617
33	8,907	60,390	1,167	1,202	—	4	911	950	7,532	4,217	11,749
34	9,008	70,829	1,202	1,317	—	26	0	46	8,953	5,124	14,077
35	16,431	51,840	1,317	1,635	—	11	235	262	8,435	4,511	12,946
36	9,936	57,457	1,635	1,920	—	12	354	369	8,971	4,824	13,795
37	8,007	67,340	1,920	1,742	—	11	208	223	6,736	4,856	11,592
38	7,512	66,320	1,742	1,597	—	0	—	151	10,149	4,971	15,120
39	8,493	65,869	1,597	1,924	—	0	—	297	5,690	3,962	9,653
1940	4,061	68,964	1,924	1,128	2,802	2,929	1,893	8,326	395	2,784	3,179
41	4,357	60,874	1,128	594	2,916	3,751	2,903	9,606	3,306	1,970	5,276
42	7,070	55,088	594	1,614	268	5,559	3,390	9,214	5,235	1,702	6,937
43	2,352	66,776	1,614	1,738	120	3,719	1,177	5,016	—	1,638	1,638
44	2,612	62,887	1,738	2,298				495	3,500	1,300	4,800
45	2,305	58,559	2,298	1,724				1	1,421	151	1,572
46	1,893	39,149	1,724	3,336				110			

出典：食糧管理局『食糧管理統計年報　昭和23年度』(1948年)、横浜市『横浜市史　資料編 2 (増訂版)　統計編』
注：輸入量は暦年、ほかは米穀年度。輸入量・移入量と輸移入量の齟齬は年度の相違による。

万石にとどまった。朝鮮米は当初から、「統計のうへにおいては内地移出の余地は全然無い」と絶望視され、同年度内の移入量は40万石に過ぎなかった。同年度の植民地米移入量は合計318万石であったが、1937年度1,159万石・38年度1,512万石・39年度965万石、直前 3 年間の平均1,212万石と比較すれば、1/4に激減した。

　政府の不足対策の第 1 は、消費の節約であった。精米歩合の低減、混食代用食の奨励、酒造米の制限などによって420万石の節約が計画された[10]。その第 2 は外米の輸入であり、政府は直ちに600万石の買付けを準備した[11]。政府は第 1 回外米買付120万石に続いて、1939年12月半ばには第 2 回買付に着手する[12]。東京では年末年始から、輸送船が入港して外米が深川の倉庫に保管され、

第1節　外米輸入の急増

合計	輸移出量	繰越量(次年度へ)	消費量	人口(1,000人)	1人あたり消費量(石)
9,541	74,746	556	5,968	68,222	60,347	1.130
12,670	74,231	1,300	5,766	67,165	61,329	1.095
11,256	79,124	1,007	7,840	70,276	62,245	1.129
8,909	77,053	557	7,028	69,468	63,164	1.100
8,602	75,188	558	5,719	68,910	64,051	1.076
11,522	84,116	1,998	9,140	72,978	64,993	1.123
11,604	76,266	678	8,907	66,681	65,904	1.012
12,748	82,081	624	9,008	72,449	66,920	1.083
14,251	94,203	937	16,431	76,835	67,805	1.133
13,020	81,609	802	9,936	70,871	69,008	1.027
14,204	81,883	557	8,007	73,319	70,024	1.047
11,879	87,048	648	7,512	78,889	70,977	1.111
15,271	88,958	587	8,493	79,877	71,800	1.112
9,809	84,499	766	4,061	79,671	72,216	1.103
11,166	83,397	944	4,357	78,095	72,844	1.072
15,103	79,800	1,003	7,070	71,727	73,666	0.974
15,681	78,859	700	2,351	75,802	74,497	1.018
7,227	76,478	628	2,612	73,237	72,568	1.009
4,800	70,860	450	2,305	68,105	72,398	0.941
1,572	61,861	234	1,893	59,734	72,805	0.820
110	42,764	—	2,879	39,885	74,024	0.539

(1980年)。

「初荷はお米の宝船」と報じられた(13)。輸移入量の内訳をみると、1930年代半ばから輸入量は微量となり、39年度までは移入量が圧倒的であった。しかし1940年度からは、移入量が激減する一方で、輸入量は急増し43年度まで継続したのである（表3-1）。

（2）消費の進展　多量の外米が到着するにしたがい、東京では1940年3月から配給米に外米が混入され、消費者の食膳にのぼった。「大正八年の米騒動の時以来廿二年ぶり」に外米が「登場」し(14)、帝国圏内で供給不能の不足は、最終的に外米輸入により補塡されたのである。1939年11月から翌40年5月まで、40年度前半に配給された政府米・管理米は全国で778万石、うち「内地米」375万石・朝鮮米21万石・台湾米106万石・中国米25万石であったが、外米は250万石（32.1％）を占めた。県外から供給をあおぐ府県のうち、東京・大阪などの6大都市、および福岡・広島などの都市では、配給米に外米が混入されることになった(15)。

また1939年末からは、消費節約のため精米率を落とした「七分搗米」が奨励された。七分搗の内地米は黒みを帯びたが、外米は輸出地で精米されて船積みされ白色であった。内地米に外米が混じられた配給米は"霜降米"と称され、にわかに登場した外米混入の配給米は、次のように報じられた。

第3章　戦時期の外米輸入

　東京の食卓にもいよいよ "霜降米" が提供される、昨年来政府が輸入した白い外地米、いはゆる南京米〔外米〕が十二日から東京市内にも配給される、米屋さんもやむなく黒い七分搗に混ぜて売らなければならんといふわけで、遅くとも来週あたりからこの "霜降御飯" が家庭の食卓を賑はすことになりさうだ、このため東京府商務課では十二日中に指示価格を決定発表するが、二割の混米として一斗（約十四キロ）について十五銭から廿銭安くなり、味も殆んど変らないさうだ、"霜降米" の配給は大阪・神戸・京都その他大都市では既に試験済み、□[そ]れ以上混用する場合は更に糯米を混用することになつてゐる(16)。

　安価な外米が一律に混入されたため、価格は下がったが、食味は内地米と「殆んど変らない」といわれた。東京府商務課長も「慣れゝば平気」としたが、続けて「二割混用なら殆んど味が変らない、かへつてうまいといふ人もあつたが、五割以上になるとバサゞし過ぎて、ねばりの強い米を食べつけてゐるわれゝには不向き」と述べたように、食味は混入割合に左右された(17)。

　ところが外米混入率は、1940年度の端境期が近づくにしたがって急速に高まることになった。その推移を東京市を例に概観すると、まず、1940年5月初旬には混入率が6割に引き上げられた。すでに、2割混入でも「まづい」との評があったが、早々に6割へと高まったのである。

　まづい御飯と不評判の外米がいよいよ六割混入となるけふ〔5月〕一日、この値段厳守のきついお達しが警視庁から管下各署に通告された(18)。

　さらに1940年5月11日からは、混入率が一時的に7割に引き上げられた。政府所有米は、東京市中の飯米を一手に取り扱う東京府米穀卸商業組合へ払い下げられたが、内地米3万俵（12,000石）、外米4万袋（28,000石）であり、内地米3・外米7の割合であった(19)。5月下旬に外米混入率はいったん5割4分に下げられたが、これは入荷した台湾米が、外米7割のうちの約2割相当分に充当されたからである(20)。しかし間もなく、6月初旬には7割に戻ることになった(21)。配給米の内訳は、外米7割・台湾米1割・内地米2割となり、台湾米はほぼ据え置かれ、内地米が減少する一方で、外米だけが増量されたので

ある。「いよゝゝ戦時体制米の味覚」と評され、警視庁経済保安課は、既定の配給を徹底するため各署に取締りを通達した。

　6月上旬になると、政府所有米は内地米・植民地米・外米合わせて350万石に達して、1940年端境期は「大体において峠を越し」たと報じられるようになった[22]。外米・台湾米の輸移入が計画通りすすめば、端境期を「異常なく切抜け得る見透し」がついたのである。6月には一時、外米混入を停止して「まじりけのない七分搗」を配給したが、これは、外米を「あまり使ひ過ぎたのでストックがなくな」ったからであった[23]。ただし、6月下旬からは、再び外米2割4分2厘・内地米7割5分8厘の「霜降米」となり、さらに同月末には、外米混入率が6割5分に引き上げられた[24]。7月末には、大麦新麦の出廻りとともに、外米の「麦飯」が登場することとなるが、これは「従来の麦飯常識では割切れぬ、新しい麦飯の驚異を現出する」ものと評された[25]。

　1940年秋の収穫期に入ると、10月下旬には外米混入率が2割3分に低下し[26]、以後、しばらく外米混入はなかった[27]。なお、翌11月からは小麦の「強制混入」があったが、同年内には打ち切られている[28]。しかし、東京では1941年はじめから、「しばらくとだえてゐた外米が近く混入される」ことになった。外米の混入率は1割9分で「久し振りの混入」であったが、「今後続けて混入してゆく方針」であり、その混入率も「漸次高率となる見込み」であった[29]。同年3月には4割に引き上げられたが[30]、これには、消費者の「買溜め」を防止する目的があった。すなわち、外米混入率の低下が消費者の貯蔵を促したからであり、4割でもそれが「盛行」するようなら、さらに混入率が引き上げられる見通しであった。

　1941年の端境期が近づくと、東京の外米混入率はさらに高まった。同年6月からは外米6割3分に、糯米1割が混入されることになり、この比率が「当分の間続けられる」ようになった。外米混入率が増加したので、粘りをだすため糯米も混じられたのである。外米混入率の引上げについては、「最近外米の輸入は順調に進み、多量の手持米が出来たのを機会に、内地米の混入を少くして内地米を喰ひ延ばさうといふのが今回の混入率引上げの狙ひ」と、「手持」ち

や内地米による備蓄形成という目的が伝えられている(31)。こうして、外米が混入した米の配給は恒常化していった。

2　外米輸入の長期化

（1）備蓄米の形成と外米　　政府による米の需給調整は、一時的に外米混入率を引き下げることはあったが(32)、政府所有米を増加させるため外米輸入を「全力」ですすめ、また不足する内地米の消費を節約して政府の備蓄米量を増加させる、という基本方針に沿っていた。すなわち、供給不足による需給逼迫に対し、外米輸入による応急的補塡ではなく、大量の外米輸入によって植民地米移入の急減を補い、さらに政府所有米を確保・拡充して備蓄量を拡大し、端境期への対応など戦時の食糧配給を円滑にすすめるという構想である。

例えば、すでにみたように、政府は外米輸入の開始当初に600万石の輸入を計画したが、その狙いは、「差当り六百万石程度の外国米ノ輸入ヲ図リマシテ、翌年度ヘノ持越高ハ少クトモ五百万石以上トスル方針ヲ以テ、種々対策ヲ講ジタ次第デアリマス」と説明したように(33)、一定の繰越量を確保することにあった。その結果、1940年度末には、朝鮮米移入量が激減したにもかかわらず、前年度末の406万石を上回る436万石を繰り越すことに成功している（表3-1）。また、1941年3月には、外米4割の混入により「相当喰延ばしが行はれてゐる模様」で「飯米需給」は「安泰」と報じられたが(34)、これも備蓄量の拡大という外米輸入の目的を端的に示すものといえる。

政府のこのような備蓄拡充方針は、井野碩哉農林大臣が1941年11月、衆議院において「外米は全部貯蔵用」と述べたことからも明らかであろう。これは、「国民は食糧事情が判つてゐないため、現下の食糧に対し不安〔を〕持つてゐる向もある」という質問に答えたもので、農相は「本米穀年度の食糧は絶対不安なし」と言明し、さらに前年度の消費が「大に節約された」こと、このため本年度への繰越量が前年同期より「相当増加」したこと、さらに朝鮮は豊作、

第1節　外米輸入の急増

台湾は平年作であることなども指摘しながら、次のように述べた。

> 外米の輸入はなくとも、本米穀年度の食糧は不安なくこれを切抜け得る確信を持つてゐる、しかし将来の万一に備へ外米の輸入は怠らない積りである、さうして輸入されたものはこれを全部貯蔵に振向け、如何なる事態が発生しても微動だにしない確固不動の決戦食糧態勢を確立して置く方針で、着々その計画を進めてゐる、食糧不安は絶対ないのだから、国民も多少の不便を忍び政府の方策に協力して貰ひたい[35]

米穀供給は不足しておらず、外米輸入なしでも「不安」はないが、備蓄拡充のため輸入を継続しているという説明である。すなわち、「向こう一年間は外米が入らなくとも、国民に或る程度の窮屈さへ忍んで貰へば立派にやつて行ける」と、同時に言明したように、需給逼迫による不足補填のための必要不可欠な輸入ではなく、備蓄量の増加を目的とする輸入であった[36]。

（2）備蓄米の拡大　1940年10月には米穀管理規則が公布され、生産者・地主に割り当てた管理米を政府が買い入れて管理する、食糧管理制度へと続く供出・配給の体制が形成された[37]。石黒忠篤農林大臣は、公布直前の同年9月、次年度の需給関係は「容易に楽観を許さゞるもの」があると述べた。つまり政府は、政府所有米と管理米の「増強」をはかるため、酒造米の制限、代用食の奨励、精米歩合の制限による消費節約、政府供出米の増強、および外米輸入の促進につとめてきたが、1940年産米量は本国・植民地ともに「増産目標に達し難」く、しかも消費は「依然増加」の傾向にあったのである。このため石黒農相は、政府米・管理米を確保し、消費の規制を「強化する必要が痛切に感ぜらる」ため、外米や雑穀などの消費から「離脱を希望するが如きことなく、益々節米を実践」するよう求めた。また、外米の混入率を下げると、「飯米の食味向上」により消費が増加して「節米に逆行する」ため、政府は「深甚の考慮」を必要としたという[38]。

外米輸入は1941年度に継続し、同年度末の繰越量は大幅に増加した（表3-1）。政府は1941年11月、第2回収穫予想5,540万石をもとに繰越量を830万石と推計し、「米の需給改善著し」と判断した[39]。この繰越量は、「〔昭和〕

十年〔1935年〕以来の持越し記録」と報じられた。実際の繰越量は707万石であったが、これは前年同期の436万石を大きく上回っている(40)。1940年産米の収穫量5,540万石は1934年産米以来の不作であったが、41年度の繰越量は大幅に増加した。それは多量の外米輸入833万石によって実現したものといえる。井野農相は、1941年産米は不作となり、「減収状態を以て本年度〔1941年度〕の食糧事情に不安を感ずる向もあるかも知れませんが、十一月一日現在の全国在米高が八百三十九万石であり、昨年の同月同日の在米に比べて四百万石も増加して居る」ので、「少しも不安がないのであります」と、不作にもかかわらず備蓄量が増加していることを強調した(41)。

　すでに、1941年3月の次官会議において井野碩哉農林次官(42)は、「政府手持米も増強」されて「万全」であり、「米穀政策不安なし」と、翌月に実施予定の、米穀通帳による「定量配給」について「詳細報告」している(43)。また政府は、内地米・植民地米・外米を対象とする「米穀国家管理」(44)を強化するため、1941年3月までに1,500万石の買上げを予定していたが、予定数量を同月に100万石、4月以降に400万石を追加して合計2,000万石とした(45)。買上げによる政府所有米の増加は、需給調節や配給の安定化とともに、通帳制の円滑化など、「米穀国家管理」の実施に備えるためでもあった(46)。

　農林省は1941年3月、食糧管理局外地課長石川準吉を仏印・タイ・ビルマに派遣して、視察と外米買付交渉に当たらせた。同省は、外米輸入の必要性を長期的に認めていたといえよう。さらに、円滑な輸送、日本種の移植、農業技術の応用などを研究するため、別に同課書記官も派遣している(47)。

　ところで、備蓄量の増加を目的とした外米輸入の促進は、外米産地における対日輸出条件の形成と安定を前提とした。

　　最近泰・仏印の紛争問題は、我が調停案受諾により円満妥結を見るに至つたのは、大東亜共栄圏安定のためにも同慶至極であつて、殊に泰・仏印両国は外米の産地であるだけ、一層好感を持たれるわけである、それで当局者の言明の如く、外米輸入の確保は案外容易化するのではなからうか(48)

このように、日本政府の調停によるタイ・仏印間国境紛争の調停が東京で成立

第 1 節　外米輸入の急増

したが、これは、両地域ともに外米産地であるため「好感」をもって報じられた。米の増産と消費規制の必要性を訴える、1941年3月の解説記事が、当年は「先づ好機を逸せず外米確保が先決問題といふべきであらう」と述べていたように(49)、外米輸入による備蓄量の「確保」・拡充を前提として、長期戦のもとでの米穀需給が構想されるようになったのである。

3　太平洋戦争のはじまり

（1）中国占領地への供給　　外米は日本本国だけでなく、大陸における占領地の食糧供給源としても重要であった。この点について湯河元威食糧管理局長官は、太平洋戦争がはじまる直前に、「南方の米」について次のように語っている。

　　殊に支那の現状はこの南方の米を必要とすること一層痛切である、元来支那は平時より食糧不足の地帯であり国外よりの輸入といふ事が大きな問題である、満州の糧穀、カナダ・豪州の小麦、泰・仏印等の米等々が問題となる、東亜共栄圏の盟主として、日本は支那大陸の民生を安んずるために南方の米を確保しなければならぬ、若しABCD包囲陣にして南方の米の獲得に妨碍を為すならば、それは文字通り東亜共栄圏の生命線を脅かすものと申さなければならぬ(50)

戦争の長期化と戦線の拡がりにより、勢力圏内の中国食糧問題への対応も迫られたのである。例えば、外米輸入に依存していた上海では、輸入が一時困難になり食糧不足を「懸念した向きもあった」が、1942年4月には外米輸入の見通しがつき、「食米不安もなくなつた」と報じられた(51)。同年8月、農林次官三浦一雄は、「南方諸地域に厖大なる生産を誇る米及びその他の物資が、我々の共栄圏に参加」したことについて、本国の農業に「種々なる影響を与へるかどうかと言ふ事」について検討が必要と述べているが、「南方の農業は、内地の農業をおびやかすと言ふ事は決してあり得ないと思ふ」と断じている。すなわち、将来「内地は内地でまかな」うことになれば、「南方の過剰生産物は、

157

支那に於ける不足をまかなふやうに仕向け」ればよいとし、中国各地の食糧不足を外米で補うことを構想したのである[52]。

こうして、太平洋戦争がはじまると間もなく、外米輸入は戦時食糧供給構造の不可欠の一環に組み込まれた。すなわち、開戦直後に井野農相は、「仮に外米が輸入出来ない場合があつても、国民が麦や甘薯を混ぜて辛抱さへすれば、決して飢ゑに苦しむやうなことはない」と述べていたが[53]、緒戦の展開により輸入条件が安定すると、外米は勢力圏の食糧供給を構造的に支える機能を果たすようになった。同時に農林省は、「外米の輸入が確保出来れば、これを貯蔵することとし、長期の戦争遂行に完璧の布陣を行つて」おり[54]、また、「外米の輸入が確保出来れば、凶年および貯穀制度拡充に備へる」ことができると述べるなど[55]、備蓄拡充の方針は太平洋戦争開始後にも継続したのである。

（２）総力戦下の外米輸入量　1930年代末以降の、日本本国の米穀供給に占める外米の位置を確認しよう（表3-1）。1940年度から、植民地米移入量が激減する一方で、外米輸入量は急増した。1943年度まで多量の輸入が実現したが、輸入相手地域はビルマ・仏印・タイであった。最大の輸入相手は仏印であり、ビルマは、1942～43年度には減少している。

①1939年度　まず、日本本国の1938年産米収穫量は6,587万石で平年作であった。ところが、1939年度の朝鮮米移入量は、38年度の1,015万石から569万石に半減した。朝鮮米移入量は、1930年代前半期には増加の趨勢にあったが、翌39年の旱害の影響に先だち、38年度をピークに急減していった。1939年度には台湾米移入量も減少したが、同年度の外米輸入量はまだ僅少であった。したがって、輸移入合計量は前年より大幅減となり、546万石を減じて981万石にとどまった。供給不足は備蓄の掘り崩しにより補填された。すなわち同年度には、年度当初の繰越量849万石は、年度末には406万石に半減しており、1939年度中に差引443万石が消費されたのである。これは、輸移入の減少量に匹敵する。また、1939年産米の新米の消費（次年度に食い込み）も例年より20～30万石増加することになった。

②1940年度　1939年産米は、本国全体では旱害の影響は少なく、むしろ

第1節　外米輸入の急増

6,896万石と豊作であった。しかし、朝鮮ではその影響が大きく、また朝鮮内の消費も増加したため、朝鮮米移入量は僅か40万石に落ち込んだ。さらに、台湾米移入量も減少が続いた。このため、急遽799万石にのぼる大量の外米が輸入された。輸移入合計量は、大幅に減少した前年度を136万石上回ったが、移入減により1,117万石にとどまり、1930年代半ばの水準である1,300〜1,400万石を大きく下回った。しかし、年度当初の繰越量406万石は、年度末に436万石に漸増している。また、同年の1人あたり消費量については、前年度からの減少傾向の継続が確認できる。すなわち、植民地米移入量の激減を、消費の節約と大量の外米輸入でカバーすることにより、年度末にかけて備蓄量を幾分増加させることができたのである。激増した外米輸入は備蓄量の維持に寄与したといえる。

　③1941年度　1940年産米は6,087万石であり、前5ヵ年（1935〜39年）平均の6,519万石を432万石下回る大幅な減収となった。朝鮮米移入量はやや回復して331万石となったが、台湾米移入量は197万石とさらに減少して移入合計は528万石にとどまり、これは前5ヵ年平均1,246万石の4割に過ぎなかった。ただし、同年度の外米輸入量は987万石を実現して戦前・戦時のピークとなり、これは植民地米移入量の激減を補って余りある量であった。また、1941年の1人あたり米消費は大幅に減じており、1石を割って前年比9％の減少となった。その結果、不作と移入減にもかかわらず、さらなる消費節約と大量の外米輸入により、むしろ備蓄量は増加した。すなわち、1940年度から41年度にかけて消費は637万石減少したが、輸移入は394万石増加しており、合計1,031万石の供給増は、本国の減収を補うだけでなく、備蓄の増加を可能にした。年度当初の繰越量436万石は、年度末に707万石となり、備蓄量は大幅に増加したのである。

　④1942年度　1941年産米は、不作の前年よりさらに減少して5,509万石となり、1934年以来の凶作となった。ただし1942年度には、台湾米移入量は漸減したが、朝鮮米移入量は前年度に続いて増加し524万石となった。同年度の外米輸入量も前年とほぼ同規模の921万石が維持されたから、輸移入量は1938年度

159

第3章　戦時期の外米輸入

の記録を更新して1,568万石に達した。さらに節米が継続し、1人あたり消費量は、大幅に減少した1941年度よりはやや増加したものの、40年度よりは減少している。しかし、本国産米の大幅な減収により、年度当初の繰越量707万石は急減し、472万石を減じて年度末には1/3の235万石となった。凶作による大幅な減収は、節米の継続と徹底、輸移入米の増加、および減収分に匹敵する大量の備蓄掘り崩しによりカバーされたのである。

⑤1943年度　続く1943年度には、42年産米が数年ぶりの豊作となり、前年より1,169万石の大幅な増収となった。しかし移入量は大幅に落ち込み、朝鮮米移入はほぼ停止、台湾米移入量も164万石にとどまった。また外米輸入量も、前年度比320万石減の602万石であった。このため、輸移入量は前年度より大幅に減少して、半数以下の723万石に落ち込んだ。輸移入量の急減は、本国の豊作により補われたが、備蓄を拡大する余裕はなかった。繰越量は年度当初の235万石から年度末の261万石へ26万石増加しただけであった。すなわち、豊作ではあったが、輸移入が大幅に減少したため、備蓄の増加は僅少にとどまったのである。節米をさらに徹底するため、玄米食による節米が本格化するのは、この1943年度からであった。

⑥1944〜45年度　翌1944年度には、43年産米は6,289万石と平年並みであったが、輸移入量がさらに急減した。朝鮮米移入量は350万石とやや回復し、台湾米と合わせて移入量は480万石となったが、外米輸入はほぼ途絶したのである。このため1944年度末には、次年度への繰越量は231万石に減じた。1942年度当初に707万石あった繰越量は、翌43年度に大幅に減少し、その後も回復することなく停滞・減少を続け、43年度からは、これ以上の掘り崩しは難しくなった。したがって、次年度への食い込み量が急増することになる。続く1945年度には、前年秋の収穫量は5,856万石に減じ、また輸移入量も157万石に急減して深刻な供給不足に陥ることになる。その結果、次年度への繰越量はさらに減少して189万石となった。1人あたり消費量は一層切り詰められたが、備蓄はさらに減少したのである。

第2節　米国戦略諜報局の調査

1　1945年4月の報告書

（1）資料について　　本章第1節において、1940～43年度の多量の外米輸入による備蓄の維持・拡充、および輸入途絶後の消尽について確認したが、太平洋戦争末期に米国側が作成した、日本の食糧事情に関する調査報告書にも同様の指摘がある。この調査報告書の記述を参照しながら、日本の外米輸入と備蓄について検討するのが本節の課題である。

戦時から戦後にかけて、米国戦略諜報局 Office of Strategic Services（OSS、1942年6月に設置、中央情報局 CIA の前身）は、敵国日本に関する報告書を作成している。そのなかに、太平洋戦争末期の1945年4月1日付で作成された報告書、"THE FOOD POSITION OF JAPAN" がある（以下、「本報告書」）[56]。本報告書は、冒頭に全体の要旨 SUMMARY が付され、次いでⅠ 序文 INTRODUCTION、Ⅱ 生産と輸入 PRODUCTION AND IMPORTS、Ⅲ 消費 CONSUMPTION、Ⅳ 1943/44年[57]の食糧需給 FOOD BALANCE IN 1943/44、Ⅴ 1944/45年の変化 CHANGES IN 1944/45、Ⅵ 1945/46年への展望 PROSPECTS FOR 1945/46、および附録 APPENDIX という構成になっている。食糧の供給（生産と輸移入）および消費の動向を概観したのち、1943/44年、1944/45年の食糧需給を分析し、1945/46年への展望について報告している。

（2）本報告書の概要　　まず、本報告書の冒頭にまとめられた「要旨」の全文を紹介する。以下、本報告書の概要を示し、とりわけ外米輸入に関する調査結果について紹介しながら、その報告内容について検討していく。

日本の食糧経済は、戦前も現在も、多収作物の集約的生産・流通による最

第 3 章　戦時期の外米輸入

小限の消失、西洋諸国と比較し質的にも量的にも低い消費水準、などにより特徴づけられている。このようにして、日本は、急増する人口に対応する食糧自給を、ほぼ達成することができた。戦前でもすでに、食糧供給のほぼ 1 / 5 が日本の植民地から調達されたのである。

戦争は、日本の食糧供給の一層の引き締めをもたらした。1943年までに、基本熱量を単位とした食糧生産量は、1930年代後半に達成した高水準と比較して約 5 ％落ち込んだ。輸入[58]は1941/42年度にピークに達したのち、1943/44穀物年度 crop year には戦前の水準以下に若干減少した。1944年の全生産量はさらに 3 ％減少したが、他方で、1944/45年の輸入量は戦前より約25％減少することが見込まれている。したがって1945年の総供給量は、少なくとも、戦前より10％ほど減少すると思われる。

利用可能な資源をより一層節約・管理することによって、日本の供給状況の段階的悪化を防ごうとする試みがなされた。主要食糧の需要をまかなうために、精米率は減じられ、酒造その他の非食料利用は徹底的に節減された。したがって、1943/44年度における、生産量と輸入量から導かれる最大熱量は、戦前とほぼ同様であり、それは1944/45年度でさえ、戦前のおよそ94％になると予想される。供給量を公平に配分するために、〔年齢・性別・職業・労働などの〕生理的欲求に照らした差別的な配給が、導入されている。

これらの対策にもかかわらず、平均的なカロリー摂取量は、1930年代後半の 1 人 1 日あたり2270カロリーから、1944年の2050カロリーへと、約10％低下した。同時に、食事の質は──相変わらず極端な倹約という特徴をもつが──さらに悪化した。でんぷん質の食物が戦前よりも一層支配的となる一方で、脂肪分の不足がさらに深刻化している。米は総熱量の半分以上、他の穀物は約10％、甘薯と馬鈴薯は約 8 ％、大豆そのほか豆類は 7 ％を占めている。魚は唯一の重要な動物タンパク源であるが、非常に欠乏しており、熱量の 3 ％にもならない。砂糖の消費量は40％低下し、1945年にはさらに落ち込んだ。1945年の配給量は、砂糖を除けば、1944年と比較し

ておおむね変わりない。上記の数字は国内平均値であるが、食糧消費量は年齢・性別・身体活動の程度により変化するし、またその各々においても、地域ごとに食事の違いが存在する。

消費量が10%低下したのは、差し迫った緊急事態が影響したからではない。精米その他の無駄を削減して節約することで、1943/44年度の生産量と輸入量は、戦前の水準をわずか2％しか下回らない程度の消費水準を支えることが可能である。そのことが示唆する結論は、連合国の封鎖を予期し備蓄を増やす目的で、配給が必要最低限にまで縮小され、日本の食糧自給率が80％から90％近くまで上昇したということである。

早い段階での備蓄拡大は、1941～42年の輸入と1942年の米の豊作により、大いにすすんだ。1942年当初からはじめられた、全国的な米の配給にともない、備蓄の拡大は1943年の収穫期を通して続いた。1944年の収穫高は、1944/45年度の需要の85％を供給するにとどまり、かつ輸入が減り続けたので、今年の収穫への繰越は、おそらく昨年よりも僅かに多い程度であろう。しかしながら、今秋の収穫を控えた過剰備蓄は、1人1日あたり平均2,000カロリーを摂取すると仮定した場合、1945年の生産水準見込では、推定年間不足量の1.6倍相当であると推定される。いいかえると、消費量が現在の水準をわずかに下回るならば、日本はほぼ2年間、効果的な封鎖に耐えることができるように思われる。消費量がかなり減少すれば、日本は2回の収穫を乗り越えることができるのである。

しかしながら、備蓄の推定が、大きな累積誤差に左右されることに留意すべきである。「過剰備蓄」が、実際にはもっと少ない可能性もある。さらに、日本の農業はきわめて、窒素肥料の多投に依存しており、大変脆弱である。もし今年の植え付け前に、窒素の製造や流通が著しくそこなわれるとしたら、1945年の生産量は5％以上減少する可能性がある。備蓄は腐敗と空爆で失わせることができる。備蓄が農村に蓄えられる一方で、都市の食糧供給が落ち込むよう、輸送と流通をさらに一層悪化させることが可能である。戦時統制の悪化やインフレの懸念は、農業労働者が合法的販路に

第3章　戦時期の外米輸入

表3-2　1人1日あたりの食糧消費量(「戦前」平均と1943～44年度)

	「戦前」平均 1935/36・37/38・39/40年度 (カロリー)	(%)	「戦時」 1943～44年度 (カロリー)	(%)
米	1,222	53.8	1,149	56.0
米代用			75	3.6
小麦	139	6.1		
大麦	50	2.2	155	7.5
裸麦	44	1.9		
その他の穀物	12	0.5		
大豆	95	4.2	109	5.3
その他の豆	40	1.8	47	2.3
甘薯	130	5.7	137	6.7
馬鈴薯	36	1.6	32	1.6
野菜	72	3.2	61	3.0
果物	20	0.9	16	0.8
砂糖	180	7.9	111	5.4
魚	86	3.8	57	2.8
肉	8	0.4	5	0.2
卵	11	0.5	11	0.5
牛乳	7	0.3	3	0.2
乳製品	4	0.2	2	0.1
油脂			37	1.8
海藻			2	0.1
雑(5%相当)	114	5.0	41	2.0
合計	2,270		2,050	

筆者注）出典：原表 Table 4 ("THE FOOD POSITION OF JAPAN"、13頁)、同 Table 5 (同、16頁)。

より、法定価格で農産物を市場に出すことを拒むように仕向けることができる。農業労働者は、自分自身の消費量を増やすことで、自家の需要量を超えた余剰を蓄え、闇市場価格で販売するか、ないしは物々交換するようになるだろう。第2次世界大戦においてヨーロッパは、そのような展開が、ある住民集団には広範囲の飢餓を引き起こし、他方で、別の集団には比較的に栄養を行き渡らせたことを経験している[59]。

このように本報告書は、主要な産物である米のほか、その他の食糧農産物も含めた熱量から需給推計を試みている。その内訳を示したのが 表3-2 である。本報告書には「戦前」の1935/36・37/38・39/40の各年度の平均と、1943～44年度の構成が表示されているが、いずれも米の占める割合は50％台である。

また本報告書は、①日本本国の生産量が、1943年には、30年代後半のピークから5％ほど減少したこと、②1942年度に輸移入量がピークに達したが、44年度には戦前の水準を割り、45年度には戦前の3/4に減少したこと、また、③供給量が戦前の1割減になったこと、をそれぞれ予想している。ただし、精米

歩合の低下、酒造米の制限などにより、消費は1944年度においても、質は低下したが量は戦前と変わらず、45年度にも94%を保持したとする。また1944年度の供給量は戦前水準を2％減じただけであり、食糧自給率はかえって80%から90%へ上昇したという。すなわち、備蓄量は1941〜42年の大量の輸移入、42年の豊作により増強されたが、44年の減収、輸移入量の減少により増加傾向は鈍化し、45年度は前年度から微増にとどまるとの予想であり、1945年度まで備蓄は増加したと推計している。最後に、この備蓄量には誤差があるとしながら、また今後腐敗や爆撃による消失、闇取引の拡大による市場出廻りの縮小、消費の増加など、推測できない要素も検討しながら、節約が徹底すれば、ほぼ2年間の経済封鎖に堪える備蓄量であると推定しているのである[60]。

本報告書は、この「要旨」に続いて、「Ⅰ 序章」で日本農業の概要を紹介するが、その末尾において、戦時期の消費節約の進捗を、「日本の指導者が連合軍による封鎖を見越して課した備蓄計画」[61]によるものとし、過大な消費節約により備蓄が蓄積がされたとしている。次いで、「Ⅱ 生産と輸入」、「Ⅲ 消費」について、米以外の産物についても、生産・輸移入・消費が概観される。それらの作業をもとにして、「Ⅳ 1944年度」・「Ⅴ 1945年度」・「Ⅵ 1946年度」の食糧需給が、諸データの分析により推計されるという構成になっている。そこで次に、本報告書の構成に即して、1944年度以降の需給推計に関する記述（Ⅳ〜Ⅵ）を検討しよう。

2　1943/44年度の需給（Ⅳ）

（1）需給関係の分析　　Ⅳでは1943/44年度の食糧需給が、やや立ち入って検討される。すなわち、「要旨」にもあるように、まず同年度において、日本本国から1人1日あたり1,820カロリーの食糧が供給され、平均2,050カロリーが消費されているので、消費の90%は本国内資源でまかなわれていたとする。戦前期の日本においては、食糧需要の20%弱を輸移入に依存し、1人1日あたり1,840カロリー程度の部分を本国内で生産し、2,270

第3章 戦時期の外米輸入

表3-3　日本本国の米穀供給と消費（1938/39〜44/45年度）

年度	割当配給手段	日本在住人口推計(1,000人)	年間1人あたり消費量推計*1		供　給 (1,000トン)			
					前年度より持越	生産	輸移入	供給合計
			(トン)	(石)				
1938/39	不足が感じられはじめる				1,242*2	9,633*2	1,430*2	12,305*2
1939/40	多くの地域社会で地域的な割当配給が導入される	71,450	仮定A	0.158	1.08	593*2	10,086*2	2,350	13,029
			仮定B	0.161	1.10			2,282*3	12,961
1940/41	東京・大阪・神戸で割当配給が制度化される	71,600	仮定A	0.154	1.06	1,643	8,903*2	3,400	13,946
			仮定B	0.156	1.06	1,366		3,200	13,469
1941/42	1942年2月に全国的に割当配給制度が導入される	71,750	仮定A	0.149	1.04	2,771	8,055*3	3,550	14,376
			仮定B	0.152	1.06	2,085		3,350	13,490
1942/43		71,900	仮定A	0.143	0.98	3,388	9,766*4	2,200	15,354
			仮定B	0.146	1.01	2,292		1,750	13,808
1943/44	代用食の割合が漸増する	72,000	仮定A	0.133	0.91	4,974	9,197*5	1,900	16,071
			AB平均	0.136	0.93	4,043		1,750	14,990
			仮定B	0.139	0.95	3,112		1,600	13,909
1944/45		72,000	仮定A	0.132	0.90	6,416	8,737*6	1,400	16,553
			AB平均	0.135	0.92	5,128		1,100	14,965
			仮定B	0.137	0.94	3,835		800	13,372

原注）＊1　非食用、消失、廃棄などを含む。＊2　『東洋経済新報経済年鑑』1941年、148頁。＊3　*Japan*　＊5　東京放送、1944年3月14日。＊6　1945年1月の日本の公式報告に基づき、1943年の5％減と推測。
筆者注）出典：原表 Table 25 ("THE FOOD POSITION OF JAPAN", 43頁)。
注：本表右側の供給・利用の欄は石に換算。

カロリーを消費していた（表3-2）。1943年までに、農地から得られる食糧エネルギーは、労働力と肥料が不足したため5％ほど減少したが、七分搗米など精米率の引き下げや、消費や酒造米の削減などにより5％を節約して相殺され、「戦前」（1935/36・37/38・39/40年度の平均）レベルが維持できたと述べている。他方で、1人あたり消費量は節米により10％ほど減少したから、食糧自給率は約80％から90％近くに上昇したと推定している。

ここで本報告書は、この10％の消費節約が、必要量が輸移入できなかったために指令されたのではないとして注目している。つまり、推計の誤差を前提とするが、輸移入が制約されたために消費が節約されたのではなく、需給はほぼ均衡していたにもかかわらず、輸移入が過剰に促進されたと判断し、「興味深い」と注目しているのである。第1節にみた、不足の補填ではなく、備蓄の拡充を目的とする外米輸入の構想と同様の理解である。

興味深いことに、日本人が必需品を輸入できないために、消費量が10％落

第 2 節　米国戦略諜報局の調査

	利	用	(1,000トン)		供	給	(1,000石)		利	用	(1,000石)
輸出	消費*1	次年度へ繰越	利用合計	前年度より持越	生産	輸移入	供給合計	輸出	消費	次年度へ繰越	利用合計
111*2	11,601*2	593*2	12,305	8,566	66,434	9,862	84,862	766	80,007	4,090	84,862
100	11,286	1,643	13,029	4,090	69,559	16,207	89,855	690	77,834	11,331	89,855
	11,495	1,366	12,961			15,738	89,386		79,276	9,421	89,386
75	11,100	2,771	13,946	11,331	61,400	23,448	96,179	517	76,552	19,110	96,179
	11,309	2,085	13,469	9,421		22,069	92,890		77,993	14,379	92,890
75	10,913	3,388	14,376	19,110	55,552	24,483	99,145	517	75,262	23,366	99,145
	11,123	2,292	13,490	14,379		23,103	93,034		76,710	15,807	93,034
75	10,305	4,974	15,354	23,366	67,352	15,172	105,890	517	71,069	34,303	105,890
	10,621	3,112	13,808	15,807		12,069	95,228		73,248	21,462	95,228
70	9,585	6,416	16,071	34,303	63,428	13,103	110,834	483	66,103	44,248	110,834
	9,792	5,128	14,990	27,883		12,069	103,379		67,531	35,366	103,379
	10,004	3,835	13,909	21,462		11,034	95,924		68,993	26,448	95,924
50	9,477	7,026	16,553	44,248	60,255	9,655	114,159	345	65,359	48,455	114,159
	9,688	5,227	14,965	35,366		7,586	103,207		66,814	36,048	103,207
	9,898	3,424	13,372	26,448		5,517	92,221		68,262	23,614	92,221

Times and Advertizer, 15 March 1942. ＊4　『読売新聞』1943年4月7日。

ちたわけではないのである。1943/44年穀物年度における純食糧輸入量は、1人1日あたり約405カロリー、あるいは「戦前」（1935/36年・37/38年・39/40年度の平均）の約95％だと考えられている。したがって、生産量と輸入量により、1943/44年には2,225カロリーの供給が可能であり、換言すれば「戦前」の消費量からたった2％しか落ちていないことになる。……連合国による封鎖を予期し備蓄を強化するため、配給が最小限度にまで切り詰められたようである。これらの備蓄の大部分は米で構成され、砂糖と保存加工された魚で補充されている(62)。

つまり、連合国の経済封鎖などによる食糧輸移入の途絶を想定し、米や砂糖、また保存用の魚で補充された食糧備蓄が準備されたとの指摘である。

本報告書のこのような指摘は、次のような分析を根拠にしている。つまり、まず、本報告書による備蓄量は、あくまで推測に過ぎないとする。なぜなら、生産量や、配給された消費量の数値は比較的信頼性が高いが、輸移入量や、法

第3章　戦時期の外米輸入

表3－4　本報告書の数値の乖離（繰越量・生産量・輸移入量・供給合計量）　　　　(1,000石)

年度	繰越量(年度始)			生産量(前年)		輸移入量			供給合計量		
	実際	本報告書		実際	本報告書	実際	本報告書		実際	本報告書	
		A	B				A	B		A	B
1939	8,493	8,566		65,869	66,434	9,809	9,862		84,499	84,862	
40	4,064	4,090		68,964	69,559	11,166	16,207	15,738	83,397	89,855	89,386
41	4,357	11,331	9,421	60,874	61,400	15,103	23,448	22,069	79,800	96,179	92,890
42	7,070	19,110	14,379	55,088	55,552	15,681	24,483	23,103	78,859	99,145	93,034
43	2,352	23,366	15,807	66,776	67,352	7,227	15,172	12,069	76,478	105,890	95,228
44	2,612	34,303	21,462	62,887	63,428	4,800	13,103	11,034	70,860	110,834	95,924
45	2,305	44,248	26,448	58,559	60,255	1,572	9,655	5,517	61,861	114,159	92,221

出典：「実際」の数値は表3－1、「本報告書」の数値は表3－3。
注：米穀供給に関して、「実際」の数値と、「本報告書」の推計値とを比較した。A・Bについては、表3－3の仮定A・Bに対応する。1939～40年度について、仮定A・Bが設定されていない場合は、A欄に数値を記した。

定外の実際の消費量については誤差の幅が広いからであった。したがって本報告書は、備蓄を最大に見積もった場合、つまり効率的な生産と配給統制、および高水準の輸移入が実現した場合として仮定A、および、より低位の配給、低水準の輸移入しか実現しなかった場合として仮定Bを設定している。そこから導かれる推計値を、本報告書に掲載された原表から作成した表3－3に示した（同表には、石に換算した数字を補記した）。仮定Aは輸移入が多く、消費が少なく見積もられており、戦時統制が効果的に作用した場合を、仮定Bはその逆を想定している。ところで本報告書は、次年度への繰越量に着目している。

すなわち、米穀について、表3－3の輸移入量と繰越量を表3－1の数値と比較すると、生産量については大きな差はないが、繰越量・輸移入量・供給合計値ともに、表3－3の数値は表3－1より大きく上方にシフトしていることがわかる。本報告書の推計値と、実際の数値を比較した表3－4によれば、まず、輸移入量は、1939年度はほぼ一致し、40年度も乖離はまだ比較的小さいが、1941年度からは、仮定Bと比較しても差は大幅に拡がっていく。1943年度から仮定Bの推計値は減少に転じて急減するが、差は大きく開いたままである。また、供給合計量はさらに差が拡がっており、やはり仮定Bと比較しても、実際の数値は、戦争末期にも2～3割低くなっている。仮定Bは1945年度には減少に転じるが、実際はそれを遙かに下回っていたのである。さらに繰越量も同様であり、本報告書の推計は仮定A・Bともに増加を続けたが、実際は仮定Bの

第 2 節　米国戦略諜報局の調査

1/10前後にまで落ち込んでいた。

　おそらくこれは、日本本国の生産量について、米国側は比較的正確に把握していたが、輸移入量については、「誤差の余地は広い」と本報告書にも記されているように、正確な調査が難しかったことによると考えられる。日本国内の情報源をみても、生産量については新聞紙面などにも公表されるが、輸移入関係の数値については、太平洋戦争がはじまる頃から報じられなくなる。農林省や食糧管理局が刊行する官製資料も、輸移入関係の数値が掲載されるのは1939～40年頃までである。このため、特に、植民地米移入量の激減については正確な情報が得られず、過去の趨勢から実際より上方にシフトした移入推計量に、外米輸入推定量が加算された結果、過大な数値となったものと思われる。1939年以降の植民地米移入量の激減は、戦略諜報局の想定を大きく超えたものであり、過大な備蓄量の推計を導くことになった[63]。

　しかし、そのことによって、米国戦略諜報局による「過剰な備蓄」という評価を総て否定することはできない。すなわち「要旨」のように、1945年度において、「日本はほぼ2年間、効果的な封鎖に耐えることができる」ほどの備蓄は保持していなかったが、1940～43年の外米輸入は、激減する植民地米供給をある程度補い、また、限界はあるが、一定量の繰越の維持を可能にしたといえる。第1節で検討したように、備蓄の規模には大きな限界があり、早くも1942年度には大幅に掘り崩されて僅かな量に落ち込んだが、農林省・食糧管理局により備蓄の拡大・維持が試みられたのである。

　ところで本報告書は、米のほか十数種の食糧農産物について1944年度の需給状況を検討しており、それらは表3-5のようにまとめられる。原表には米・小麦・大豆・その他豆類・甘薯・馬鈴薯・野菜類・海草類・果物・砂糖・油脂・魚・肉・卵・牛乳・乳製品のそれぞれについて、生産・消費の需給状態を示しているが、表3-5には米・大豆・その他の豆類・砂糖・魚のみを示した。消費量は、①農家・非農家、職業・年齢・性別による各グループごとに定められた消費量の合計に、②米の代用品としての消費量（米の場合は、代用品が配給された分だけ米消費量が減じたため、負の数値になっている）が加えられ、さらに、

第3章　戦時期の外米輸入

表3-5　日本の食料需給(1943〜44年度、主穀類、野菜類、動物)

			グループ別人口(人)	米		大豆	
				1日1人あたり消費(g)*1	1年あたり(トン)	1日1人あたり消費(g)*1	1年あたり(トン)
非農家人口			43,255,500		5,441,796		473,647
	特別重労働	男	600,000	580	127,020	30	6,570
		女	75,000	450	12,319	30	821
	重労働	男	7,800,000	450	1,281,150	30	85,410
		女	2,500,000	400	365,000	30	27,375
	老人 60歳以上	男	1,494,800	320	174,593	30	16,368
		女	1,947,500	300	213,251	30	21,325
	子供	0-2歳	2,890,000	130	137,130	30	31,646
		3-5歳	2,929,000	175	187,090	30	32,072
		6-7歳	1,928,000	250	175,930	30	21,112
	青年	12-17歳	5,811,766	400	848,518	30	63,639
	普通の消費者、軍人		15,279,434	344	1,919,795	30	167,309
農家人口			28,744,500		3,577,332		346,734
	子供	0-7歳	5,610,000	180	368,577	25	51,191
	その他、男女		23,134,500	380	3,208,755	35	295,543
消費量合計					9,019,128		820,381
米配給の代用品として消費					△ 527,741		125,619
総消費量					8,491,387		946,000
食用以外の消費					1,321,000		222,000
総消費量					9,812,367		1,168,000
国内生産量					9,197,000		400,000
輸入超過(+) / 輸出超過(△)					1,747,000		920,000
総供給量					10,944,000		1,320,000
ストック増減 *2					1,131,613		152,000

厓注)　＊1　特別許可や非合法的な消費を含む、米代用の特別許可を含まない。＊2　実際のレベルではなく増
筆者注)　出典：原表　Table 26 ("THE FOOD POSITION OF JAPAN", 44〜46頁)。
　　注：17品目のうちから5品目を抜萃して表示した。

③食用以外の消費量が加算された。供給は生産量と輸移入量の合計である。ま
ず、米についてみれば、総供給量のうち15%が輸移入であり、輸移入の2/3
が備蓄の追加にあてられたと推計している。しかし、同年度の実際の輸移入量
は、480万石（72万トン）に過ぎず（表3-1）、同表の輸移入超過量175万トン
を大幅に下回っていた。
　そのほか、本報告書は大豆供給の2/3（67%）、ほか豆類供給の45%は輸移
入に依存していること、砂糖供給の85%は輸移入されるが、その20%は備蓄に

第2節　米国戦略諜報局の調査

その他豆類		砂糖		魚	
1日1人あたり消費(g)*1	1年あたり(トン)	1日1人あたり消費(g)*1	1年あたり(トン)	1日1人あたり消費(g)*1	1年あたり(トン)
	236,825		442,617		791,603
15	3,285	28	6,132	50	10,950
15	411	28	766	50	1,369
15	42,705	28	79,716	50	142,350
15	13,688	28	25,550	50	45,625
15	8,184	28	15,277	50	27,280
15	10,663	28	19,903	50	35,542
15	15,823	28	29,536	50	52,742
15	16,036	28	29,934	50	53,454
15	10,556	28	19,704	50	35,186
15	31,819	28	59,396	50	106,065
15	83,655	28	156,703	50	281,040
	178,360		293,769		419,670
17	34,810	28	57,334	40	81,906
17	143,550	28	236,435	40	337,764
	415,185				
	415,185		736,386		1,211,273
	96,000		24,000		920,000
	511,185		760,386		2,131,273
	289,000		136,000		2,210,000
	225,000		814,000		200,000
	514,000		950,000		2,410,000
	2,815		189,614		278,727

減のみに言及する。

振り向けられているらしいこと、魚は10％の輸移入があるが、それ以上の量を次年度に繰り越していることなどについても注目している。つまり、米をはじめとして、多量の輸移入があったが、次年度への繰越量もそれぞれ増加の趨勢にあったとしている。原表に表示されている総ての食糧について、輸移入量と備蓄の増減の欄をまとめたのが表3－6である。米など多くの食糧の備蓄が増加しているが、本報告書は、それが輸移入によるものであると述べている[64]。

さらに、本報告書の分析は府県レベルに降りて、府県別の食糧生産と消費を熱量で算出し、生産・消費の過不足を表示している（表3－7）。すなわち、まず、九州の福岡から東へ、本州南岸を東京にいたる地帯を不足地域とする。福岡県・広島県・兵庫県・大阪府・京都府・和歌山県・愛知県・長野県・山梨県・神奈川県・東京府〔都〕であり、1人1日あたり700～2,000カロリーの不足が

第3章　戦時期の外米輸入

表3-6　差引輸入量とストック増減
（1943～44年度）
(トン)

	差引輸入量	ストック増減
米	＋ 1,747,000	＋ 1,131,613
小麦・大麦	＋ 50,000	＋ 235,944
大豆	＋ 920,000	＋ 152,000
その他豆類	＋ 225,000	＋ 2,815
甘薯	──	──
馬鈴薯	──	──
野菜類	──	＋ 1,103
海草類	──	－ 600
果物類	＋ 100,000	＋ 1,095
砂糖	＋ 81,400	＋ 189,614
油	＋ 70,000	＋ 1,664
魚	＋ 200,000	＋ 278,727
肉	＋ 15,000	＋ 2,630
卵	──	＋ 42
牛乳	──	＋ 898
乳製品	──	＋ 1,050

筆者注）　出典：原表 Table 26 ("THE FOOD POSITION OF JAPAN", 44～46頁)。

生じていた。次に、多量の余剰がある地域は、九州中南部の鹿児島県・熊本県・宮崎県・佐賀県・福岡県南部、瀬戸内海沿岸の香川県・岡山県、京都府に隣接する滋賀県、東京近郊の埼玉県・千葉県・茨城県・栃木県の大半と群馬県の一部、および東北の宮城県と北海道であった。余剰は北海道・千葉県・茨城県の順に続くが、これらの道府県では1人1日あたり100～1,000カロリー相当の余剰を生み出したとしている。

（2）1943年2月の調査報告

ところで、本報告書に先立ち1943年2月5日付で、国務省 Department of State のドナルド・ラム Donald V. Lamm による報告書 "JAPAN'S FOODSTUFF POSITOIN" が作成されている[65]。ラムの報告書は、1939年から活発化する日本の外米輸入について、本報告書とほぼ同様に指摘している。ラムの報告書も、戦時の日本の食糧事情について、米、小麦・大麦・裸麦、砂糖、およびその他の食糧品の生産・輸入・消費を検討しているが、米についての要点は次の3点にまとめられる。

①日本本国における米の生産は、現在の配給制度のもとで、本国内消費が必要とする量を大きく下回っている。植民地からの移入を含めても、近年の総供給は1942/43年度の消費見積りより、およそ600万石下回っている。

②外国から大量に輸入した結果、日本は年度末の政府所有米の備蓄を、通常の繰越量である約800万石の2倍近い量に増加させることに成功した。

第2節　米国戦略諜報局の調査

表3-7　府県別食料過剰・不足*1
　　　　（1935/36・37/38・39/40年度に消費に供された全食料の平均）*2

	1人1日あたり平均過剰・不足カロリー（カロリー）	年平均過剰・不足カロリー米換算（1,000トン）	主要な過剰作物*3		1人1日あたり平均過剰・不足カロリー（カロリー）	年平均過剰・不足カロリー米換算（1,000トン）	主要な過剰作物*3
九州				東海道			
鹿児島	+ 450	+ 74	SP	石川	+ 215	+ 16	F
宮崎	+ 130	+ 11	SP	富山	+ 668	+ 54	R
熊本	+ 469	+ 65	R,W,NB,SP	岐阜	− 448	− 54	
大分	− 14	− 1	R,W,NB,FR	三重	− 274	− 33	R
福岡	− 728	− 207	W	愛知	− 894	− 267	
佐賀	+ 928	+ 65	R,W	静岡	− 559	− 114	SP,FR,F
長崎	− 158	− 22	NB,SP,F	関東			
四国				長野	− 724	− 125	
高知	− 454	− 33		山梨	− 811	− 54	B
愛媛	− 342	− 38	NB,FR	神奈川	− 1,344	− 261	
徳島	− 500	− 38	NB	東京	− 1,965	− 1,355	
香川	+ 198	+ 16	W,NB	埼玉	+ 96	+ 16	W,B,SP,V
中国				群馬	− 381	− 49	W,B
山口	− 123	− 16	F	千葉	+ 1,038	+ 174	W,B,SP,F,V
広島	− 845	− 158		茨城	+ 915	+ 147	R,W,B,SP,F,V
島根	− 296	− 22	R	栃木	− 280	− 33	W,B
岡山	+ 127	+ 16	R,W	新潟	+ 307	+ 65	
鳥取	− 81	− 4	R	東北			
近畿				福島	− 210	− 33	B
兵庫	− 1,004	− 305		宮城	+ 250	+ 33	R,B,F
大阪	− 1,769	− 822		山形	+ 231	+ 27	R
和歌山	− 695	− 60	FR	岩手	+ 24	+ 3	SB,F,B
奈良	− 346	− 22		秋田	+ 325	+ 3	R
京都	− 1,378	− 245		青森	− 43	− 4	FR,F
福井	− 48	− 3		北海道	+ 879	+ 285	MG,SB,OB,IP,F,M,DP
滋賀	+ 460	+ 33	R				

注）＊1　「過剰」と「不足」は、（1）各府県において穀物、および食用に供される産物（例えば、飼料・種子・製粉・屑肉・流通過程の浪費・工業原料など、各府県が定めた割合により算出される非食用産物を控除する）の集計熱量、および（2）消費の集計熱量（各府県ともに1人1日あたり2,270カロリーの定量で算出される）の差として定義される。
　　＊2　次の17の産物、米・小麦・大麦・裸麦・その他穀類・大豆・その他マメ類・甘薯・馬鈴薯・砂糖・野菜・果物・魚・肉・卵・牛乳・乳製品の合計である。これらの産物の総熱量は、カバーされない食料産物（油脂・鯨肉・水産養殖など）を考慮して、各府県ともに5％増加されている。
　　＊3　注＊1に示されたように、単一産品として算出される。実際に算出された過剰は、府県間に特定の食物消費の格差があるため、算出された数値と異なることがある。
　　　　R：米、W：小麦、B：大麦、NB：裸麦、MG：その他穀類、SB：大豆、OB：その他豆類、SP：甘薯、IP：馬鈴薯、V：野菜類、FR：果物類、F：魚類、S：砂糖、M：牛乳、DP：乳製品。
筆者注）出典：原表　Table 27（"THE FOOD POSITION OF JAPAN", 49～50頁）。
　　　　注：ブロック、府県の配列は原表通りとした。

第 3 章　戦時期の外米輸入

　　　したがって、日本は現在、たとえ東南アジアから全く切り離されたとしても、生産量の大幅な低下が起こらない限り、その備蓄は、現状では数年間 several years 耐えるのに十分である。
　　③日本は現在の備蓄を増加させるため、1943年度には、米をあらゆる地域から輸入するという政策を継続すると考えられる(66)。
　またさらに、1939年の米穀需給逼迫にはじまる外米の大量輸入、および備蓄の拡大について、ラムの報告書は次のように述べている。

　　1939年の秋に起きた事態は、消費制限ほかの措置を政府に迫った。1940年の春には、大量の輸入外米が仏印・タイ・ビルマから到着しはじめた。この輸入は現在まで継続しているが、その結果として、同年度末〔1942年10月31日〕における政府所有米の備蓄は、通常の繰越量800万石と比較すると、推定1,500万石に到達した。
　　大都市の倉庫による米の大規模な貯蔵は、1942年6月に正式に発表された。この計画は、空襲による輸送手段の重大な損傷に備えて、民間人に十分な供給ができるようにするため施行された。特別の貯蔵が、緊急の場合には都市の各セクションに供給されるよう指定されており、米の取引業者は配給に従事するため訓練された。米穀供給がきわめて多量であることの、さらなる証拠は、1942年の冬期に確認された。目撃者たちは、神戸における外米の貯蔵や、さまざまなところで保管場所となっている鉄道貨物シェードの利用について語っている(67)。

　1942年度末の現実の繰越量は、表3－1によれば、すでに235万石に落ち込んでおり、1943年2月作成のラムの報告書が推定する1,500万石とはかなりの隔たりがある。「通常の繰越量」とする800万石にも、1942～44年度には遠くおよばなかった。1939年以降の輸移入量の数値は、1945年4月の報告書と同様に、実際よりも過大に推定されていたのである。

第2節　米国戦略諜報局の調査

3　1944/45年度の変化（Ⅴ）と1945/46年度への展望（Ⅵ）

（1）1945年度　　本報告書のⅤには、まず、1944年産米の収穫量は900万トンに20～30万トン足りない、と記されており、これはほぼ表3-1の数値5,856万石（878万トン）と一致している。さらに、1945年度の米の輸移入量について、「米の輸入量は1/3まで減少することが見込まれている」と述べているが(68)、同表によれば、実際には推定量の110万トンを大幅に下回り、僅か24万トン（157万石）前後の移入にとどまった。

1945年度の変化について、本報告書は次のように検討している。

　1944/45年度における日本の食糧輸入は、1946年の生産量のほぼ確実な減少、予想されるそのさらなる減少、および都市への空爆による現存備蓄の部分的破壊という危険性に直面して、備蓄を保持するため食糧輸送にやや高い優先順位が与えられたと推測される。もし食糧輸入が最優先されるとすれば、大陸で獲得可能とみられる供給量、特に中国からの輸入量は、推定よりも大幅に増加する可能性がある。ただし、その他の産物（商品）の推定によれば、中国からの小麦を例外として、事実上総ての利用可能な余剰分は、すでに輸入できる見通しである。

　砂糖を除けば、今年〔1945年〕の配給は概ね変化はない。しかしながら、輸送と流通の問題から、大都市の中心部では、配給がきちんと実施されていない重要な証拠がある。また、特に米以外の食品について、流通統制が弱体化している兆候もある。その結果として、非合法な消費の量が増加していると思われる。配給による消費量と、制度外の消費量を合わせれば、1943/44年度とほぼ同等と推定される。日本の需要は、現在の生産量と輸入量で概ねまかなうことができるので、その結果、繰越の備蓄は利用されないだろう。しかしながら、米の繰越に著しい増加がみられないという点で、おそらく1938/39年度以降、はじめての年度になることは注目に値する(69)。

175

第3章　戦時期の外米輸入

　本報告書は1945年度においても、本国の生産量と輸移入量により、本国の需要を「概ねまかなうことができる」と判断しており、これは、すでにみたように、輸移入量・備蓄量の過大な推計に起因するものといえる。生産量の減少傾向は比較的正確に把握されていたが、輸移入量は過大に推定されていたのである。繰越量については、1945年度にいたりはじめて、備蓄の増加がとまったと判断している。また本報告書は、日本政府が備蓄の保持をはかるため、その運搬に与えていたのは、「最優先」top priority ではなく、「やや高い優先順位」high-to-middling priority であったとしている。本報告書がそのように判断した理由は、日本政府が相当量の備蓄を確保している、と推定していたからであろう。

（2）1946年度　　　1945年4月に作製された本報告書は、最後にⅥで、翌1946年度への展望を述べている。本報告書の推計によれば、同年度へ繰り越された備蓄量は玄米523万トン（3,487万石）で、その他に砂糖・小麦・大麦・大豆・魚により105万石（玄米換算）、合計628万トンの備蓄が存在した。これは、推定される年間不足量の1.6倍に相当し、したがって、なお日本本国は、消費量を少し減らせば、ほぼ2年間、「効果的な封鎖に耐えることができるように思われる」と判断したのである。さらに、仮にこの「過剰備蓄」が、「実際には既述の〔数値の〕たった半分である可能性に留意」したとしても、「日本は約1年間、輸入なしの状態を維持することができる」と推定している。

　ただし、この推定にはいくつかの留保が付されている。それは、①備蓄量については「直接的な証拠」がない、②日本農業は「大変脆弱」であり窒素肥料の製造・流通が中断すれば減収の可能性がある、③備蓄は「腐敗と空爆」により消滅させられる、の3点である。また、都市への食糧供給は輸送・流通条件の悪化により落ち込むため、「空爆の影響による輸送と流通の一部断絶」や、「都市における食糧備蓄の破壊」の効果について示唆している。またさらに、次のようにも述べている。

　ここ数ヵ月の食糧不足の拡大を指摘する報告は、全国における、一般的に

きびしい備蓄状況よりは、むしろ空爆の影響を受けた大都市における輸送と流通の一部断絶や、場合によっては食糧備蓄の破壊を指し示しているようである(70)。

さらに続けて本報告書は、「要旨」の最終段落のように、闇市場の拡大を予想している。ヨーロッパにおける第2次世界大戦の経験から、分配の偏りによる「広範囲の飢餓」を想定したのである(71)。

このように本報告書は、日本側が相当の食糧備蓄を維持していたと分析する一方で、その推計値は多くの誤差を含む可能性があるとし、生産資材の不足、流通の麻痺、空襲による破壊、闇経済の拡大など、すでにその徴候が現れはじめた現象によって、食糧供出・配給が破綻する脆さを指摘するものでもあった。

おわりに

1940年春から本格化し、43年度まで続く大量の外米輸入について、農林省・食糧管理局による食糧需給逼迫への対応、現実の外米輸入の展開と輸入量の推移、東京など消費地における配給の実態について、輸入に積極的な戦時食糧政策構想に注目して検討した。1940〜43年は、外米産地が日本の勢力圏に組み込まれつつあり、かつ、その輸送がなお可能な時期であった。東南アジアからの外米輸入は可能な限り促進されたのである。外米輸入量の増加は、単なる不足補塡ではなく、戦時の食糧管理を安定的に実施するため、政府所有米の確保・潤沢化を目的としていた。食糧政策推進の基盤に、外米輸入による繰越量、つまり、政府が管理する備蓄米の増加が位置づけられたといえる。

しかし、繰越量は1941年度末には700万石を超えて、戦時の備蓄が形成されたものの、41年産米の凶作により、翌42年度には、早くもその2/3を失うことになった。外米輸入はなお活発であり、植民地米移入もやや回復したが、1943年度以降の備蓄量は200万石台に落ち込んで、これ以上のまとまった掘り崩しは難しくなった。繰越量を戦前期の1/3程度の量に減じて、敗戦をむか

第3章　戦時期の外米輸入

えたのである。

　ただし、この外米輸入によって、米国側が作成した1945年4月の報告書、もしくはそれに先立つ、1943年2月の報告書の推計値には遙かにおよばなかったが、同期間に最大700万石を超える繰越量を蓄積した。これにより、植民地米移入が激減するなか、一度の深刻な凶作（1941年産米）を凌ぐことができたといえる。ただし、備蓄を掘り崩して不足を補塡したものの、1943年度以降は消費の切り詰めしか対応策はなくなった。さらに、同年度には外米輸入量も急減し、途絶する。戦争末期の備蓄は200万石程度となり、応急的な不足補塡にも不十分な量に落ち込んだ。

　米国戦略諜報局や、国務省の報告書は日本本国の食糧需給の実情について、生産量についてはほぼ正確に、輸移入量については過剰に推定した数値を基礎に作成された。現実には、米国側のきわめて慎重な推計を遙かに上回る速度で、日本本国の食糧需給は逼迫していったのである。

　1940年はじめから輸入が激増した外米は、大都市などのほか、全国各地で消費されることになり、戦時の食生活に強制的に組み込まれていった。また、備蓄の形成と維持・拡充にも寄与した。しかし、それは、軍需輸送を圧迫するだけでなく、戦況の悪化は直ちに需給逼迫の到来を意味した。したがって、大量の輸入がはじまる1940年から、輸入拡大と同時に、外米輸入依存「一擲」、輸入からの「脱却」が喧伝されることになる。

注
（1）大豆生田稔『近代日本の食糧政策―対外依存米穀供給構造の変容―』（ミネルヴァ書房、1993年）第4～5章。
（2）同「戦時食糧問題の発生―東アジア主要食糧農産物流通の変貌―」（『岩波講座　近代日本と植民地　5　膨張する帝国の人流』岩波書店、1993年）190～191頁。同「日本の戦時食糧問題と東アジア穀物貿易―日中戦争勃発前後の米・小麦―」（『農業史研究』36、2002年3月）1頁、など。
（3）食糧庁（松田延一）『日本食糧政策史の研究』（第1～3巻、1951年）、農林大臣官房総務課編『農林行政史　第4巻』（1959年）など。
（4）川東靖弘『戦前日本の米価政策史研究』（ミネルヴァ書房、1990年）第4章、清水

おわりに

洋二「食糧生産と農地改革」（大石嘉一郎編『日本帝国主義史　3　第二次大戦期』東京大学出版会、1994年）、平賀明彦『戦前日本農業政策史の研究—1920〜1945—』（日本経済評論社、2003年）第5章、など。
（5）玉真之介「総力戦下の『ブロック内食糧自給構想』と満洲農業移民」（『歴史学研究』729、1999年10月、同『総力戦体制下の満洲農業移民』（吉川弘文館、2016年）第3章・第4章、など。
（6）小田義幸『戦後食糧行政の起源—戦中・戦後の食糧危機をめぐる政治と行政』（慶應義塾大学出版会、2012年）第1〜3章。本書の第1章において、1940年度から活発化する外米輸入をめぐる農商省・陸軍省の対立、かつて米穀局長をつとめ、当時農林次官であった荷見安の、外米輸入に関する政策構想が検討されている。
（7）海野洋『食糧も大丈夫也〜開戦・終戦の決断と食糧〜』（農林統計出版、2016年）。
（8）「外米の輸入方針決定」（『読売』1939年11月3日、夕刊、1頁）。「供給数量」を確保するため、外米を輸入することとし、「手配を定め目下進行中」であった。
（9）「"米穀不安"一掃へ」（『読売』1939年11月11日、第2夕刊、1頁）。
（10）（11）「地方長官ニ於ケル米穀局長説明要旨」（『昭和十五年　米穀対策関係書類綴4』、荷見文庫」H777）。「荷見文庫」は農林省米穀局長、同次官を歴任した荷見安の執務関係資料。
（12）「外米第二次買付決定」（『読売』1939年12月13日、夕刊、1頁）。
（13）「初荷はお米の宝船」（『読売』1940年1月4日、7頁）。
（14）「二十二年ぶりに市民の食膳へ外米」（『東朝』1940年3月12日、夕刊、2頁）。
（15）「政府米及管理米種類別配給数量（自昭和十四年十一月一日至昭和十五年五月二十日）」『昭和十五年　米穀対策関係書類綴　3』（「荷見文庫」H776）。
（16）（17）「愈よ"霜降ご飯"」（『読売』1940年3月12日、7頁）。
（18）「外米六割値段厳守」（『読売』1940年5月2日、夕刊、2頁）。
（19）「けふから外米七割」（『読売』1940年5月11日、7頁）。
（20）「けふから外米は五割四分」（『読売』1940年5月26日、夕刊、2頁）。
（21）「外米は七割／混入率また変る」（『読売』1940年6月2日、夕刊、2頁）。
（22）「端境期の切り抜けに農林当局、確信つく」（『読売』1940年6月9日、3頁）。
（23）「"霜降米"再登場／今度は二割四分」（『読売』1940年6月19日、夕刊、2頁）。
（24）「また変る外米の混入率／内地米は三割」（『読売』1940年6月26日、夕刊、2頁）。
（25）「外米の麦飯登場」（『読売』1940年7月4日、4頁）。
（26）「外米混合率二割三分へ」（『読売』1940年10月27日、夕刊、4頁）。
（27）「また外米が混る」（『読売』1941年2月19日、夕刊、4頁）。
（28）「麦御飯は年内限り」（『読売』1940年12月4日、夕刊、2頁）。
（29）「米の供出、外米輸入共に順調」（『読売』1941年3月11日、夕刊、1頁）。
（30）「また外米が混る」（『読売』1941年2月19日、夕刊、2頁）。
（31）「外米四割へ」（『読売』1941年3月6日、夕刊、2頁）。

第 3 章　戦時期の外米輸入

- (32)「外米三割に減る」(『読売』1941年8月20日、夕刊、2頁)。「外米の混入率が減ります」(同、1941年11月18日、夕刊、2頁)。
- (33)「米穀事情説明」『昭和十五年　米穀対策関係書類綴　5』(「荷見文庫」H778)。
- (34)「休日控えて／需給は順調／外米混合で喰延し」(『都新聞』1941年3月9日、1頁)。
- (35)「米穀に不安なし／外米は全部貯蔵用」(『読売』1941年11月20日、夕刊、1頁)。また、「外米が入り得れば、できる限りこれを貯穀し、将来の備へに遺憾なからしめるむねの確信を披露した」とも報じられている(「食糧対策は万全」『東朝』1941年11月20日、夕刊、1頁)。
- (36)「社説・米穀発表とわが経済国力」(『東京日日新聞』1941年11月23日、以下、「荷見文庫」(注)(10)(11)参照)所収の新聞記事スクラップから引用した新聞記事については、頁数を省略した)。
- (37) 前掲『日本食糧政策史の研究　2』178～192頁。
- (38)「代用食の離脱を希望する勿れ」(『読売』1940年9月18日、夕刊、1頁)。
- (39)(40)「井野農相談」(『読売』1941年11月22日、1頁)。
- (41)「産米減少するも持越高で増加」(『中外商業新報』1941年11月22日)。
- (42) 井野碩哉は1941年6月まで農林次官、以後農林大臣となる。
- (43)「政府手持米も増強／米穀政策不安なし」(『中外商業新報』1941年3月21日)。なお、通帳制の実施にともない、混食は従来の大麦・小麦などに加えて、甘薯・馬鈴薯・麺類にも拡げられた。政府は、「米のみが主要食であるとする国民の考へを転換せしめる」と説くようになり、石黒農相も議会で、「国民の重要食糧を米のみに求めるべきではない、麦類その他に対しても食糧として慣れしめるよう指導する積りである」と述べた(「食糧確保を如何にするか　二」『都新聞』1941年4月2日)。のちの「総合配給」の構想は、植民地米供給が激減した1940年度当初に示された。
- (44) 前掲『日本食糧政策史の研究　2』157～159頁。
- (45) このため、追加の400万石が各府県に供出割当てされることになった(「政府米買上げ順調」『中外商業新報』1941年4月6日)。
- (46)「政府米の買上げ」(『東朝』1941年4月6日、3頁)。
- (47)「南へお米の使節」(『報知新聞』1941年3月13日)。
- (48)(49)「需給状態は平静に推移」(『都新聞』1941年3月14日)。
- (50)「南方に宝庫／食糧自給圏確立期す」(『読売』1941年11月13日、1頁)。
- (51)「上海の人口疎散三十万／食米不安も解消す」(『中外商業新報』1942年4月19日)。
- (52)「通貨としての米／東亜農業の将来」(『国民新聞』1942年8月14日)。
- (53)「国民の辛抱一つで食糧、毫も不安なし」(『中外商業新報』1941年12月13日)。
- (54)「総合増産を実施、外米杜絶にも備ふ」(『東朝』1941年12月9日、2頁)。
- (55)「内外地一貫自給に邁進／外米は専ら貯蔵に充当」(『東朝』1942年2月7日、2頁)。
- (56) 本報告書は、国立国会図書館憲政資料室においては「戦略諜報局情報研究報告」O.S.S/State Department Intelligence and Research Reports という資料群に属してい

おわりに

る。本資料群について、同館のリサーチナビによれば、1941年7月、アメリカ合衆国大統領ルーズベルトは、諜報活動を調整するため情報調整官 Coordinator Information をホワイトハウスに付設した。情報調整局 Office of the Coordinator of Information, OCOI は、安全保障に関わる情報を収集・分析し、大統領や、大統領が指定する政府機関・職員に提供した。同局には研究分析部 Research and Analysis Branch が設けられ、枢軸国の戦力・経済力を分析した。この組織は1942年6月、戦略諜報局 OSS に改組され、研究分析部もその一部局となり、多様な領域から900名の研究者が集まった。戦略諜報局は1945年10月に廃止されたが、研究分析部の業務は国務省に引き継がれた。この資料群は、OCOI 研究分析部、OSS 研究分析部と、国務省の継続機関が、各国の政治・経済・社会・軍事について分析し作成した報告書からなる。本報告書には2959番の番号が付されており、APPENDIX には、『日本帝国統計年鑑』・『農林省統計表』・『東洋経済新報』・『毎日新聞』・『東朝』（東京・大阪）、『読売報知新聞』などが、参照した資料として掲げられている。本報告書は、米国国立公文書館に所蔵され、RG59、RG226の資料群に収められている。1972～73年に、OSS の後継機関である中央情報局 Central Intelligence Agency, CIA がスクリーニングして指定が解除され公開された。本資料群は、University Publications of America によりマイクロフィルム化されて市販され、1978年に国会図書館がこれを購入している。

(57) この表記は、穀物年度 crop year などとも記されている。1943年産米の収穫に輸移入量が加わり、44年秋まで消費されて年度が終わるという期間であり、米穀年度（前年11月～当年10月）と同様の期間と考えられる。

(58) 「輸入 Import」と記されているが、植民地からの移入も合わせた「輸移入」である。本報告書の「輸入」については、以下同様。

(59) 前掲、"THE FOOD POSITION OF JAPAN"、ii～v頁。

(60) もちろん、本報告が推計する備蓄量は、米だけでなく、その他の食料も含めて産出されているため、米だけの推計値より大きくなっている。

(61) 前掲、"THE FOOD POSITION OF JAPAN"、2～3頁。

(62) 同前、39～41頁。

(63) それらの数値は、戦後、『食糧管理統計年報　昭和二十三年度版』（1948年）などの官製資料に掲載された。

(64) ただし、それぞれの貿易量については米と同様に、推計値には相当の誤差が含まれる可能性がある。

(65) "JAPAN'S FOODSTUFF POSITION", prepared for Military Intelligence Service, by Donald V. Lamm, Department of State, released February 5, 1943, RG166. RG166 は、米国国立公文書館のレコードグループで、タイトルは 'Foreign Agricultural Service'、米国農務省による世界各国・各地域の農業事情調査報告である。本資料は、そのうち Entry2A の Narrarive Reports (1942-1945) のうち、日本関係の書類を収める CONTAINER#301 に保管されている。

第 3 章　戦時期の外米輸入

(66) 前掲、"JAPAN'S FOODSTUFF POSITION"、9頁。
(67) 同前、4〜5頁。
(68) 前掲、"THE FOOD POSITION OF JAPAN"、5〜9頁。この引用部分には、「船積みの具合や太平洋の状況により、日本は台湾と仏領インドシナからの輸入量を減らさざるをえない。しかしながら、満州からの大豆の輸入は大幅に増加しているようである。」と注記されている（同前）。現実の輸移入量の減少は、本報告書が推測した数値より大幅であり、また「満州」からの大豆輸入の増加にも限界があった。
(69) 同前、51〜52頁。
(70)(71) 同前、55〜56頁。

第4章　総力戦下の外米輸入
　　　―受容から脱却へ―

第4章　総力戦下の外米輸入

はじめに

　戦時下の1939年、西日本・朝鮮に発生した旱害をきっかけにして、朝鮮米の対日移出量が激減し、植民地米移入を前提とする日本本国の米穀供給構造は激変した。1930年代前半の、本国の豊作や植民地米の移入増によって蓄積された備蓄（繰越）量は急減し、にわかに深刻な米不足が到来した。不足は急遽、東南アジアからの外米輸入によって補塡されることになった。こうして、外米輸入は1940〜43年度に急増して備蓄量を拡大させ、41年度には戦前期最大の輸入量となった（図序-1、表3-1）。

　東南アジア産の外米はインディカ種に属し、日本本国や植民地の日本種（ジャポニカ種）とは品質を異にしており、一般に内地米と混合して配給され、消費された。外米輸入には外貨を要し、東南アジアからの輸入には船腹を必要としたが、戦局が悪化するにしたがい輸入条件は動揺していく。このため、輸入が本格化した当初から政府は、外米輸入「一擲」、外米輸入からの「脱却」を、新聞・雑誌・ラジオ放送など多様なメディアを通じて、消費者や米作農家に訴えた。本章は戦時の外米輸入を対象として、主食の統制を通じて展開した戦時動員の特質について検討する。

　戦時の食糧問題や食糧政策については、当時の政策担当者による制度の研究や、省庁による行政史のほか[1]、総力戦を支える戦時経済統制政策の一環としての食糧管理制度の形成[2]、「日満支」ブロックによる自給構想[3]、などについての研究がある。また近年では、戦時から戦後に続く食糧統制について、政策決定をめぐる政治過程、官僚機構や官僚の行動に注目した研究もある[4]。

　しかし、総力戦体制が形成され展開するなかで、主食の需給逼迫により大量の外米輸入がはじまり、それが戦時の食生活に深く浸透したこと、また外米輸入「一擲」がくり返し唱えられ、太平洋戦争末期に輸入が現実に途絶したことについて、戦時動員の視点から考察する必要があろう。本章は、この戦時の外

米輸入について、にわかに大量の輸入がはじまり、内地米や植民地米とは品質を異にする外米が、消費者に受容されていく過程をさぐるとともに、農林省や食糧管理局などの政策主体が、輸入開始当初から多様なメディアを通じて、外米輸入「一擲」、輸入からの「脱却」を唱え続けたことの意義を明らかにすることを課題とする。

第1節　戦時下の外米体験

1　外米消費への対応

（1）外米の混入　　外米を混入した米配給の本格化に先立ち、1939年11月、搗精度を下げて消費を節約するため、国家総動員法第8条による米穀搗精等制限令（勅令）と同規則（農林省令）が公布された[5]。ただし、小売に従事する白米商のなかには、「お得意」から「叱言をいはれ、いつも他店と比較して品評」されるので、従来の白米と「同様な白さ」に戻す者もおり[6]、当初は十分徹底しなかった。しかし1939年11月に、同業組合の寿司屋が、

　　御時勢とあれば仕方がありません、七分搗でも工夫次第でなんとかお客さまの舌に合ふやうなものを握りたいと苦労してゐます、現在もう鮨米の手持ちもないので十二月早々いやでも七分搗です

と「白米最後の日」を語ったように[7]、同年末には、七分搗米の消費が拡がっていった。

　これに続いて翌1940年春からは、阪神地方に続いて、東京でも外米の供給がはじまった。まとまった量の外米輸入は、米騒動から22年ぶりのことであった[8]。東京における外米の混入率は、同年3月には2割であったが、5月には6〜7割に急上昇した。同月末には5割4分、7月はじめには2割4分に低下

第4章　総力戦下の外米輸入

表4-1　政府米・管理米配給量（1939年11月～1940年5月）

道府県	配給米（石）	うち外米（％）	道府県	配給米（石）	うち外米（％）
北海道	120	0.0	京都	368,890	39.2
青森	―	―	大阪	1,727,847	29.7
岩手	―	―	兵庫	799,436	35.5
宮城	―	―	奈良	31,570	73.2
秋田	78	0.0	和歌山	92,286	60.7
山形	80	0.0	鳥取	2,918	0.0
福島	―	―	島根	4,558	0.0
茨城	135	0.0	岡山	23,493	20.9
栃木	56	0.0	広島	223,046	18.9
群馬	24,591	76.9	山口	163,862	15.5
埼玉	20,608	48.5	徳島	14,456	92.0
千葉	―	―	香川	65,306	60.8
東京	2,309,151	24.5	愛媛	31,136	51.7
神奈川	456,044	27.7	高知	20,497	64.9
新潟	1,000	0.0	福岡	442,254	45.3
富山	―	―	佐賀	―	―
石川	148	0.0	長崎	251,924	27.2
福井	284	0.0	熊本	―	―
山梨	12,720	99.1	大分	3,500	100.0
長野	15,280	98.0	宮崎	―	―
岐阜	20,373	98.2	鹿児島	―	―
静岡	160,917	50.6	沖縄	15,010	63.9
愛知	322,130	36.2	南洋	38,808	19.0
三重	200	0.0	華北	108,788	62.4
滋賀	515	0.0	計	7,774,015	32.1

出典：「政府米及管理米種類別配給数量」（『昭和十五年米穀対策関係書類綴　3』「荷見文庫」H776）。

したが、のちに6割5分に引き上げられた。このように、外米の混入は増減をくり返しながらも、急速に増加していったのである（第3章第1節1（2））。

米騒動前後の外米廉売(9)では、購入は個々の消費者の判断に委ねられた。しかし、1940年からの外米供給は、不足する内地米や植民地米に混ぜて配給され、一定地域の消費者は均しく購入し消費することになった。1939年11月1日～40年5月20日に配給された米の内訳を、表4-1に示した。同期間の政府米・管理米の総配給量777万石に占める外米の割合は、全国平均で約3割、東北や北陸など米の主産地を含む府県への配給量は限られたが、多くの消費者をかかえた東京府・神奈川県・愛知県・京都府・大阪府・兵庫県・福岡県などは多量であった。さらに、地域差が大きいが、米の生産量が比較的少ない北関東・東山・四国などでは高い比率になっている。3割前後の京浜や京阪神のほか、東山・東海・中国・四国などの地域にも行き渡り、消費は全国に拡がったといえる。

こうして、にわかに再開された外米の消費は急速に拡がり、好むと好まざるとにかかわらず、多数の消費者が均しく消費するようになった。七分搗米の登場とともに、1940年は、年末に「節米に明け節米に暮れた一年であつた」(10)

と回顧されたのである。

(2) 炊き方　　外米が混入した七分搗米の配給がはじまると、その炊き方について、新聞や雑誌などのメディアに多様な記事が掲載されるようになった。1939年末には、「白米はもう頂けなくなります」と読者の自覚が喚起され、「国策御飯」の名が付されて、その「美味しい炊き方」が掲載された[11]。翌1940年3月になると、具体的な対応方法が登場し、従来の七分搗に外米が2割混入され、外米には精白するときの砂が混じり、「駆虫剤」の「異様な臭ひ」も加わるので「てひねいに水洗ひ」し、また乾燥した硬質米であるため、炊く8～10時間前に研ぎ、水に浸けておくなどの留意事項が提示されている[12]。

　そのほか、外米混入米の配給開始をふまえて、1940年には、その炊き方や調理方法などの記事が、新聞や雑誌にしばしば掲載されるようになった。まず、混入がはじまる同年3月には、外米1升に1勺（1％）の植物油を入れて炊くという、軍隊における100％外米の炊飯方法が紹介されている。ところでこの記事は、「内地米」や糯米と混合して配給されるなら、「さまで憂ふる程の心配もない」などと楽観的に結んでおり、実情に即した内容ではなかったといえる[13]。

　つまり、外米混入率が急増した同年5月になると、

　　四割でさヘボロヾ、といはれる外米混入ご飯が一日から六割となり、……主婦はその炊き方に新たなる苦心と研究をしなければならぬことになりました。本紙愛読者が寄せた一つの方法として、塩と砂糖と片栗粉を入れて炊く方法が、美味しくいたゞけるといふことが明らかになりました[14]。

など、実際の経験に基づいた工夫が紹介されるようになり、主婦の「苦心」と「研究」が必要とされるようになった。さらに、「外米が二割入つた昨今のご飯には、やはりそれ特有の臭気があります」と、外米の「臭気」を問題とし、その除去方法として、一寸角の木炭を米1升につき3個、釜のなかに浮かせて炊くという方法が、具体的に説明されている[15]。

　1940年半ばになると、外米混入率の増加が常態化するようになった。すなわ

第4章　総力戦下の外米輸入

ち、「たうとう七分搗にも外米が混るやうになりましたが、これも国策のためですから、文句をいふ前にできるだけ上手に炊いて、少しでも美味しく頂く工夫をいたしませう」と、現実に配給されている外米混入米を、前向きに受容するようになった。

　実際の炊飯方法として、一晩水に浸け、水加減を一割増しとし、サラダ油を加えて脂肪分を補い、臭気を除去するため木炭を入れて蒸すなど、これまでの種々の工夫を組み合わせた手法が紹介されている[16]。また同時に、「外米の御飯では皆さんが大分御苦心のやうですが、私共ではいろゝゝ工夫して、次のやうに炊いて大そう美味しく頂いてをります」と、糯米を1割、押麦を2～3割混ぜて粘りを出し、においを消し、強火で炊き、お櫃を清潔にして保ちをよくするなどの実践的な「工夫」が掲載された[17]。また、新しい炊き方として、前の晩に水加減を2～3割少なくして、一度煮立てて火を消してそのままにしておき、翌朝そこに熱湯を加えて弱火で炊き、さらに火を消す前に強火にすると、「しんからふつくり」炊きあがるという方法なども紹介されている、多様な経験に基づいた、さまざまな炊き方が登場したのである[18]。

　このように、東京では1940年春から、新たに外米を混入した配給がはじまるが、同年半ばに向けて混入率が急増した七分搗米に対し、少しでも「美味しく」炊くための「工夫」が次々と紹介された。華族の婦人も炊き方の記事を寄稿しているように[19]、外米は都市の諸階層を通じて、戦時の主食として受容されていった[20]。

（3）調理法　　炊き方のほか、その調理方法も紹介されるようになった。外米混入の配給が本格化した1940年はじめには、主食をめぐる新たな状況に即応して、多様な調理方法が紹介されている。それらは、『主婦之友』（24-9、1940年9月号）掲載の「代用食と節米御飯の作方十五種」のように、「節米国策にお尽し」することを目的とした、米の節約をはかる調理法の記事であった。それらのうち、第1（①～⑨）は、外米が混入した米、また、その米にさらにイモ類・カボチャ・雑穀・野菜などを混ぜた料理、第2（⑩～⑮）は、米を使用せず、麦類・イモ類・豆類・卵などを素材とする料理である（表

第1節　戦時下の外米体験

表4-2　「代用食と節米御飯」の材料・調理法

	料理	主な材料	調理法
①	炊込みカレーライス	米・豚肉・玉葱・人参・馬鈴薯	豚肉・野菜に米を加えて炒め、カレー粉を入れ、水・調味料で弱火で炊く。
②	南瓜と隠元の炊き込み御飯	米・南瓜・インゲン	南瓜と米を一緒に炊き、噴き上がったらインゲンを入れて中火にする。
③	玉蜀黍の炊き込み御飯	米・玉蜀黍・押麦	玉蜀黍・麦を米に混ぜ合わせて炊く。
④	甘藷御飯	米・甘薯・押麦	米・麦を炊き、沸騰したら甘藷を入れ炊き上げる。
⑤	黄金御飯	米・挽割玉蜀黍	一晩浸水した挽割玉蜀黍を煮立たせ、米（外米は水に浸けておく）を入れて炊く。
⑥	ひじきと枝豆御飯	米・ひじき・油揚	普通に炊いた御飯と、ひじき、味付けした油揚げ、枝豆を混ぜ合わせる。
⑦	野菜雑炊	米・大根・人参・莢インゲンなど、ありあわせの野菜	季節の野菜を沢山入れて煮込んだ雑炊。
⑧	トマト御飯	冷御飯・トマトピューレ・挽肉・ありあわせの野菜	冷御飯をラードで炒め、トマトピューレ（刻んだトマトでもよい）を加え、炒めた具を混ぜ味を調える。
⑨	むかご御飯	米・むかご（山芋の球芽）	むかごを摺りアクを抜き炊き込む。
⑩	味噌入りパン	小麦粉・ベーキングパウダー・味噌	小麦粉・ベーキングパウダーを玉葱のみじん切り、桜海老と捏ね、フライパンで焼く。
⑪	野菜パン	小麦粉・ベーキングパウダー・馬鈴薯	小麦粉・ベーキングパウダー・野菜屑、おろした馬鈴薯を混ぜ、蒸す。
⑫	月見薯	馬鈴薯・卵	ゆでた馬鈴薯をつぶし、卵をのせて焼く。
⑬	馬鈴薯の海苔巻	馬鈴薯・海苔	御飯の代わりに、つぶした馬鈴薯を使った海苔巻き。
⑭	焼里芋	里芋	蒸して皮を剥いた里芋に削り節をまぶして焙る。
⑮	里芋おはぎ	里芋・小豆・塩・砂糖	里芋を小豆の塩餡でくるんだ、おはぎ。

出典：「代用食と節米御飯の作方十五種」（『主婦之友』24-9、1940年9月号）310～315頁。

4-2）。いずれも、外米混入が本格化した時期に掲載されている。

　表4-2の①・②は、いずれも粘りのない外米に具材を炊き込んだものであり、①には「外米に足りない脂肪分もたつぷりあります」、②には「ねつとり甘味のある南瓜が、ぱさゝした外米によく合」うと付記されている。また、⑧も冷えると味が落ちる外米の特性を考慮したものであろう。そのほか、③～⑨は雑穀やイモ類・野菜を混ぜた御飯であり、米の使用量を節約したものである。⑤のように、外米はよく水に浸すようにとの付記もあった。また、⑩・⑪は麦類、⑫～⑮はイモ類を使った米の代用食である。

　1940年3月の『東朝』紙上に紹介された炒飯も、冷えるとより一層粘りけを失う外米に適した調理方法であった。次のように紹介されている。

第 4 章　総力戦下の外米輸入

　　　外米で最も悩むのは冷飯の処置ですが、それには支那風の炒飯が最も好
　　適〔であり、その素材は〕五色蛋炒飯（五人分）、材料、玉子三個・干剥
　　蝦十五匁・葱二本・ハム十五匁・グリンピース大匙三杯・ラード・塩・醬
　　油・酒塩・固い飯三合分位。……什銀炒飯（五人分）、材料、蟹小缶・椎
　　茸五枚・豚肉三十匁・筍三十匁・固い飯三合分・ハム十五匁・葱一本・白
　　菜三枚・グリンピース少し・調味料(21)

ここには、葱・グリンピースや豚肉・鶏卵・蝦・蟹・ハムなど、各種蔬菜や動
物蛋白を含む豊富な食材が並んでいる。1940年は日中戦争勃発から 3 年目であ
るが、「国策御飯」とはいうものの、なお豊富な食材を使った調理法が紹介さ
れている。レシピから判断すれば、外米配給が都市の一部の階層にとどまらず
中・上層、新中間層にも拡がり、同年頃には、主食の質の劣化を、なお一定の
余裕を保持しながら受容していったといえる。

　　2　受容の過程

（1）不適応　　　　内地米や朝鮮米・台湾米など、日本種に慣れ親しんだ多くの
　　　　　　　　消費者にとって、外米比率が上昇した配給米は受容しにくいも
のであった。しかし、戦時の消費統制は浸透し、あからさまに「まずい」と外
米を酷評した新聞記事などは少ない。もちろん、個々の私的な生活の領域のな
かでは、外米食は当然「まずい」ものとして認識されていた。すなわち次のよ
うに、家庭で大人が外米食を「まずい」とくり返すと、発育盛りの子供が嫌う
ようになると指摘されている。

　　　お子さんたちと食卓をかこうときだけは、外米はまづいなど〻云はないで
　　下さい。味覚に敏感な子供たちは、さうでなくてさへ外米が混入されてか
　　ら食欲を急に失つた例も少からずあり、それを親たちが不平顔に「まづ
　　い、まづい」をくり返せば、子供は心理的な影響からして決定的に外米嫌
　　ひになつてしまひます。これは発育盛りに少しでも多くの栄養が必要とさ
　　れる子供にとつて、一大障碍といはねばなりません。この際子供の偏食の

第1節　戦時下の外米体験

大半が、親たちの口からでる「まづい！」に帰因してゐることを強く反省すべきでせう。心なしに子供の前で不平をつぶやくよりは、まづい外米をおいしく食べさせることに心を用ひて頂きたいものです(22)。

炊き方や調理法に種々の工夫をこらしても、外米が食生活になじまないのは自明のことであった。外米食は多くの消費者に共通した、苦痛をともなう体験といえる。

しかし、比重を増して配給される外米は、消費者の主食消費のなかに、短期間のうちに強引に入りこんでいった。新たに登場した外米食に対し、消化不良を起こす子供も多かったが、その原因を外米に帰した記事は少ない。権威ある「医学者」は、外米が原因であることを否定し、むしろ外米は栄養価に富むとして、問題を、外米と「内地米」に差はなく、外米食は栄養価からみて合理性があるという「科学的」な議論にすりかえ、次のように説明している。すなわち、「外米御飯を食べて、下痢を起す子供が最近めつきり殖えて、小児科のお医者さんの許へ、訴へに来る母親も沢山あると云はれてゐますが、外米の栄養価は一体どう云ふものでせうか」、という問いに対し、慶大教授の医学博士は、「子供や病人に対して、外米にしたからと云つて、さう大した変化は無い筈ですが、炊くとボロヾになりますから、子供や胃腸病の人達には余り適当だとは云へません。……外米の栄養価は分析の上から見ますと、蛋白質・脂肪・含水炭素等、大まかな分類では、殆ど内地米と大差がありません」、と答えているのである(23)。

成人についても同様で、1941年3月の新聞記事は、30歳の会社員の、「昨年十月上京以来、外米混入のご飯のせゐか、臍を中心にお腹が痛んで困ります」という質問に対し、「外米を喰べるから痛むわけではなく、生活状態が変つたので消化の具合もちがつて来たためと思ひます」(24)、という医師の回答を掲載している。やはり、外米食が健康に影響を与えるという否定的な対応は避けられ、原因は外米食自体ではなく、別の複合的な要因に求められた。

このため、外米を除いて「内地米」だけ食べられるよう、外米を混入せず、分離した配給の要望もあった(25)。すなわち1940年夏には、「外米排撃の声が多

第4章　総力戦下の外米輸入

い」ので、衆議院議員や貴族院議員らを発起人として「外米対策有志懇談会」が開かれ、「内外米を混入率の割合で別々に配給する」ことを厚生省・農林省・商工省に陳情したという。これは、消費を余儀なくされる「混入」ではなく、回避可能な「別々」の配給を求めたものであるが、実現することはなかった。外米消費を拒むことはできなかったのである。

　しかし、外米混入の配給が長期化すると、その消費は日常化し受容がすすんでいく。1942年7月に掲載された新聞記事は、外米の配給開始からの2年余を回想し、当初の「嘆き」は「昔語り」となり、むしろ炊き増えする外米が好まれるようになったと述べている。外米配給が常態化し、「まずさ」を嘆いたことも過去のことになりつつある、とする記事である。

　　節米、代用食時代をへて帝都の食卓に外米がお目見えすることになつたのは十五〔1940〕年三月頃から、"ほかのことは何でも我慢するが、この年になつて南京米を食べねばならんとはねえ"、その中年婦人の嘆きも今では昔語り、混入率も時に二割、五割、八割と変化はあつたが、外米は炊き増えすると喜ばれるまでになつた[26]

（2）共通の体験　　外米の消費は拡がったが、もちろん「内地米」指向も強く残った。外米混入がはじまって3年が経過した、1942年末に掲載された次の記事は、外米受容の途が決して平坦ではなかったことを物語っている。

　　われゝは米の生活にも勝ち抜いて来た、顧みれば六大府県に外米が混入されたのが昭和十四〔1939〕年の暮、それ以来早や三箇年、白米への愛着をかなぐり捨てゝ、まづかつた外米との闘ひにも立派に勝ち抜いて来たではないか[27]

この記事は、続いて、「お米もいよゝゝ正月から玄米へと一歩接近、決戦色豊かな黒い御飯が家庭の食膳に登場する」と述べているように、玄米配給（内地米）による「黒い」米飯が登場する直前のものである。七分搗米、外米混入にとどまらず、さらに配給米は変貌をとげていく。

　また、中央食糧営団外米課主事は、「六大府県に外米が混入されてから、丁

度三年」となったが、この間、「二割混入からはじまつて、十五年の秋ごろには八割となり、逆に外米の中へ白米を混入の形にさへなつた」と外米混入割合の増加を回顧し、「とにかくもこれを忍び通して、今ではどんな米でも大丈夫といふ心構へが、知らず知らずに国民全体に行き渡つてゐると思ひます」(28)と、現在（1942年）にいたる受容の経緯を回想している。

　ここには、3年間、まずい外米との戦いを「忍び通し」、「立派に勝ち抜いて来た」こと、さらに「黒い米」、つまり玄米食でも「大丈夫」という決意が謳われている。外米食受容は、やはり苦痛をともないながら、忍耐を重ねて達成したものであった。いいかえれば、なお苦痛をともなう、「勝ち抜」くための課題であった。「内地米」指向は、現実にはなお強く存在したといえる。このように、1939年末からはじまる外米食は、多くの消費者が食生活を通じて、共通して実感した戦時の生活体験であった。

第2節　外米輸入「一擲」論

1　「一擲」論の展開

（1）応急的輸入の構想　　外米消費は、1940年半ばには「国民全体に行き渡」るようになり(29)、とりわけ都市において広く、深く浸透した。しかし政府、特に食糧政策を担当する部局は、輸入を本格的に開始した当初から、外米輸入「一擲」、すなわち外米輸入からの脱却をしばしば唱えた。それは、次のように推移する。

　まず、輸入が本格化した当初の1940年半ば頃まで、政府は、多量の輸入は応急的・一時的であり、次年度以降は朝鮮米移入量が回復するため、外米輸入の脱却は容易とみなしていた。政策担当者たちは、外米輸入に要する外貨や、輸送の負担は短期間に限定されると認識し、戦時には、外米輸入は速やかに「一

擲」すべきものと唱えたのである。実際、同年8月の全国作況予想が、本国は「稍良」、朝鮮は「普通作」、台湾は「目標……以上の収穫は確実」となったため、「明年度は完全に外米依存より脱却し得る見込みがついた」と伝えられた(30)。

しかし政府は、1940年10月公布の米穀管理規則が閣議決定される同年9月前後から、外米輸入の脱却は困難という見通しを表明するようになる。同規則は、農家に割り当てた管理米を政府が買い入れ、政府の管理下に計画的な米穀配給を実施するものであるが、政府はこの制度を円滑に運用するため、2,000万石におよぶ大量の管理米の買入れを計画し、その実現のため外米輸入を継続しようとしたのである（第3章第1節2（2））。

(2) 輸入長期化の兆し　1940年秋以降、外米輸入「一擲」は、現実に困難となっていく。すなわち同年11月に、第2回収穫予想が前年比12%減の6,417万石と発表され、40年産米の減収が確定的になった(31)。また、植民地の消費拡大により朝鮮米・台湾米の移入増も期待できないことが判明した。同年産米の実収高はさらに減じて6,087万石となり、1941年度の植民地米移入量は、前年より若干回復したものの528万石にとどまった。農林省農務局長周藤英雄は1941年1月、41年度の米穀需給について次のように言った。

> 朝鮮なり台湾における消費の増加は非常な数量に上つてゐる、この趨勢は必ずや……一時的の現象ではなくて、将来とも相当消費の増加といふことを考へなくちやならんのでありますから、今のままにしておきましては朝鮮・台湾からの移入といふことは、年々減つて来ないではゐない状況にあり、況んや一昨年の凶作の後をうけた朝鮮に見ますと、昨年あたりは朝鮮からの移入といふものが非常に減つてをります、……要するに内地の米穀事情から見ますと、外地〔植民地〕だけに依存してゐるといふことはどうしても出来ない状況にあります(32)

こうして、植民地米移入だけでは不足が補塡できないという需給関係が継続し、次年度も外米輸入の必要性が説かれるようになった。湯河元威食糧管理局長官は1941年2月、外米の輸入量がなお「相当額に達し」ており、「万一こ

第2節　外米輸入「一擲」論

れが入手困難」となれば需給がさらに「窮屈化する」ため(33)、「陸海軍乃至外務・通信当局ともよく連絡して、極力早く外米を内地に入れる」よう、外米輸入に「全力を挙げてゐる」と発表した(34)。また、「一朝有事」の場合は輸入確保が困難となり、「需給関係は相当窮屈となつて来る」ので、「可及的速か」に輸入するよう「努力」しているとも述べている(35)。

さらに農林大臣石黒忠篤は同月、今後1～2年にわたる長期的な外米輸入の「手当」をすすめ、それを「確保」したと、その方策について次のように議会で答弁した。

> 今日の国情から、外米の輸入を直ちに断念するといふ訳けには参らぬ事情を遺憾とする、而して外米の輸入に俟たざるべからずとするものがあるならば、多少長期に亘つての計画を樹てることが必要ではないかといふご意見があつたのであるが、政府としては此点同感であつて、さういふ計画のもとに話合ひをつけてゐるやうな次第である、而して手当ても一両年の間はついてゐると考へてよからうと思ふ(36)

すなわち農相は、「食糧は他の物資と異り、今日の如き時局に於ては、出来得る限り慎重な用意をして置かねばならぬ」と述べ、「必要数量」の外米輸入について閣議の了承をへて「手配」をすすめた(37)。

こうして外米輸入は長期化していく。1941年3月、井野碩哉農林次官は次官会議において、外米輸入が順調であると報告した(38)。1941年度にも、外米の輸入とその配給が継続することになったのである。

（3）輸入楽観論　ところが、同年12月に太平洋戦争がはじまり、外米産地である東南アジアに勢力圏が拡大すると、輸入を阻む要因の一部が解消して、「一擲」の必要性はにわかに後退した。ここに、「一擲」論の対極にある輸入楽観論が台頭することになる。

太平洋戦争がはじまる直前の1941年11月、湯河長官はラジオ放送を通じて食糧問題の現状を説明した。長官は、まず第1に、食糧問題の現状として、本国の消費量8,000万石のうち、1,000万石を外米輸入に依存しているが、米穀需給は「漸次改善されつゝある」と判断した。次いで第2に、今後の基本方針を、

195

第 4 章　総力戦下の外米輸入

①食糧自給を強化するため「大陸に希望を持つ」、②外米輸入は「東亜共栄圏確立上絶対確保」すべきであり、東南アジア地域はこの意味で「南方のウクライナ」である、③国内の米穀生産奨励金約 2 億円を臨時議会に提出する準備をすすめる、の 3 点にまとめた[39]。

　さらに湯河長官は、「大陸には無限の食糧生産力」があり、これを「科学的に推進することが肝要」で、「ひとり米麦のみならず、日本人は何時までも米飯を食はねばならぬといふことでは、大きな発展は望めない」として、朝鮮・「満州」方面の雑穀類を本国に輸移入して、食糧として消費する構想を示した。さらに、外米輸入の重要性について次のように語っている。

　　更に遠く眼を南方に放てば泰・仏印・ビルマがある、東亜共栄圏のウクライナである、今は南方の米を外米と呼んでをり、外米依存の不可を唱ふる声が高いが、これとてもまた斉しく共栄圏内生産の食糧である、もとより帝国食糧自給の見地より、恒常的に泰・仏印等の米に頼ろうとは思はぬが、一旦その必要のある時は、何時にてもこれを利用し得るやうにして置く必要がある[40]。

さらに長官は、「南方」の外米生産地域は「自然のまゝに放置されてゐる処女地」であり、「技術的」、「経営的」にはたらきかけることで、生産力の拡大が期待できると強調している。すなわち、「東亜共栄圏」の食糧確保を実現するため、南方の外米は「無限の強み」であり、かつ「百パーセントの安全性」があると断じたのである。

　また翌1942年 1 月には、「南方の食糧」について、仏印・タイ両国の輸出余力は年間2,200万石であるが、需要はマレー200万石、中国は不作年に1,000万石であり、「わが国が一千万石の外米を要するとしても。優に圏内自給は可能」と述べ、対日供給の余裕があることを強調した[41]。この点は、同年 1 月に井野碩哉農林大臣が、「今や穀菽を始め畜水産も豊富なる南方の諸地域は、或は我国と盟約を結んで提携し、或は我勢力下に入らんとしてゐる、食糧政策の将来も大いなる光明に照し出された感じを抱く」と述べ[42]、また同年 3 月に農林省食品局長辻謹吾が、「何といつても泰・仏印及びビルマが皇国の勢力圏内

第 2 節　外米輸入「一擲」論

に入つてゐるので、時期的には輸送その他の関係で非常な苦心をしなければならぬけれども、米の問題で国民が不安を抱く必要は毛頭ない」と、留保を付しながらも、外米輸入に楽観的な見通しを語った通りであった(43)。

さらに、農林省総務局長重政誠之は同年 4 月、「大東亜共栄圏の食糧計画」と題するラジオ放送で、仏印・タイ・ビルマ産外米の輸出先として、「今後は先づ日本に於て補塡又は保育〔ママ〕を必要とする場合は、日本に対する供給を優先的に確保すると共に、主として共栄圏各地域の需要に対応して供給する」という方針を明らかにしている(44)。この、対日輸出の優先的確保という表現は、「食糧計画」が外米輸入への依存を前提としていたことを示唆している。さらに湯河長官は同月下旬、「外米輸入現地交渉」を終えて帰国したが、「交渉は巧く運び数量も十分獲得することが出来た、輸送の点が問題になつたのだが、これも手配済みだ、国民各位は安心してよい」と述べ(45)、作柄が「非常に順当」なこと、「関係政府が盟主日本の聖戦目的をよく理解して、産米供出は自分らの責務であると自覚している」ことなど、外米輸入の安全性を力説した(46)。

こうして、太平洋戦争開戦直後の外米輸入は、「楽観は禁物」とする警戒論はあったが、現実には「極めて順調」という楽観論が支配的になった。すなわち1942年 5 月に、食糧管理局第一部長田中啓一が次に述べた通りである。

　　泰・仏印の米は、従来仏印等はフランス・米国その他欧州諸国へ行つて居り、泰の米はマレーへ行つてをるのです、……結局ヨーロッパの方へ行く路が塞がつたのですから、……従つて泰・仏印の米を以て今度の大東亜戦争の主要食糧を賄つて行く考へ方で居つたのですが、幸ひに大東亜戦争といふのは極めて工合よろしく進展した為に、全体としては非常に潤沢に数量を確保出来たのであります、……軍の方面でも、米の搬出は作戦の一部と考へて努力すると言つて居られるのでありまして、……米の輸入も極めて順調に進捗して居り心配はありません、……ビルマといふ国は世界一の米の輸出国で、大体泰と仏印とを併せた位の輸出量があつたのであるが、これが他へ出る途がなくなつたのであり、大東亜共栄圏を賄ふ米の数量は大変多くなる訳でありますが、ビルマはすつかり戦場になつた為に相当収

第4章　総力戦下の外米輸入

穫地も荒れてしまつてをる……併し将来は勿論ビルマの米によつて、大東亜共栄圏の米は剰る位のことになるだらうと思はれます(47)

　政策担当者たちは、植民地米移入の回復が困難な場合、外米輸入「一擲」の実現は不可能と認識していたと考えられる。したがって、「南方」を獲得して外米輸入が比較的容易になり、植民地米移入に相当する量が確保できれば、「一擲」論は後退していく。こうして、1941年末から42年にかけて、「一擲」論に代わって楽観論が台頭するようになったのである。

（4）再び輸入脱却へ　　しかし1943年度になると、まず、植民地米移入量は1930年代後半の水準を回復できず、増減をくり返しながら、さらに低落していった（表3-1）。また、植民地米移入の急減を補っていた外米輸入にも、同時に陰りがでてきた。戦局の悪化にともなって外米の輸送が困難となり、輸入条件は急速に失われていった。輸入量は減少しはじめ、「前〔1942〕米穀年度においては、……外米輸入は、予備貯蓄にするといふ余裕のあることを申せたが、本〔1943〕米穀年度においては外米の対策は不足補塡の一部にしか当らないのである」(48)と説明されたように、輸入量が減じて「決戦下」の外米輸入はにわかに不確実となったのである。

　ここに、外米輸入「一擲」が再び力説されるようになった。植民地米移入が落ち込んだままの状態で、外米輸入が実現しなければ米穀需給の破綻は自明であったが、現実に外米輸入が困難化しはじめたため、急遽その「脱却」が迫られたのである。植民地米移入が回復しないまま、外米輸入「一擲」を実現するには、供出・配給の厳格化を前提とした消費の切詰めが必須であった。ここに外米輸入「一擲」論は、米作農家や消費者に供出・配給の課題達成を強いる言説として、明瞭に位置づけられるようになった。

　戦争末期の1944年度には外米輸入がほぼ途絶し、その結果として、余儀ない「一擲」が現実のものとなった。すなわち同年度開始直前の1943年10月、湯河長官はラジオ放送を通じ、「船腹の制約のため外米依存より脱却する必要」が生じたため、「今こそ年々輸入高数百万石に上る外米依存より脱却し、完全に自給自足を実現する秋」であると述べ、外米輸入からの「脱却」を訴えるとと

第2節 外米輸入「一擲」論

もに、「国民の国内食糧事情への覚醒を促」した(49)。また代用食として、麦・イモ類・大豆・その他雑穀類の増産を「力説」し、農村では米以外の「郷土食の普及」によって供出の「完璧」を期し、都市では麦・イモ類・大豆・玉蜀黍などの代用食を含む「総合配給」を「一段強化」すべきであると訴えた。

ここでは、前年とは異なり、「船腹の制約のため外米依存より脱却する必要」が「強調」されている。湯河長官は、「十九〔1944〕年度は兎に角、外米を一粒も食はぬ覚悟でやつて行く肚が必要であり、この点国民は国内の食糧事情について完全に頭を切りかえることが必要と考へる」とラジオ放送したように(50)、もはや外米輸入の条件は失われ、次年度の輸入は絶望的となったのである（表3-1）。

こうして外米輸入「一擲」論は、はじめ、外米輸入が実現可能であることを前提として登場し、楽観論に転じたが、戦局が深刻化すると、前提が実現不可能に逆転して再登場した。すなわち1943年7月、農林大臣山崎達之輔が述べた、次のような「一擲」論である。

> 南方よりの外米の輸入には多量の船腹を要し、前線の作戦に、或は軍需資材の輸送にそれだけ掣肘を加ふることとなる、しかして戦局は愈々深刻苛烈を加ふる情勢であるから、この真に決戦の現段階に在つては速に外米依存を脱すべきであり、来年度に於ては万難を排して、国内及び満州国を通じて食糧の自給自足の態度を確立せねばならぬ(51)

太平洋戦争の開戦当初には、「陸海軍の、作戦の一部を犠牲にされての協力」(52)があり、外米輸送など一定の民需用船腹が保証され、楽観論の前提となっていた。しかし、1944年度には、そのような前提は消滅したのである。

ところで、外米輸入が本格化した当初の1940年5月9日付で、陸軍次官は農林次官に対し、「食糧対策ヲ強行努力スル事ナク、直チニ外米輸入ニ依リ需給ヲ調整セントスルカ如キハ、現下戦時経済運営上適当ノ方策トハ思惟セラレス、従ツテ先ツ国内食糧問題ノ解決ニ努力シ、万已ムナキ場合輸入スルノ主義ヲ確立堅持ス」(53)と、輸入反対の意見書を提出していた。戦時下の輸入依存は「適当ノ方策」ではなく、輸入は「万已ムナキ場合」に限定し、安易に海外

第4章　総力戦下の外米輸入

からの供給に依存すべきでないという主張である(54)。しかしそれは、実際の需要量・供給量に基づくものではなく、戦時下における国民食糧の自給自足を標榜する精神的・観念的なものであった。

したがって、農林省はこれに対し次のように、現実的に需給均衡を実現するための最小限の輸入であると反論した。

> 食糧の絶対数量を確保し之が全国的需給の調整を図ることは、現下食糧対策樹立上の専決要件なり、依て国内食糧問題の解決に付ては凡ゆる方策に付考究を為し、之を実行に移しつつある次第なり、外国米の輸入に付ては戦時経済運営上の関係を考慮し、最少限度に止むる方針を以て之を取進めつつある次第なるが、国内食糧問題の解決を俟つて之を実施するときは、万一其の時期を誤り、需給の均衡を失するが如き事態に逢着するなきを保し難き事情あるを以て、必要量の輸入は止むを得ざるものと認め居る次第なり(55)

このように、農林省においては、外米輸入「一擲」の言説は、戦時における主食の自給達成という精神的・観念的な目的ではなく、総力戦遂行のための軍需用船腹の確保という目的を達成するためのもの、と位置づけられていた。

2　「一擲」の試み

（1）節米　それでは、外米輸入「一擲」は、どのようにして実際に達成されるのか、担当部局が繰り返した呼びかけが意図することを検討する。その第1は「節米」、すなわち米消費の節約であった。これは、主に都市の消費者を対象とした。「節米」は外米輸入が本格化した当初から、「外米依存より出来うる限り脱却せんとする限り、米の消費規制をさらに合理的に強化することを必要とし……」(56)などと、常に呼びかけられた課題であった。実際に配給割当量は、性別・性別・職業などにより厳密に定められ(57)、切り詰められていった。また、七分搗米などによる節約もすすめられた。その結果、1人あたりの米消費量は1941年度から急速に減少していく（図4-1）。

第2節　外米輸入「一擲」論

図4-1　日本本国の年間米消費量

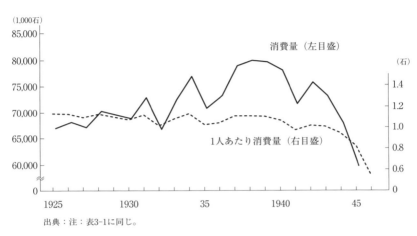

出典・注：表3-1に同じ。

　七分搗米は、さらに徹底して玄米食へとすすんだ。ただし太平洋戦争がはじまる頃まで、まだ玄米食は切迫した課題とはなっていなかった。当時、玄米食を提唱する大日本養正会の理事が、「近来〔1941年春〕、特に国民食である米飯の相当部分を外米に仰がねばならぬ状態になつたのを慨嘆」して、「玄米を食へば外米は輸入しなくても足りる、健康は保てる、元気に朗かに国家に御奉公出来るものです」(58)と語って、玄米食による外米依存からの脱却を唱えていた通りである。

　ところが、翌1942年秋には船腹が払底して、節米は切迫した課題となった。井野農相は、「外米依存による船舶輸送の輻輳をさけて、玄米食などにより、出来るだけお米の節約を図りたい」と述べ、"玄米食の断行"を要請し国民の協力をもとめる」ことになった(59)。すなわち、「玄米を食べれば外米は不要、外米不要なれば外米輸送の船腹は要らなく」なり、「それだけ南方からの軍需資源その他が十分に輸送できるといふ理論が現実化される」からである(60)。外米輸入「一擲」を実現するため、玄米食は緊急の課題となった。また、政府の次官会議においても、「従来外米依存政策に基づく仏印・泰よりの輸入」が

201

「漸次窮屈化」したため、「国家的見地より、もつと真剣に玄米食への切換への問題を考究すべき」⁽⁶¹⁾と議論された。外米輸入「一擲」を目的に、玄米食への切換えが構想されたのである。

こうして1943年1月からは、業務用の配給も「玄米一本槍」となった。東京鮨商組合は1月23日に、築地魚市場で寿司飯の炊き方の研究会を開催したが、そこで玄米による「黒いお寿司」が、「戦時食糧問題解決の一役を担つて目出度く誕生」し、同時に「食糧戦も主婦の工夫で突破」することが求められた⁽⁶²⁾。玄米の炊き方の「コツ」は、「炊くといふより煮る」ことであり、「玄米寿司」の味は「ボロヾな外米寿司よりは比較にならないほどおいしい」と評された。外米輸入「一擲」を実現する方法として、例外のない玄米食の受容が説かれたのである。

（2）増産と供出

外米輸入「一擲」の実現をはかる第2の方法は、いうまでもなく増産であり、これは、主に農村の米作農家を対象とした。内地米の増産は、外米輸入「一擲」を実現する最も効果的な方法であった。農林次官三浦一雄と農政局長岸良一は、すでに1941年6月、「食糧の確保はもつとも重要問題である、……現在はやむを得ず外米輸入の計画によつてゐるが、今後総力を挙げて内外地における増産、満州における開発に邁進するほかはない」と述べ、外米輸入「一擲」を実現するため、「総力」をあげた増産を促した⁽⁶³⁾。

さらに1943年半ばになると、すでにみたように、外米輸送船腹の隘路から、「決戦」に備えた外米輸入「一擲」が説かれるようになった。そして、外米輸入「一擲」とともに、「日満」の増産による「ブロック内食糧自給構想」にもとづき、「来年度に於ては万難を排して、国内及び満州国を通じて、食糧の自給自足の態勢を確立せねばならぬ」⁽⁶⁴⁾と、「日満」による増産の徹底が解かれた。増産を実現するため、不耕作地の解消なども指示されている。

また、米作農家には食糧供出が課されたが、その完遂には、「一言にしていへば今年は外米に依存しない、この重大な事態に際して国家が皆さんに要請するものはひとり米ばかりではない、本年度においては麦・甘薯の増産があなた

第2節　外米輸入「一擲」論

方の双肩にかゝつてをります、さらに大切なのは昨年度の米麦の収穫の供出のことです」[65]と、外米輸入「一擲」達成の目的を強調し、米麦に加えて代用食の増産・供出を要請した。

　さらに留意すべきことは、次のように、外米輸入への依存が、農村における米作農家の努力不足の結果であるかのような言説が形成されたことである。そもそも、本国の生産だけで本国の需要をみたすことは困難であったが、外米輸入による不足補塡が軍需輸送を阻害すると強調することで、増産・供出の徹底が戦力増強に直結するという論理を浮かび上がらせた。この論理は、次の兵庫県食糧営団の呼びかけのように、地域レベルにおいても、繰り返し唱えられることになった。

　　決戦下大切な船腹を外米輸入に使ふてはならない……食糧増産に一段の馬力をかけ、お百姓も節米に協力して政府供出米の割当以上に供出し、「外米輸入は農村の恥だ」……の決意で食糧戦士の任務を果さうと必勝態勢を確立すべく、県及び農会では農家の報国心に訴へて供出の完遂を期する一面、……国民の食糧を国内の生産によつて充足し外米依存を脱却することは、聖地大和農民の伝統と名誉にかけて果すべき重大責務である[66]

　外米輸入は、「食糧戦士」である米作農家には、「恥」と認識させられたのである。また、太平洋戦争末期にはより直截に、外米輸入に要する船腹は、飛行機約3万機分の原料（ボーキサイト）を輸送できる、などのレトリックが新聞や雑誌により広まった。片柳真吉食糧管理局第一部長による、次のような記事である。

　　昨年度は数百万石からの外米を入れましたが、本米穀年度は一切入れない、かういふ大きな命題を与へられてゐます。仮に外米を五百万石輸入する船をボーキサイトに廻すと、飛行機が三万台できる――このやうな現状を明かに見ながら、国内の食糧不足の尻を外米に持つてゆくべきではない、万難を排しても外米依存を一擲しようといふ考へなのであります[67]。

(3) 代用食の配給

　さらに、消費者に対する外米輸入「一擲」の呼びかけには、片柳部長が1944年はじめに次に述べたように、配給の質・量の低下を正当化する狙いがあった。

第4章　総力戦下の外米輸入

　　今〔1944〕米穀年度の内外地の米の生産量を通算すると、外米を入れてゐ
　　た前年と比較して三百数十万石減つてゐます。にも拘らず、現行の二合五
　　勺の配給基準を維持してゆくについては、そこに相当困難のあることは御
　　了解がつきませうが、これは内地の麦・甘薯・馬鈴薯の増産と、朝鮮米の
　　移入、満州で非常に豊作であつた満州大豆と雑穀の移入で、大体穴埋めし
　　てゆけるといふ見透しを立てゝゐるわけです(68)

　植民地米移入量の回復が絶望的な状況のもとで、外米輸入「一擲」を実現す
れば、当然本国の生産が維持できたとしても大幅な不足が生じる。この不足に
対しては、消費を切り詰める以外に有効な手段はなかった。さらに、1人あた
り米消費量の急減（図4-1）を少しでも補うには、主食の配給に麦や雑穀・
イモ類などの代用食を含めた「総合配給」をすすめる以外に、対応策がなく
なったのである。また、米作農家に対しても、米の消費を減じて、雑穀・イモ
類など「郷土食」への回帰が要請された(69)。

　このように片柳の発言は、戦争遂行のため外米輸入「一擲」を実現したが、
従前の配給を維持できなくなったので「総合配給」を実施する、というもので
あり、質・量を落とした食糧配給の正当化にほかならなかった。

おわりに

　1939年末〜40年初頭は戦時における食糧需給の転換点となった。朝鮮米移入
の激減を契機に米穀需給の逼迫はにわかに顕在化し、ほぼ同時にはじまった七
分搗米とともに、多量の外米が輸入されてその消費がすすみ、戦時下の主食消
費は変貌しはじめた。農村ではなお麦飯などが一般的であったが、都市の消費
者には、外米が多く混入した主食は不慣れで抵抗があり「まず」かった。しか
し、外米は均しく配給されて消費を迫られ、食生活に強引に浸透していった。
多くの消費者は、外米混入の「国策御飯」が食膳にのぼることにより、戦時を
一層実感することになった。主食である米の節約、外米の受容を通じて戦時体

制への動員がすすんだのである。

　しかし、一方で外米の受容・消費がすすむとともに、他方で外米輸入「一擲」が叫ばれるようになった。戦争が長期化し、戦局が悪化するにしたがって、一時は大量の輸入が実現したものの、総力戦を遂行するため、最終的に外米輸入「一擲」が余儀なくされたのである。「一擲」を実現するため、消費者にはさらなる「節米」の徹底が、米作農家には一層の増産と厳格な供出が、さらに両者ともに消費の質の可能な限りの切下げが迫られた。このように、外米輸入「一擲」の言説は、戦争末期に切迫化する消費の節約と質の切下げ、および増産と供出の強制を意味し、消費者や米作農家を総力戦に、徹底して動員しようとするものであった。

　ただし、植民地米の喪失に加え、東南アジアからの外米輸入も途絶し、また消費の一層の切り詰めや本国の増産も不可能となり、対外依存を必須の前提とする日本本国の食糧需給は破綻した。1940～43年度の多量の外米輸入は、最大700万石程度（年間消費量の1割弱）の備蓄を実現して、需給逼迫をある程度緩和することに貢献した。しかし、その途絶により米穀供給構造の隘路が露呈し、総動員体制の維持は食生活レベルにおいても困難となっていくのである。

注
（1）食糧庁（松田延一）『日本食糧政策史の研究　第1巻～第3巻』（1951年）、農林大臣官房総務課編『農林行政史　第4巻』（1959年）など。
（2）川東竫弘『戦前日本の米価政策史研究』（ミネルヴァ書房、1990年）第4章、清水洋二「食糧生産と農地改革」（大石嘉一郎編『日本帝国主義史　3　第二次大戦期』東京大学出版会、1994年）第1節「食糧危機の進展」、平賀明彦『戦前日本農業政策史の研究―1920～1945―』（日本経済評論社、2003年）第5章、など。
（3）玉真之介「総力戦下の『ブロック内食糧自給構想』と満洲農業移民」（『歴史学研究』729、1991年10月）、同『総力戦体制下の満洲農業移民』（吉川弘文館、2016年）第3章・第4章。
（4）小田義幸『戦後食糧行政の起源―戦中・戦後の食糧危機をめぐる政治と行政』（慶應義塾大学出版会、2012年）第1～3章。また、海野洋『食糧も大丈夫也～開戦・終戦の決断と食糧～』（農林統計出版、2016年）は、政策決定に直接関係した人物に注目している。

第 4 章　総力戦下の外米輸入

（ 5 ）　前掲『日本食糧政策史の研究　2』90～91頁。
（ 6 ）　「読者眼・七分搗の問題」（『読売』1940年1月6日、2頁）。
（ 7 ）　「何とか舌に合ふやうに工夫／すし屋さんの弁」（『読売』1939年11月22日、第2夕刊、2頁）。同日の同紙によれば、市中には白米のストックが少なかったため、買いだめも難しいといわれた。
（ 8 ）　「二十二年ぶりに／市民の食膳へ外米」（『東朝』1940年3月12日、2頁）。
（ 9 ）　大豆生田稔『お米と食の近代史』（吉川弘文館、2007年）188～196頁。
（10）　「この一年の総決算　食の巻」（『東朝』1940年12月28日、夕刊、3頁）。
（11）　前掲「玄米・七分搗米・胚芽米の国策御飯の美味しい炊き方」（『主婦之友』23-12、1939年12月）270頁。
（12）　「白米なみに洗ふ」（『読売』1940年3月13日、4頁）。
（13）　「外米が家庭へ」（『東朝』1940年3月13日、5頁）。
（14）　「外米六割混入／この炊き方で突破」（『読売』1940年5月2日、4頁）。
（15）　「外米の臭気抜き」（『読売』1940年3月29日、4頁）。
（16）　（17）「主婦の重宝頁／外米の美味しい炊き方と頂き方」（『主婦之友』24-6、1940年6月号、213～214頁）。粘りの出し方については、溶いた小麦粉を炊きあげの中途に加えるなどの方法も紹介されている（「外米にねばり／かうして出す」『東朝』1941年5月7日、4頁）。
（18）　「外米の工夫」（『東朝』1940年6月10日、4頁）。
（19）　筑波藤麿侯爵夫人筑波喜代子「七分搗米の炊き方」（『主婦之友』23-12、1939年12月）。
（20）　戦局が悪化するにしたがって、「国策御飯」の配給さえ困難になった。1943年になると、「お米を全然洗はない」炊き方が、栄養分を逃さず、「確実」に炊き増えする「国策炊き」として紹介されるようになる（『主婦之友』27-8、1943年8月）。もはや「美味しく炊く」という「工夫」ではなく、わずかな養分も逃さず、量を増やして炊きあげるという、差し迫った課題が前面に出るようになった。
（21）　「外米の炒飯／冷ご飯はこれに限る」（『東朝』1940年3月15日、5頁）。
（22）　「愛児の偏食の基／外米をまづいといはぬこと」（『読売』1940年5月8日、4頁）。
（23）　「外米の話／栄養価は内地米と同じ位」（『東朝』1940年4月23日、5頁）。
（24）　「腹痛は外米の故か」（『読売』1941年3月15日、4頁）。
（25）　「内外別々に配給せよ／外米対策懇談会で各省へ陳情」（『東朝』1940年7月10日、7頁）。
（26）　「帝都に外米のお目見え」（『読売』1942年7月4日、4頁）。
（27）　～（29）「外米に鍛へ上げた舌だ」（『東朝』1942年12月29日、3頁）。
（30）　「全国米作柄『稍良』／外米脱却の見透しつく」（『読売』1940年8月16日、3頁）。
（31）　「外米混合率低下に消費増加番し」（『読売』1940年10月25日、夕刊、4頁）。
（32）　「米収六千四十七万石」（『読売』1940年11月14日、1頁）。

おわりに

(33)「食糧問題解決への途③座談会」(『読売』1941年1月8日、3頁)。
(34)「米穀不安なし／湯川〔河〕食糧局長官言明」(『都新聞』1941年2月13日)。以下、「荷見文庫」(本書・第3章・注(10)(11)参照)所収の新聞記事スクラップから引用した新聞記事については、頁数を省略した。
(35)「外米輸入に万全を」(『読売』1941年2月13日、1頁)。
(36)「外米確保に全力／湯河食糧局長官答弁」(『中外商業新報』1941年2月13日)。
(37)「外米輸入手当両年分確保」(『読売』1941年2月15日、夕刊、4頁)。
(38)「配給制割当制を実施し米穀消費規制を徹底」(『国民新聞』1941年1月4日)。
(39)「外米が殖えます」(『読売』1941年5月31日、夕刊、2頁)。
(40)「南方に宝庫／食糧自給圏確立す」(『読売』1941年11月13日、1頁)。
(41)「大東亜戦完遂へ／戦時行政の新展開④」(『東朝』1942年1月11日、2頁)。また、「日満」による「自給圏の確立を期す」必要があるとしながら、仏印・タイの外米供給は、「従来欧州に向けてゐた約四百万石が圏内消費となる」ので、「いよいよ長期戦上、食糧に不安なしと断言し得よう」(「持てる大東亜④」『東京日日新聞』1942年1月19日)、などと報じられるようになり、外米輸入は楽観視されるようになった。ただし政策担当者は、外米への過度の依存を戒めている。1942年3月に東京日日新聞社が主催した座談会において、「南方に沢山ある物資〔米など〕を或る程度まで分けていたゞけないものかしら、かう思ふんでございます」、「とにかくいろゝゝな意味で、もう少しお米を殖やすことは出来ないものかしら、といふのが私たち家庭を持つてゐる者の望みなんでございます」などの発言があったが、食糧管理局米穀課長片柳真吉は、「一部には、仏印とかタイからドンヾ、外米が入つて来るから、食糧に不安はないと放送されてをりますが、手放しの楽観は禁物です」と釘をさしていた(「光明はあるが楽観は禁物／南方からのお米」『東京日日新聞』1942年3月10日)。
(42)「増産せよ、節米せよ、勝敗は銃後にあり」(『中外商業新報』1942年1月1日)。
(43)「南方米産国獲得の強み」(『読売』1942年3月17日、2頁)。さらに、外米産地においても、現地精米所が対日輸出用の操業を順調に開始したとの報が伝えられ、楽観論を支えた(「祖国へラングーン米／ビルマーの精米所蘇る」『読売』1942年4月2日、夕刊、2頁)。
(44)「南方米は優先的配給考慮」(『都新聞』1942年4月17日)、"南方米"日本に優先供給」(『読売』1942年4月17日、2頁)。
(45)「仏印・泰米の輸入順調／湯河食糧局長官帰朝談」(『東朝』1942年4月26日、1頁)。
(46)「南からお米／湯河長官の視察談」(『東朝』1942年4月月29日、3頁)。
(47)「座談会・主要食糧品の確保と配給(2)／南方米に楽観は禁物」(『都新聞』1942年5月11日)。企画院で生活必需品の統制を担当する第四部第一課長平田左武郎も、座談会で同様の発言をしている(「座談会・主要食料品の確保と配給(9)／食糧の前途憂なし」『都新聞』1942年5月19日)。
(48)「決戦下の食糧政策・下」(『東朝』1942年12月29日、2頁)。

第 4 章　総力戦下の外米輸入

(49) (50)「来年は外米脱却／総合配給と郷土食で」(『読売』1943年10月12日、1頁)。
(51)「不耕作地を解消し外米依存を脱却」(『読売』1943年7月29日、夕刊、1頁)。
(52)「決戦下の食糧政策・上」(『東朝』1942年12月27日、2頁)。湯河長官の談。
(53) 前掲『日本食糧政策史の研究　2』83～86頁。
(54) 陸軍は1933年、日本本国の自給自足の達成や、そのための増産を唱え、農林省が計画した「減反案」にも反対したことがある(前掲、大豆生田『近代日本の食糧政策』292～295頁)。
(55) 前掲『日本食糧政策史の研究　2』85～86頁。
(56) 1941年4月から6大都市とその周辺で、米穀割当配給が施行された(前掲『農林行政史　第4巻』326～332頁)。
(57)「消費規制を強化／外米依存、可及的に脱却」(『東朝』1942年10月7日、2頁)。
(58)「玄米食で行かう／平沼さんも一役買ふ」(『東朝』1941年3月27日、7頁)。
(59) (60)「さあ玄米食で行かう／外米依存も一擲」(『読売』1942年10月8日、夕刊、2頁)。
(61)「玄米食徹底に次官会議一致」(『読売』1942年11月17日、夕刊、1頁)。
(62)「さあ・戴かう〝黒い寿司〟」(『東朝』1943年1月24日、夕刊、2頁)」。
(63)「外米依存脱却へ／当局増産決意表明」(『東朝』1941年6月19日、1頁)。
(64) 前掲、「不耕作地を解消し外米依存を脱却」(『読売』1943年7月29日、夕刊、1頁)。「ブロック内食糧自給構想」については、前掲、玉「総力戦下の『ブロック内食糧自給構想』と満洲農業移民」、前掲、玉『総力戦体制下の満洲農業移民』第3章・第4章。総力戦体制期の食糧増産を課題とするブロック内の「満洲国」へ、「農業高度化」を目的に農業移民が送出された。
(65)「決戦の新春に農山漁村へ」(『東朝』1943年1月1日、3頁)。
(66)「外米輸入は国民の恥辱／増産一路へ総進軍」(兵庫県食糧営団『米穀食料新聞』神戸市文書館蔵、1943年1月28日)。
(67) (68)「食糧戦に勝ち抜かん(座談会)」(『主婦之友』28-4、1944年4月号)。外米輸入に必要な船腹が、飛行機25,000機分のアルミニウム原料輸送に相当するなどというレトリックは、同時期のパンフレット(福岡県女子専門学校『戦時食生活指針』1944年。同年5月に開催された「戦時食生活展」の記録)にもみられ、広く行き渡っていたといえる(山中恒『暮らしの中の太平洋戦争』岩波書店、1989年、130、137～138頁)。
(69) 米供出量を確保し増加させるため、農村における旧来の食慣行に即して、必ずしも米に特化せず、麦類・雑穀類・マメ類・イモ類などに重きをおく「郷土食」への回帰が試みられた。1943年から各帝国大学農学部の研究者を動員した調査がはじまり、翌44年末に中央食糧協力会編『郷土食慣行調査報告書』(1944年12月)が刊行された。同報告書については、大豆生田稔「コメント　食と農の地域史―消費と生産をめぐる関係史の試み―」(『農業史研究』53、2019年3月、40頁)を参照。

終 章 小 括

　4つの章と2つの補論を通じて、序章に掲げた課題の解明を試みた。終章では、各章・補論における考察に即して、その結果をまとめる。

（1）外米輸入の本格化・恒常化

　1890年前後、および90年代末の2度にわたり、多量の外米輸入があった。1880年代後半、特に1888年初頭から米穀輸出が活発化していたが、89年秋には一転して、日本本国の米作は不作が確実になった。ただし、米穀輸出は同年夏に急減したものの、不足を補塡する輸入取引は停滞したままであった。

　政府は定期米市場（米商会所）の高騰を抑制するため、1890年4月、翌5月から受渡しに外米代用を強制した。このため、定期米市場では外米による受渡しが嫌われて、相場は正米相場から下方に乖離して低下し、また、独自に変動するようになった。内地米と外米の質の相違から、定期米市場と正米市場の関係性が稀薄化したため、正米取引をヘッジする機能は後退した。しかし、全国の定期米市場では外米が取引されてヘッジが可能となり、外米取引は円滑化して、輸入はさらに促されることになった。また政府は、直接大量の外米を買い付けて輸入し、各地で廉売を実施した。政府の外米輸入促進策は、過剰の輸入をもたらすほどの効果をあげ、また多量の外米供給は米価を引き下げ、その取引は全国におよんで、消費は大都市だけでなく地方都市や農村にも普及した。（第1章）

　次いで、1896年秋の不作、翌97年の凶作により米価が高騰すると、不足を補塡するため、1890年前後の輸入量を大幅に上回る大量の輸入が、90年前後とは異なり比較的速やかに実現した。政府は1890年に実施したように、1898年2月から、定期米市場（米穀取引所）における外米受渡代用を強制して米価の抑制をはかった。ただし、民間の輸入は活発であり、自ら外米買付けを実施するこ

終章　小括

とはなかった。また、一部の定期米市場は、政府の指示に先だち外米受渡代用を開始した。定期米市場では、多量の外米が実際に取引されるようになり、1890年と同様に、定期米相場は下方にシフトして正米相場から乖離し、独自に変動するようになった。外米受渡代用は、定期米と正米の市場取引に1890年前後と同様の影響を与えながら、外米輸入を促進する結果をもたらした。また、大量の外米輸入は、巨額の正貨を流出させることになった。外米輸入の膨張が国際収支を圧迫するという、日露戦後の食糧問題の特質は、1890年代末になると明瞭になってきたのである。（補論１）

（２）1910年代末から20年代へ

1900年前後から、外米への依存はほぼ恒常的になったが、朝鮮米移入税が13年に廃止されると、朝鮮米移入量が増加する一方で外米輸入量は減少し、また本国では豊作が続いて米価は低迷した。ただし植民地米移入量には限界があり、1910年代末に凶作が続くと不足は直ちに深刻化した。このため外米輸入量が増加したが、同時期には円滑かつ確実に輸入が実現する条件が動揺する。水害・旱害などの災害、不作・凶作、本国英仏の要請、戦時（第一次世界大戦）固有の諸事情などにより、外米産地では、米穀輸出制限・禁止措置などの措置が講じられたのである。

大戦末期～直後のかつてない好況と輸出超過により、交易条件は改善されたが、輸入を実現するため、対日輸出の制約を緩和・解除するための交渉が活発に展開した。1918年末からの英領ビルマの禁輸措置は、他地域の米の消費や輸出に影響を与えた。外米産地３地域それぞれの輸出制約条件の緩急により、相互補完的な供給の維持・調整がはかられていく。産地の植民地やタイの政府、およびロンドン・パリの本国政府との外交交渉が多面的に展開し、また民間の関係者もそれに加わった。米騒動直後の1918年後半から、なお高米価が続く20年初頭にかけて、輸入実現のために活発な交渉が繰り返された。日本の買付けはきわめて積極的であり、また、中継地香港における外米購入の活発化は米価を高騰させた。こうして1919年には、香港で米騒動が発生することになる。

外米産地の諸事情により、３地域からの輸入が前後して不確実になり、外米

(3) 戦時の外米輸入

輸入に深刻な影響が生じたのは、輸入が本格化・恒常化した1900年前後以来はじめてのことであった。植民地米移入では補填しきれない最終的な不足を、外米輸入で補填する供給構造を前提とする限り、産地側の諸条件を適確に把握するには限界があり、また不確実な供給条件の克服も困難であるというリスクが存在したのである。こうして1920年代には、本国と植民地朝鮮・台湾、すなわち帝国圏内における「自給」が模索される。

ところで、1910年代末に外米輸入量は急増したが、植民地米移入量も著しく増加しているのが注目される（図序-1）。ただし、植民地においても消費が拡大しており、これ以上の移入増は難しかった。帝国圏内による自給の実現は、直ちには困難であったが、1920年代から30年前後の植民地米移入急増の出発点として位置づけられるのが、この1910年代末の時期である。（第2章）

1920年代半ばになると、インディカ種と日本種の質の相違が、外米の消費に与える影響が大きくなった。1910年代末に続いて20年代半ばにも、不足が生じて多量の外米が輸入された。しかし、本国における1920年代半ばの外米消費は不振であった。米価が上昇し、外米輸入量が増加したにもかかわらず、その消費は、1910年代末と比較して停滞したのである。その要因として、この時期、外米輸入量を上回って植民地米移入量が増加したことが考えられる。1920年代には、植民地米移入量が、常に外米輸入量を凌駕するようになった。特に1920年代半ば以降は、内地種が普及した朝鮮米、および台湾米（蓬莱種）の移入が、外米を駆逐して急増し消費もすすんだ。

そこで、1910年代末～20年代半ばの外米消費の変化について、その府県レベルの一例を、千葉県を対象として検討したのが補論2である。千葉県は全国的にも、関東地方のなかでも、外米の消費割合が低い地域であった。また、県内各郡の外米消費には地域差があった。しかし、1910年代末と20年代半ばを比較すると、20年代半ばの外米消費の停滞・後退が確認できる。第1次世界大戦後、1920年代における主食の消費水準の質的向上、および外米消費のあり方については、さらに、消費水準全体の変化や、その地域差などもふまえた検討が必要であろう。（補論2）

終章 小括

(3) 戦時の外米輸入　　1940～43年度に展開した、戦時の外米輸入の規模・目的・構想などについて、米国戦略諜報局による報告書なども参照して検討した。1939年度からはじまる植民地米移入の減少～急減を補い、41～42年度には減少分以上の補塡を実現したのが、この大規模な外米輸入であった。1942年度までの輸入量は、40～41年産米の2年続きの不作・凶作、植民地米移入の急減をカバーし、さらに繰越量の維持・増加を実現した。また外米輸入は、米穀国家管理制度・食糧管理制度の実施にあたり、政府所有米を蓄積・準備する機能も果たした。

　備蓄米量については、米国側の調査はより過大に推計しており、1946年度に繰り越される備蓄食糧を、2年分の不足量を補塡できる規模と推計してしている。1940～43年度の外米輸入は、限界はあったが、備蓄の拡充により戦時の食糧供給を充足し確保する手段であったといえよう。外米輸入の本格化は繰越量を増加させ、1942年度には、40年度以降最大の700万石を超える量を前年度から繰り越した。しかし、1941年産米の凶作により、備蓄の大半を1942年度中に掘り崩し、繰越量は200万石余に減少して43年度以降にいたることになる。1945年度には、前年秋の収穫は不作で、しかも年度内の輸移入量も期待できず、食糧供出・配給は行き詰まった。備蓄形成・拡充ではなく、不足補塡の必要性に迫られたときに、外米輸入の途が断たれたのである。（第3章）

　日中戦争開戦当初の1937～38年には、なお多量の繰越量があり、米穀需給は切迫した状況にはなかった。しかし、1939年の旱害による朝鮮米移入の激減をきっかけとして状況は一転する。台湾米移入も急減し、植民地米移入量は1930年代半ばの水準を回復できなかった。外米は日本種とは異なる品質であったが、配給により消費は急速に拡げられ、その受容を通じて戦時体制への動員がすすんだ。

　外米輸入から脱却する、外米輸入「一擲」の言説は、植民地米供給がとざされ、外米への依存が急速に深まる1940～41年度には、実現困難な課題であった。むしろ、「南方」を勢力圏に組み込むと、外米依存に不安はないとする楽観論が台頭し、輸入量は増加した。ただし、輸入が可能であったのは1943年度

(3) 戦時の外米輸入

までであった。同年度からは再び「一擲」論が、余儀ない課題として力説されるようになった。決戦下の外米輸入は、にわかに、不確実・不可能となったのである。外米輸入「一擲」は、米作農家には食糧増産と供出を、消費者には消費量の節約を、さらに両者に「郷土食」や代用食による消費の質の切下げを迫ることで、困難な総力戦への動員を迫る言説となった。

　しかし、その動員には大きな限界があった。戦況の悪化にともない、1944年度には外米輸入が途絶し、植民地米移入は回復せず、備蓄を消尽して不足補塡の策は尽きた。こうして、帝国圏内に植民地米供給を包摂し、圏外の外米供給に最終的に依存した米穀供給構造は行き詰まり、残された手段として、供出の徹底、消費の切り詰めがさらにすすむことになる。（第4章）

あとがき

　本書は、戦前日本の外米輸入について、その画期となる時期の輸入の実情、およびその特質を検討する数編の論文を再構成したものである。それらの論文は、戦前日本の食糧問題と食糧政策をテーマとして刊行した『近代日本の食糧政策―対外依存米穀供給構造の変容―』（ミネルヴァ書房、1993年）、およびその姉妹編である『お米と食の近代史』（吉川弘文館、2007年）には収録できなかったもの、および、それらの刊行後に、あらためて外米輸入をテーマとして作成したものである。本書の刊行にあたり、書き下ろしの補論1編を追加した。

　本書に収めた各章、および補論のもとになる既発表論文は、次のとおりである。作成順とし、対応する本書の章・補論を付記した。

（1）「千葉県における外米消費の動向――一九一〇年代末と二〇年代半ばの比較――」（三浦茂一先生還暦記念会『房総地域史の諸問題』国書刊行会、1991年）…… 本書、補論2
（2）「戦時期の外米輸入――一九四〇～四三年の大量輸入と備蓄米――」（『東洋大学文学部紀要』第67集・史学科篇第39号、2014年2月）…… 本書、第3章
（3）「総力戦下の外米輸入―受容から脱却へ―」（『民衆史研究』第87号、2014年5月）…… 本書、第4章
（4）「米騒動前後の外米輸入と産地」（『東洋大学文学部紀要』第71集・史学科篇第43号、2018年2月）…… 第2章
（5）「一八八九～九〇年の米価騰貴と外米輸入」（『白山史学』第55号、2019年3月）…… 本書、第1章

　補論2となる論文（1）以外は、いずれも前著2点の刊行後に、戦前期の外米輸入に関する論点を補うために作成した論文である。画期として設定した3つの時期における、外米輸入の実際の展開過程、その特質と国内米穀市場との

関係、外米輸入を促す政策の展開の解明などを課題としている。書き下ろしの補論1は、論文（5）の副産物である。これらを本書に収録するにあたり、各論文間の整合性を保つため、大幅に、記述の齟齬・重複などを調整し、また必要に応じて修正・補筆などをおこなった。

　第1章と補論1は、19世紀末に顕在化した米不足と、外米輸入の本格的な展開について、大蔵省・農商務省の対応なども含めて検討したものである。この1890年の外米輸入は、すでに1970〜80年代に、1890年恐慌のメカニズムをさぐる視点から着目されていた。しかし、1880年代に活況を呈した米穀輸出が一転して、大量の外米輸入が、実際どのように展開し実現したのか、気になるところであった。政府の米価対策、国内米穀市場の対応、正米・定期米市場における取引、消費の動向などにも留意した。なお、定期市場において外米受渡代行がはじめて全国的に実施され、その結果として、米商会所・米穀取引所の定期米相場が正米相場との連携を失っていく事実が確認できたのは興味深かったが、資料の制約から、なお不明な点が多く残った。

　第2章は、1910年代末の米騒動前後の時期に、東南アジアからの外米輸入を促進するため、産地の英領ビルマ・仏印・タイ、およびイギリス・フランス、インド本土で展開した外交交渉の過程をさぐったものである。また、日本の外米輸入の急膨張と、その東アジア米貿易への影響についても検討した。

　ところで十年近く前のことになるが、アジア歴史資料センターのデータベースを検索していたところ、米騒動前後の時期に展開する東南アジアからの外米輸入について、「外務省記録」のなかに多数の関係資料が存在することが判明した。「外米」などのキーワードで検索すると、多数の未見資料がヒットしたのである。これらの資料を参照せずに、前著を刊行してしまったことが悔やまれた。

　これらの外交文書は、外務省外交史料館が所蔵する「外務省記録」に属し、多くは、「欧州戦争ノ経済貿易ニ及ホス影響報告雑件」との標題が付された数冊の簿冊に綴られていた。「外務省記録」を調査したのは、だいぶ前のことであるが、当時、簿冊のタイトルからは、そのような関係資料が多数、そこに綴

あとがき

り込まれているとは推測できなかった。前著の刊行から、だいぶ時間を要することになったが、論文（4）を作成し、本書にも収録することができた。巨大なデータベースと、キーワード検索の威力を、あらためて痛感した次第である。

補論2のもとになった論文（1）は、前著を準備していた頃にまとめたものである。千葉県地域の近現代史研究において、第一線で活躍されていた三浦茂一先生に最初にお目にかかったのは、「模範村」として知られた旧山武郡源村（現在の山武市・東金市にまたがる）役場文書の調査・整理、および目録作成作業においてであった。1976年からの数次におよぶ作業をへて、同文書は現在、千葉県文書館に収蔵されている。そのほかにも、三浦先生には、千葉県史（『千葉県の歴史』シリーズ）や千葉県内の市史編纂（『成田市史』、『市原市史』など）、また安房郡（旧長狭郡域）旧古畑村の竹沢家文書や、旧主基村の産業組合資料など県内各地の文書調査、さらに卒業論文の作成でも大変お世話になった。この小論は、先生の還暦記念論文集に掲載させていただいたものである。先生は『千葉県議会史』、『千葉県教育百年史』などの編纂にあたり、また千葉県史の編纂を担当されたのち千葉県文書館に移られた。三浦先生は2020年11月に逝去された。謹んで先生のご冥福をお祈り申し上げたい。

第3章と第4章は、戦時の1940～43年に急増した外米輸入をテーマとする2編の論文（論文（2）・論文（3））による。植民地米移入の急減をカバーする形で急増した外米輸入は、戦局の悪化により途絶を余儀なくされる。対外依存の隘路は戦時に顕在化し、食糧需給は逼迫して敗戦後にも継続した。第3章では、太平洋戦争末期に作成された米国戦略諜報局 OSS による日本の食糧需給調査報告書も参照して、積極的な輸入による備蓄形成という観点から戦時の外米輸入を再検討した。第4章は、2013年12月、早稲田大学で開催された、民衆史研究会の大会シンポジウム「総力戦と食─近代日本における「食」の実態とポリティクス─」での報告をまとめた論文（3）がもとになっている。1920年代半ばから、いったんは食糧としての消費が後退した外米が、戦時に、再び多量に輸入され消費された経緯、強制的にすすむ外米への依存と消費、および、その供給の切断が意味することを考察した。準備会を含めて、民衆史研究会

委員会の諸氏、報告者の岩崎正弥氏、村瀬敬子氏、コメンテーターの藤原辰史氏、および当日ディスカッションに参加された民衆史研究会の各位に感謝したい。

本書に収めた研究成果の一部は、次の科学研究費補助金の交付を受けている。「日本の産業化と市場形成に関する実証的・総合的研究―国内米穀市場の再編と米穀検査」（基盤研究（C）、研究課題番号23K01500、2023～25年度）、「戦前日本の外米輸入―米不足の構造と輸入補塡（明治初年～戦時の実証的・総合的研究）」（基盤研究（C）・研究課題番号16K03792、2016～18年度）、「戦争と食糧難：太平洋戦争前後における主食消費の窮乏化に関する実証的・総合的研究」（基盤研究（C）、研究課題番号25380446、2013～15年度）。

きびしい出版事情にもかかわらず、清文堂出版株式会社の前田博雄社長にはご理解をたまわり、『軍港都市史研究』のシリーズから大変お世話になっている。また、同社の松田良弘氏には、2019年刊行の『港町浦賀の幕末・近代―海防と国内貿易の要衝―』に続いて、本書の編集をお願いすることになった。いつも、多くの適確なご指摘をいただき、また丁寧なお仕事に感謝している。

最後に私事にわたるが、母と義母、そして家族に感謝の言葉を述べたい。

2024年7月
　満70歳を目前に、文京区白山の研究室にて。

大豆生田　稔

索　引

Ⅰ　人名索引……220
Ⅱ　地名索引……222
Ⅲ　事項索引……224

Ⅰ　人名索引

【あ行】

飯沼二郎	11
石黒忠篤（農林大臣）	155, 180, 195
井野碩哉（農林次官、農林大臣）	154, 156, 158, 180, 195, 196, 201
岩村通俊（農商務大臣）	41
海野洋	179, 205
大内力	9, 11, 12, 58
大川一司	11
太田嘉作	12
大豆生田稔	11, 12, 39, 41, 43, 60, 115, 178, 208
小田義幸	179, 205
折原巳一郎（千葉県知事）	130

【か行】

楫西光速	39, 58
粕谷誠	40
片柳真吉（食糧管理局米穀課長、第一部長）	203, 204, 207
河合和男	11
河田嗣郎	12
川東靖弘	10, 12, 178, 205
岸良一（農林省農政局長）	202
金原左門	115

【さ行】

鮭延信道（カルカッタ総領事）	70, 71, 79～82, 102～105, 118
佐藤昌一郎	40
重政誠之（農林省総務局長）	197
鈴木栄作（香港総領事）	74, 75, 95, 97～99, 101, 108, 111
鈴木正幸	12

周藤英雄（農林省農務局長）	194

【た行】

高木鍵次郎	11, 59
田中啓一（食糧管理局第一部長）	197
玉真之介	10, 12, 25, 179, 205, 208
玉手弘通（堂島米商会所頭取）	25
珍田捨巳（英国大使）	70, 71, 75, 78, 80, 81
辻謹吾（農林省食品局長）	196
角山栄	40, 115
寺内正毅	62, 79
東畑精一	11

【な行】

中村政則	10, 12, 25
中村道太（東京米商会所頭取）	25
西源四郎（タイ公使）	85～90, 109, 110

【は行】

硲正夫	11, 12, 39, 58
荷見安（農林省米穀局長、次官）	179
原敬	62
平賀明彦	179
藤本清兵衛	30
堀江章一	11, 59
堀地明	11
本庄栄治郎	12, 39, 42, 58

【ま行】

松井慶四郎（仏国大使）	67, 73, 74, 90～94
松方正義	41
三浦一雄（農林次官）	157, 202
宮地英敏	40
宮本又郎	42
宮本又次	43

| 持田恵三 | 10, 12 | 山崎達之輔（農林大臣） | 199 |
| 本野一郎（外務大臣） | 66 | 湯河元威（食糧管理局長官） | 157, 194〜199, 208 |

【や・ら行】

| 八木芳之助 | 12 | 吉河光貞 | 41 |
| | | 李春寧 | 11 |

Ⅱ　地名索引

【あ行】

愛知(県)	19, 55, 171, 186
青森(県)	33, 55
イギリス(本国)	69〜71, 76, 79, 80, 82, 86, 88, 89, 92, 105
今治	34
インド(本土)	66, 70, 79, 81, 103
大阪	11, 15, 19, 20, 25, 30, 33, 34, 38, 43, 151, 171, 186
小樽	34, 55
尾道	34

【か行】

海峡植民地	66, 67, 70, 81〜83, 86〜88, 104〜106
神奈川(県)	11, 34, 171, 186
カルカッタ	64, 105
カンボジア	67, 108
岐阜(県)	55
京都	34, 171, 172, 186
神戸	17, 33, 34, 38, 44, 54, 86, 96, 174
コーチシナ	66, 67

【さ行】

サイゴン(西貢、現・ホーチミン)	62, 64, 67, 74, 75, 86, 89, 93〜96, 98, 99, 101, 107, 108
ジャワ	11, 103
上海	111, 124, 157
シンガポール(新嘉坡)	68, 69, 73, 75, 76, 86, 87, 89, 97, 113, 114
セイロン	70, 87, 88, 105, 106
仙台	55

【た行】

台湾	2, 7, 15, 62, 154, 182, 194
千葉県	7, 128, 129, 132〜135, 140〜143, 145, 146, 211
――安房郡	130〜134, 137〜140, 144
――北条町	130
――夷隅郡	136, 137, 140
――市原郡	137, 140
――印旛郡	136, 137
――海上郡	134, 136, 138〜140
――銚子町	138, 139, 146
――本銚子町	140
――香取郡	134, 136, 137, 140
――君津郡	130, 133, 137, 139, 140
――木更津町	130
――山武郡	136, 137, 140
――匝瑳郡	134, 139, 140
――千葉郡	130, 132〜135, 138〜140, 144
――千葉町	130
――長生郡	131, 136, 137, 140
――東葛飾郡	134, 136〜138, 140, 144
朝鮮	2, 7, 14, 15, 77, 148, 154, 159, 184, 194, 196
東京(府・市・都)	15, 19, 20, 22, 25, 30, 32〜34, 38, 41, 43, 52, 66, 71, 74, 132〜134, 150〜153, 156, 177, 185, 186, 188
――浅草区	34
富山(県)	24
――魚津町(下新川郡)	72
――高岡市	24
――富山市	24

索　引

【な行】

名古屋　34
新潟(県)　55

【は行】

ハイフォン(海防)　64, 67, 73, 74, 89, 98, 100, 107, 108, 119
函館　34, 55
パリ　64, 92, 210
バンコク(盤谷)　62, 64, 69, 76, 84〜86, 89, 96, 98, 106, 110, 114
兵庫(県)　30, 34, 38, 54, 171, 186
ビルマ(緬甸)　1, 2, 14, 30, 46, 48, 58, 62〜64, 66, 67, 69, 70, 72, 76, 78〜84, 86, 88, 91, 99, 103, 106, 110, 112, 113, 115, 125, 156, 158, 174, 196〜198, 210
広島　34
フィリピン　67, 92, 127
福井(県)　55
福島(県)　55
フランス(本国)　67, 72, 73, 90〜95
北海道　22, 55, 142, 172

【ま行】

マニラ　98, 111
マレー連邦　81, 83, 86〜88, 196
「満州」　3, 157, 182, 196, 199, 202, 204
三重(県)　19
盛岡　55

【や行】

横浜(居留地、港)　11, 21, 22, 24, 32〜34, 44, 52, 74, 132〜134, 146
四日市　34
米沢　55

【ら行】

ラングーン(蘭貢、現・ヤンゴン)　48, 62, 66, 80, 83, 86, 96, 103, 106
蘭領インド(蘭印)　67, 87
ロンドン　64, 80, 81, 210

III　事項索引

【あ行】

浅草米廛　　　　　　　　　　　　30, 31
岩井商店（指定商）　　　　　　　　62
インディカ種　　　　　　1〜3, 8, 14, 184
インド政府　　　　71, 79〜83, 87, 102〜107
　　——輸出禁止　　　　　　103, 106, 112
インド総督　　　　　　　　　　　　104
ウォルシュ・ホール商会　　　　　　 11
英国海軍　　　　　　　　　　　　74, 75
英国大使館　　　　　　　　　　　72, 74
大蔵省　　　　12, 18, 24〜26, 38, 58, 90
　　——主計局　　　　　　　　25, 26, 58
　　——理財局　　　　　　　　　　 38
大阪堂島米穀取引所　　　　50, 51, 56, 59
大麦　　　3, 17, 135, 145, 153, 172, 176, 180

【か行】

外国米管理規則　　　　　　　　　　62
外米受渡代用　　　　8, 24〜28, 35, 38, 39, 46,
　　　　　　　　50〜53, 55, 56, 59, 210
外米廉売　　　　　　　　　　　　　 7
外務省　64, 70〜76, 78〜82, 85, 86, 88〜90,
　　　　　　　92〜94, 97, 98, 101
　　——通商局　　　　　　　　　　101
加藤商会（指定商）　　　　　　　62, 73
旱害（1939年）　　　　7, 148, 158, 184, 212
甘藷　　　43, 146, 158, 162, 169, 180, 202, 204
企画院　　　　　　　　　　　　　207
供出　148, 155, 177, 180, 197〜199, 202, 203,
　　　　　　　　　205, 208, 212, 213
郷土食　　　　　　　　199, 204, 208, 213
銀紙間格差　　　　　　　　　　　24, 41
桑名米商会所　　　　　　　　　　28, 39
減反案　　　　　　　　　　　　　208

【か行】（続）

玄米食　　　　148, 160, 192, 193, 201, 202
国際収支　　　　　　　　　　　　10, 57
国策御飯　　　　　　　187, 190, 204, 206
五・四運動　　　　　　　　　　　 124
小麦　　18, 79, 82, 153, 169, 172, 175, 176, 180
米管理法（タイ）　　　　　　　　　110
米騒動　　6, 10, 62, 64, 72, 78, 113, 131, 132,
　　　　　　　134, 151, 185, 186, 210
米騒動（香港）　　99〜101, 114, 124, 210

【さ行】

サイゴン米　　　　　21, 30, 67, 73, 74, 76, 83,
　　　　91〜93, 95, 96, 100, 111〜113, 133
　　——輸出制限　　　　　　　　　 97
砕米（さいまい、くだけまい）　109〜111, 143,
　　　　　　　　　　　　　　　 146
再輸出　　　　67, 68, 76, 96〜101, 112, 114
雑穀　　135, 137, 155, 188, 189, 196, 199, 204,
　　　　　　　　　　　　　　　 208
砂糖　　57, 103, 162, 167, 169, 170, 172, 175,
　　　　　　　　　　　　　　176, 187
七分搗米　148, 151, 153, 166, 185〜188, 192,
　　　　　　　　　　　200, 201, 204
指定商（外米買付け）　　　62, 70, 71, 73, 74,
　　　　　　77〜80, 87, 89, 90, 92, 101, 114
霜降米　　　　　　　　　　　　151, 153
酒造米　　　　　　　　　150, 155, 165, 166
昭和恐慌　　　　　　　　　　　　9, 148
植民省令（フランス）　　　72〜74, 90, 112
食糧営団　　　　　　　　　　192, 203, 208
食糧管理制度　　　　　　　　155, 184, 212
食糧管理法　　　　　　　　　　　 148
寿司　　　　　　　　　　　　　185, 202
鈴木商店（指定商）　　62, 72, 80, 120, 132, 133
政府所有米　　　　　148, 152〜155, 177, 212

索　引

1890年恐慌	5, 14, 15
戦略諜報局(OSS)	149, 161, 169, 178
総合配給	180, 199, 204

【た行】

大黒商会(指定商)	62
大豆	162, 169, 170, 176, 182, 199, 204
タイ政府	85〜90, 110
大統領令(フランス)	67
タイ米	21, 83, 100, 110, 111, 113
——輸出制限	85〜90, 98, 110, 113
——輸出禁止	73, 84, 85, 88〜90, 110, 112, 113
代用食	150, 155, 188, 189, 192, 199
台湾米	2, 58, 140, 141, 149, 151〜153, 158〜160, 190, 194, 211, 212
千葉郡農会	133
千葉県警察部高等課	135
千葉県穀物検査所	134
千葉県農会	132, 140
千葉穀物商組合	132, 133, 139
中国米	2, 3, 11, 39, 46, 58, 151
朝鮮米	2, 6, 9, 14, 25, 35, 39, 40, 46, 51, 53, 58, 59, 62, 139, 141, 146, 149, 150, 154, 158〜160, 184, 190, 193, 194, 204, 210〜212
——移入税	6, 9, 62, 210
鉄道省運輸局	140
東京廻米問屋市場(深川正米市場)	20, 27, 33, 38, 39, 44, 52
東京米商会所	19, 25, 31
堂島米商会所	19, 24, 25
トンキン米	21, 67, 72, 73, 91, 92, 94, 100, 108, 112, 113

【な行】

内外貿易(指定商)	62
内地米30万石買上げ	62
新潟米穀取引所	51

日清戦後第1次恐慌	46
日中戦争	2, 8, 148, 190, 212
日本種(ジャポニカ)	1〜3, 8, 14, 155
日本米穀輸出	30
日本綿花	104
農商務省	24〜26, 62, 64〜66, 70〜73, 78〜80, 82, 87〜96, 101, 102, 107, 108, 110, 114, 115, 118, 130, 134
農林省	128, 156, 158, 169, 177, 179, 181, 185, 194, 196, 197, 200, 208

【は行】

配給	2, 3, 8, 110, 138, 148, 151〜156, 162, 163, 167〜169, 172, 174, 175, 177, 184〜188, 190〜192, 194, 195, 198, 200, 202〜204, 206, 208, 212
白米商	31, 33, 41, 185
馬鈴薯	43, 137, 162, 169, 180
飯米	143, 146
備荒儲蓄法	29
兵庫県食糧営団	203
ビルマ政府	70, 80, 83, 105, 107
ビルマ米	70〜72, 76, 79〜84, 86, 91, 92, 94, 96〜98, 102〜107, 110, 112, 113, 120
——輸出制限	70, 98, 104, 105, 107
——輸出禁止	70, 79, 80, 83, 86, 87, 97, 104〜107, 113
仏印政府	72, 91〜95, 109, 115
仏印総督	67, 90〜95, 108
仏印米	84, 107
——輸出制限	73, 86, 90, 91, 108, 109
——輸出禁止	67, 73, 74, 90, 91, 115
米穀管理規則	148, 154, 194
米穀国家管理	156, 212
米穀統制法	9, 148
米穀取引所	46, 50, 51, 53, 54, 209
米穀配給統制法	148
米穀法	9, 148
米穀輸出	5, 12, 14, 17〜22, 37〜40, 43, 55,

	209	——盤谷支店	84
米穀輸入税	2, 6, 8～10, 47, 58, 78, 111	——香港支店	97
米商会所	14, 19, 209	麦飯	17, 145, 153, 204
ヘッジ	26～28, 38, 39, 42, 43, 53, 56, 209	糯米	152, 187, 188
蓬莱米	2, 211		
香港政府	74, 75, 97～102, 124	【や・ら行】	
——輸出禁止	97, 98, 100	湯浅商店（指定商）	62, 72, 74, 75, 132
		ラングーン米	30, 66, 83, 86, 92, 133, 134
【ま行】		陸軍	179, 199, 208
三井物産（指定商）	21, 30, 33, 40, 62, 67, 72, 74, 79, 84, 88～90, 93, 94, 97, 104, 107, 109, 120, 133	臨時外米管理部	62, 72, 78
		臨時米穀管理部	62
		ロシア義勇艦隊	74, 75
——新嘉坡支店	84, 88, 123		

大豆生田　稔　（おおまめうだ　みのる）

1954年生　東京都出身　東洋大学文学部教授
博士（文学）（東京大学）　1994年

〈主要編著書〉
『近代日本の食糧政策―対外依存米穀供給構造の変容―』（ミネルヴァ書房、1993年）
『お米と食の近代史』（吉川弘文館、2007年）
『近江商人の酒造経営と北関東の地域社会―真岡市辻善兵衛家文書からみた近世・近代―』
　　（編著、岩田書院、2016年）
『防長米改良と米穀検査―米穀市場の形成と産地（1890年代〜1910年代）』
　　（日本経済評論社、2016年）
『軍港都市史研究Ⅶ　国内・海外軍港編』（編著、清文堂出版、2017年）
『港町浦賀の幕末・近代―海防と国内貿易の要衛―』（編著、清文堂出版、2019年）
『戦前日本の小麦輸入―1920〜30年代の環太平洋貿易―』（吉川弘文館、2022年）

戦前期外米輸入の展開

2024年12月25日発行

著　者　大豆生田　稔©
発行者　前田　博雄
発行所　清文堂出版株式会社
　　　　〒542-0082　大阪市中央区島之内2-8-5
　　　　電話06-6211-6265　FAX06-6211-6492
　　　　ホームページ＝http://www.seibundo-pb.co.jp
　　　　メール＝seibundo@triton.ocn.ne.jp
　　　　振替00950-6-6238
組版：とりはら　　印刷：朝陽堂印刷　　製本：免手製本
ISBN978-4-7924-1538-9 C3021